现代生产安全技术丛书 第三版

用电安全技术

崔政斌　范拴红　编著

 第三版

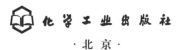

化学工业出版社

·北京·

内 容 简 介

《用电安全技术》（第三版）是"现代生产安全技术丛书"（第三版）的一个分册。

本书从企业安全用电入手，全面系统地就企业安全用电的各个方面进行了阐述。本书理论联系实践，以实践为主，特别注重用电各环节的安全要点、安全要求、安全注意事项。本书为企业安全用电指明了方向，给出了方法，制定了措施。

本书的内容涉及用电安全基础知识，电气绝缘、屏护、间距安全技术，电气接地、接零安全技术，电气防火防爆安全技术，雷电防护安全技术，静电防护安全技术，带电作业安全技术，电工维修作业安全技术，电气线路作业安全技术等九大部分，是一本系统全面介绍用电安全技术的图书。

《用电安全技术》（第三版）内容全面、重点突出，对企业安全用电具有指导作用。本书既可作为企业管理者和电气操作、维修人员的案头工具书，也可作为中等、高等院校相关专业师生的学习参考用书。

图书在版编目（CIP）数据

用电安全技术/崔政斌，范拴红编著. —3 版. —北京：
化学工业出版社，2020.11（2025.5 重印）
（现代生产安全技术丛书）
ISBN 978-7-122-37353-3

Ⅰ.①用… Ⅱ.①崔…②范… Ⅲ.①安全用电
Ⅳ.①TM92

中国版本图书馆 CIP 数据核字（2020）第 121937 号

责任编辑：高　震　杜进祥　　　文字编辑：林　丹　段曰超
责任校对：王　静　　　　　　　装帧设计：韩　飞

出版发行：化学工业出版社
　　　　　（北京市东城区青年湖南街 13 号　邮政编码 100011）
印　　装：北京科印技术咨询服务有限公司数码印刷分部
850mm×1168mm　1/32　印张 9¾　字数 257 千字
2025 年 5 月北京第 3 版第 7 次印刷

购书咨询：010-64518888　　售后服务：010-64518899
网　　址：http：//www.cip.com.cn
凡购买本书，如有缺损质量问题，本社销售中心负责调换。

定　　价：38.00 元　　　　　　　　　　版权所有　违者必究

党的十九大报告中指出，要树立安全发展理念，弘扬生命至上、安全第一的思想，健全公共安全体系，完善安全生产责任制，坚决遏制重特大安全事故的发生，提升防灾减灾救灾能力。安全是人与生俱来的追求，是人民群众安居乐业的前提，是维持社会稳定和经济发展的保障。企业要健全安全规章制度，完善安全监督检查规章；树立安全意识，杜绝违章作业，杜绝违章指挥；鼓励员工查隐患并及时进行整改，增强安全生产的责任感，及时消除事故隐患，才能最终实现安全生产无事故。

当前，我国正在全面建成小康社会，加快推进现代化建设的步伐，经济社会出现了一系列新的特征。从人均收入、消费结构、产业结构、工业化水平、城镇化水平等总体判断，我国处于由工业化中后期迈向工业化后期、由中等收入国家迈向中上等收入国家的阶段。在成功实现"低成本优势—中低端制造业—投资＋生产"推动的增长浪潮之后，我国面临能否成功迈进由"创新优势—高端制造＋服务业—创新＋消费"推动增长浪潮的重大机遇期，处在经济发展方式转变和经济结构调整的关键时期。

新技术、新产业的发展，将会改变各国的比较优势和国家之间的竞争关系，并对全球产业分工及贸易格局产生影响。我国面临发达国家转移部分资金密集、技术含量高的制造业的新机遇。与此同时，安全生产显得尤为重要。加强安全生产、防止职业危害是国家的一项基本政策，是发展社会主义经济的重要条件，是企业管理的一项基本原则，具有重要的意义。安全生产是企业发展的重要保障，这是企业在生产经营中贯彻的一个重要理念。企业是社会大家庭中的一个细胞，只有抓好自身安全生产、保一方平安，才能促进社会大环境的稳定，进而也为企业创造良好的发展环境。

企业发展生产的目的是满足广大人民群众日益增长的物质文化生活的需要。在生产中不重视安全生产，不注意劳动者的安全健康，发生事故造成伤亡或职业病，以一些人的生命或损害一些人的身体健康作代价去换取产品，就失去了搞生产的目的和意义。所以，搞好安全生产与维护国家利益和人民利益是完全一致的。

2004年、2009年我们组织编写出版了"现代生产安全技术丛书"第一版、第二版。丛书出版后得到了广大读者特别是企业安全管理者和安全生产工作者的厚爱。但是随着新技术、新材料、新装备、新方法的不断涌现，企业的安全生产技术也得到长足的发展。为此，在全面提升安全技术和安全管理的大形势下，我们认为很有必要将丛书进一步修改完善，以适应飞速发展的新形势和新要求。

本丛书在写作过程中参考了大量新标准、新规范，也参考了部分文献资料，在编写过程中得到化学工业出版社有关领导和编辑的指导和帮助，在此也表示诚挚的谢意。同时，由于丛书编写工作量很大，加之作者水平有限，书中可能存在疏漏，望广大读者不吝赐教。

崔政斌

2020年10月

在 21 世纪的今天，生活中到处都在用电。电作为一种能源被我们普及利用，并与人们的生活及设备的运转息息相关。然而一个事物总是有两面性，电在造福人类的同时，也存在着诸多隐患，用电不当就会造成灾难。例如，当电流通过人体内部（即所谓的电击）时，它会对人体造成伤害，一般来说是破坏了人体的心脏、呼吸系统和神经系统的正常工作，严重时危及人的生命。当用电设备发生故障时，有时不仅会损坏电气设备，而且往往会造成火灾甚至危及人身安全。因此，我们在利用电时不仅要提高思想认识，更要预防它给我们带来的负面影响。

2009 年本书第二版出版，至今已逾 10 年，在这期间，本书发挥了应有的作用，并得到了广大读者的认可和厚爱。在如今第三版出版之际，编著者通过市场调查和与读者的沟通，多数人对用电安全问题的具体安全要求、具体安全要点、具体安全注意事项颇感兴趣。因此，编著者决定还是以实用性作为本书的主线，主要给出具体的用电安全要点、安全要求和安全注意事项。本书注重理论和实践相结合，以实践为主。

本书在第二版的基础上，调整和补充了一些新的安全用电内容，共分为九章：第一章为用电安全基础知识；第二章为电气绝缘、屏护、间距安全技术；第三章为电气接地、接零安全技术；第四章为电气防火防爆安全技术；第五章为雷电防护安全技术；第六章为静电防护安全技术；第七章为带电作业安全技术；第八章为电工维修作业安全技术；第九章为电气线路安全技术。本书基本涵盖了现阶段用电安全的具体要求和规定，具有较强的实用性。

本书在写作过程中，石跃武、崔佳、李少聪、杜冬梅、张堃、陈鹏、戴国冕等同志提供了有关资料，在此表示衷心的感谢。

由于编著者的水平有限，加之电气安全技术发展较快，新技术、新设备、新材料、新方法不断涌现，这就要求我们不断地学习和研究，以适应新技术的发展。同时也鞭策编著者倾听和接受广大读者的意见和建议，在今后的工作中做得更好一点。

编著者

2020 年 9 月

· 目 录 ·

第一章　用电安全基础知识

第二章　电气绝缘、屏护、间距安全技术

第三章　电气接地、接零安全技术

第六章　静电防护安全技术

第七章　带电作业安全技术

第八章 电工维修作业安全技术

第九章　电气线路作业安全技术

第一章

用电安全基础知识

用电安全技术是研究预防电气事故、正确使用电器的方法和解决生产中电气安全问题的科学技术。电气安全工程是安全科学技术学科的重要组成部分。电气安全技术的使命是直接解决人们生产和生活中的安全问题，它属于应用科学范畴。

电气事故不仅包括触电事故，而且包括雷电、静电、电磁场危害、各种电气火灾与爆炸以及电气线路和设备的故障等造成的事故。另外，生产中发生的一些事故，如机械伤害、超压、超载、火灾、爆炸等事故，虽然其事故本身不是电气性质的，但在生产过程中这类事故是可以利用电气装置把危险因素测量出来，经过变换、放大等过程，然后发出信号或实施控制来预防事故，这些电气安全装置出现故障而造成的事故当然也属于电气事故。

用电安全的基本原则是：

（1）在预期的环境条件下，不会因外界的非机械的影响而危及人、家畜和财产。

（2）在满足预期的机械性能要求下，不应危及人、家畜和财产。

（3）在可预见的过载情况下，不应危及人、家畜和财产。

（4）在正常使用条件下，对人和家畜的直接触电或间接触电所引起的身体伤害及其他危害应采取足够的防护。

（5）用电产品的绝缘应符合相关标准规定。

（6）对危及人和财产的其他危险，应采取足够的防护。

第一节 用电安全的任务和特点

电气安全技术是人们在生产和生活实践中发展起来的。现代科学技术的发展带来了更先进的电气安全技术措施。以防止触电事故为例，接地、绝缘、间隔都是传统的安全措施，直到现在这些措施仍然是有效的、可行的，但是随着自动化元件和电子元件的广泛应用，出现的漏电保护装置又为防止触电事故及其他事故提供了新的途径。另外，新技术的应用也伴生出一些新的用电安全问题，如电磁场安全问题和静电安全问题等。因此，电气安全技术既有其古老的一面，又有不断向更高水平发展的、生命力极强的特征。

"电"作为一种物理现象，被人们利用的途径主要有两条：一条是用作能源；另一条是作为信息的载体。因此，电气安全是包括电力、通信、自动控制等在内的诸多技术领域所共同面临的问题，这使它具有了广泛性和基础性特征。同时，电气安全又涉及材料的选用，设备的制造、设计、施工、安装、调试、运行、维护等诸多环节，这又使它具有了系统性和综合性特征。

一、电能与电气安全

电能是一种现代的能源，它广泛应用于工农业生产和人们生活的各个方面，对促进国民经济的发展和改善人民生活质量均起着重要的作用，一个国家的经济越发达，现代化水平越高，对电力的需求量就越大。

电能是一种十分重要的二次能源，它是由蕴藏于自然界中的煤、石油、水力、天然气、核燃料等一次能源转换而来的。同时，电能也可以转换为机械能、光能、热能等其他形式的能量供人们使用。电能的生产和使用具有其他能源不可比拟的优点，它转换容易，可以远距离输送，能灵活、方便地进行控制，生产成本低，对环境污染低等。因此，电能已成为工业、农业、交通运输、国防科技及人民生活等各方面不可缺少的能源。

电力工业的发展水平是一个国家经济发达程度的重要标志。电力工业在我国国民经济中占有十分重要的地位，是国民经济重要的基础工业，也是国民经济发展战略中的重点和先行产业。电力工业必须优先于其他工业部门的发展而发展，其建设和发展的速度必须高于国民经济生产总值的增长速度。只有这样，国民经济各部门才能够快速而稳定地发展，这是社会的进步、综合国力的增强和人民物质文化生活现代化的需要。"科技要发展，电力要先行。"可以看出，电能在国民经济和人民日常生活中具有重要作用。

电能作为动力，能不断提高工农业生产的机械化、自动化程度，有效促进国民经济各部门的技术改造，大幅度提高劳动生产率。利用电能，还可以保证产品质量的稳定性，改善劳动者的劳动条件，为劳动者提供清洁和安全的环境。电能也是提高人民生活水平和建设物质文明、精神文明的工具。现今，我国电化教育和家用电器已经普及，特别是互联网及设备的普及，使人民的生活用电越来越多。电能的广泛应用，改变了科学技术的状况，加速了科学技术的发展。

人们在用电的同时，会遇到各种各样的安全问题。电能是由一次能源转换得来的二次能源，在应用这种能源时，如果处理不当，在其输送、控制、驱动过程中会遇到障碍，即会发生事故，严重的事故将导致身体伤害和重大经济损失，特别是电气火灾事故损失较为严重。

大部分电气安全问题是电力工业发展的过程中提出来的。人们通过对大量生产安全事故的调查分析发现，生产安全事故的 95％由设备故障引起，其中电气设备故障占 89％，绝大多数生产安全事故的原因归结为设备管理问题。据《中国火灾统计年鉴》统计，我国因电气故障引发的火灾在所有火灾事故中所占比例高达 30％，在重特大火灾中甚至占到 52％以上，并且逐年攀升。电气火灾已成为各类火灾事故中的头号杀手！这在建筑领域表现得尤为突出，主要源于：一是随着建筑用电负荷的持续增长，线路长期过载运行、绝缘老化、接点松动等导致的短路、漏电、过温类故障在所难免，突然断电、电气爆炸、电气火灾等电气安全事故必然日益增多；二是普遍缺乏电气设备运行管理有效技术手段，依然以传统的人工巡检为主，漏检多，效果差。比如，实际运行中的低压抽屉柜、高压开关柜根本无法打开检查，楼层配电箱（柜）有些由于安装位置的限制无法方便检查，电缆沟、电缆桥架由于盖板和封堵设施的存在也很难检查，存在很多盲区，这往往是设备过载或接头松动而温度异常、绝缘老化破损漏电等故障的高发区。

同时，建筑作为耗能大户，能源监管容易出现漏洞，节能工作缺乏系统性指导和数据依托。例如：有表计量的单位大多未设能源管理系统，为实现内部考核依赖手工抄表，各科室、楼层用电量统计误差大，造成管理困难。解决建筑的能耗管理问题、分析其能耗特性、挖掘建筑的节能潜力已迫在眉睫。

在一些非用电场所或电路正常的情况下，电能的释放也会造成灾害。例如雷电、静电、电磁场危害等方面的安全工作也是不容忽视的。总之，灾害是由能量造成的，由电流的能量或静电荷的能量造成的事故属于电气事故。人们在研究和利用电能的同时，必须研究电气事故发生原因，防止各种电气事故的发生，使电更好地为人类的生产、生活和生存服务。

二、电气安全技术的基本任务

电气安全技术是以安全为目标、以电气为研究领域的应用学科，是安全领域中直接与电气相关联的科学技术与管理工程，这门学科不单独讨论用电或电气设备，而是将二者都包含在其中。电气安全的基本内容包括两个方面：一方面是研究各种电气事故，研究其机理、原因、构成、特点、规律和防护措施。电气事故不仅仅是触电事故、雷击、静电危害、电磁场伤害、电气火灾爆炸，其他危及人身安全的线路故障和设备故障也属于电气事故。另一方面是研究用电气的方法解决各种安全问题，即研究运用电气监测、电气检查和电气控制的方法来评价系统的安全性或获得必要的安全条件。

电气安全具有抽象性、广泛性、综合性的特点。

随着人类对电力能源的重视与不断应用，电力设施与设备已与现代人类的工作与生活密不可分，电力甚至成为现代各行各业发展的基础与前提。但不可否认的是，由于种种原因，电力能源在带给人们工作与生活便利的同时，由电气设备产生的问题也给人类的生产与生活带来不少烦恼与损失，有时甚至表现为灾难。因此，电气安全不仅成为各国电气操作与维护人员消除安全生产隐患、防止伤亡事故、保障职工健康及顺利完成各项任务的重要工作内容，也成为电气专业工作者首要面临并着力解决的课题。

1. 工作任务

（1）研究各种电气事故及其发生的机理、原因、规律、特点和防护措施。

（2）研究运用电气方法，即电气监测、电气检查和电气控制等方法来评价电力系统的安全性和解决生产中用电的安全问题。

2. 工作内容

（1）研究并采取各种有效的安全技术措施。电气事故统计资料表明，由于电气设备的结构有缺陷，安装质量不佳，不能满足安全要求而造成的事故所占比例很大。因此，为了确保人身和设备安全，在安全技术方面对电气设备有以下要求：

① 对裸露于地面和人体容易触及的带电设备，应采取可靠的防护措施。

② 设备的带电部分与地面及其他带电部分应保持一定的安全距离。

③ 易产生过电压的电力系统，应有避雷针、避雷线、避雷器、保护间隙等过程电压保护装置。

④ 低压电力系统应有接地、接零保护装置。

⑤ 对高压用电设备应采取装设高压熔断器和断路器等不同类型的保护措施；对低压用电设备应采取相应的低压电气保护措施进行保护。

⑥ 在电气设备的安装地点应设安全标志。

⑦ 根据某些电气设备的特性和要求，应采取特殊的安全措施。

（2）研究并推广先进的电气安全技术，提高电气安全水平。

（3）制定并贯彻安全技术标准和安全技术规程。

（4）建立并执行各种安全管理制度。

（5）开展有关电气安全思想和电气安全知识的教育工作。

（6）分析事故实例，从中找出事故原因和规律。

三、电气安全技术的特点

1. 周密性

任何一项安全技术的产生都有着严格细致的过程，不得有任何疏忽，任何一种可能都必须考虑并做好试验，以保证技术的可靠周密，否则将会带来不可估量的损失。

2. 完整性

电气安全技术是一个非常完整的体系，不仅包括电气本身的各种安全技术，而且还包括用电气技术去保证其他方面安全的各项技术。同时，这些方面都完整无缺、滴水不漏且面面俱到，从安全组织管理、技术手段到人员素质、产品质量以及设计安装等，形成了一个完整的安全体系。

3. 复杂性

上述两点导致了电气安全技术的复杂性。不仅是单一的用电场所，一些非用电场所也有电气安全问题。此外，利用电气及控制技术来解决安全问题以及有关安全技术的元件，不仅有电气技术，还有计算机技术、检测技术、传感技术以及机械技术。这样使得电气安全技术变得很复杂。

4. 综合性

电气安全技术是一门综合技术，除了电气电子技术外，还涉及许多学科领域，其中包括管理技术，操作规范，以及消防、防爆、焊接、起重吊装、挖掘、高处作业、制作等。随着工业及文明的发展，电的应用越来越广泛，电气安全技术将更为复杂化、更具有综合性。

5. 抽象性

由于电具有看不见、听不到、嗅不着的特点，因此比较抽象。电气事故往往带有某种程度的神秘性，使人在短时间内难以理解。例如物体打击使人受伤，这是很容易理解的，但是一根很细的电线能将人电击致死，静电火花能引起爆炸之类的用电事故，与前者比起来就难理解。电磁辐射更具有感觉不到的特点，而且从受伤害到发病之间有一段潜伏期，人们可以在相当长的时间内对周围严重的电磁环境没有察觉。用电伤害的这一特点无疑会增加危害的严重性。抽象的特点会加大技术处理的难度，并加大安全教育培训的难度。

6. 广泛性

电气安全技术的这一特点可以从两个方面来理解：一方面，电的应用极为广泛。电的使用可以提高劳动生产率，减轻劳动强度和改善劳动条件，实现现代化。另一方面，电气安全技术是一门涉及多种学科的综合性学科，研究电气安全不仅要研究电力，还要研究力学、生物学、医学等学科。

7. 可靠性

当代国民经济的飞速发展提高了人们的生活质量，也使得人们对居住环境满意度有了更高的要求，电力供应是否稳定可靠就是其中一个重要因素。电力系统的运行情况不仅对人们生活生产有影响，还关系到国家经济的发展，提高电气检修技术水平，利国利民，势在必行。为保证电力供应稳定可靠、电能供应质量高，可以通过提高检修技术水平和完善检修制度的方式进行，不断创新变革技术和制度，从而增加电气设备作业时间，提升作业效率。由此可见，提升检修技术水平可以减少成本支出，增强电力电气设备运行的可靠性。

8. 重要性

电力工业的又好又快发展必将促进安全用电工作的快速发展，电气事故的严重性决定了电气工作的极端重要性。根据《中国火灾统计年鉴》，我国电气火灾已占火灾总数的 30%，电气火灾造成的经济损失所占比例还会更高一些。因此，电气作业人员和电气安全管理人员必须高度重视电气安全。

四、对用电安全管理的要求

（1）用电单位除应遵守国家的有关规定外，还应根据具体情况建立、完善并严格执行相应的用电安全规程及岗位责任制。

（2）电气作业人员应无妨碍其正常工作的生理缺陷及疾病，并应具备与其作业活动相适应的用电安全、触电急救等专业技术知识及实践经验。

（3）电气作业人员在进行电气作业前应熟悉作业环境，并根据作业的类型和性质采取相应的防护措施；进行电气作业时，所使用的电工个体防护用品应保证合格并与作业活动相适应。

（4）从事电气作业的特种作业人员应经专门的安全作业培训，在取得相应特种作业操作资格证书后，方可上岗。

（5）当非电气作业人员有需要从事接近带电及用电产品的辅助性工作时，应先主动了解或由电气作业人员介绍现场相关电气安全知识、注意事项或要求。由具有相应资格的人员带领和指导其进行工作，并对其安全负责。

（6）临时用电应经有关主管部门审查批准，并有专人负责管理，限期拆除。

（7）用电产品应有专人负责管理，并定期进行检修、测试和维护。检修、测试和维护的频率应取决于用电产品规定的要求和使用情况。

（8）经检修后的电气设备和电气装置，应证明其安全性能符合正常使用要求，并在重新使用前再次确认其符合标准的要求。安全性能不合格的用电产品不得投入使用。

（9）用电产品如不能修复或修复后达不到规定的安全性能，应及时予以报废，并在明显位置予以标识。

（10）长期放置不用的用电产品在重新使用前，应经过必要的检修和安全性能测试。

（11）修缮建筑物或其他类似情况时，对原有电气装置应采取适当的防护措施，必要时应将其拆除，修缮完毕后方可重新安装使用。

第二节　电气事故的种类

电气事故是电气安全技术主要研究和管理的对象。掌握电气事故的特点和分类，对做好电气安全技术工作具有重要的意义。根据能量转换理论的观点，电气事故是电能非正常作用于人体或系统所造成的。根据电能的不同作用形式，可将电气事故分为触电事故、雷电事故、静电事故、电磁辐射事故、电路故障事故等。另外一种分类更加直观，将电气事故分为自然因素产生的和人为因素产生的两大类。自然因素有雷电、静电等；人为因素主要是各种电气系统和设备产生诸如电击、电弧灼伤、电气火灾等。按发生的特征分类，可将电气事故划分为电气事故和电磁污染事故两大类。电气事故具有偶然性的特征，而电磁污染事故具有必然性和持续性的特征。表1-1列出了电气危害的主要种类及原因。

表 1-1　电气事故的种类及原因

类型			原因及举例说明
电气事故	故障型	电击	1. 绝缘损坏,造成非带电部分带电 2. 爬电距离或电气间隙被导电物短接,造成非带电部分带电 3. 机械性原因,如线路断落、带电部件滑出等 4. 雷击 5. 各种因素造成的系统中性点电位升高,使 PE(保护接地线)或 PEN(兼有保护接地和接中性点功能的导线)带高电位
		电气火灾和电气引爆	1. 过电流产生高温引燃 2. 非正常电火花及电弧引燃、引爆 3. 雷电引燃、引爆
		设备损坏	1. 过载或缺相运行 2. 电解和电蚀作用 3. 静电或雷电 4. 过电压或电涌

类型		原因及举例说明
电气事故	非故障型 电击	直接事故：误入带电区、人为超越安全屏障、携带过长金属工具等；间接事故：因触碰感应电或低压电等非致命带电体引起的惊吓、坠落或摔倒等
	电气火灾	高温溶液、熔渣的滴落、流淌、积聚，使附近的物体燃烧、爆炸
	设备损坏和质量事故	1. 长期电蚀作用的设备、线路受损 2. 工业静电引起的吸附作用，影响产品质量
电磁污染	电磁骚扰	工作产生的电磁场对别的设备或系统产生的干扰等
	职业病	强电磁场对人体器官的损伤（如微波），或使人体某一部分功能失调等

一、触电事故

触电事故是由电流形式的能量造成的事故。当电流通过人体时，人体直接接受局部电能，会受到不同程度的伤害，这种伤害叫作电击。当电流转换成其他形式的能量（如热能）作用于人体时，人们也会受到不同程度的伤害，这类伤害统称为电伤。

1. 电击及其分类

按照发生电击时电气设备的状态，电击可分为直接接触电击和间接接触电击。直接接触电击是触及设备和线路正常运行的带电体发生的电击（如误触接线端子发生的电击），也称为正常状态下的电击。间接接触电击是触及正常状态下不带电，而当设备或线路故障时意外带电的导体发生的电击（如触及漏电设备的外壳发生的电击），也称为故障状态下的电击。由于二者发生的条件不同，所以防护技术也不相同。

电击是电流通过人体，刺激机体组织，使肌肉非自主地发生痉挛性收缩而造成的伤害，严重时会破坏人的心脏、肺部、神经系统的正常工作，形成危及生命的伤害。电击对人体的效应是由通过的电流决定的，而电流对人体的伤害程度与通过人体的电流强度、种类、持续时间、途径及人体状况等多种因素有关。

按照人体触及带电体的方式，电击也可分为以下几种情况：

（1）单相电击　单相电击是指人体接触到地面或其他接地导体的同时，人体另一部位触及某一相带电体所引起的电击。单相电击的危险程度除与带电体电压高低、人体电阻、鞋和地面状态等因素有关外，还与人体离接地点的距离以及配电网对地运行方式有关。一般情况下，接地电网中发生单相电击比不接地电网中的危险性大。根据国内外的统计资料，单相触电事故占全部触电事故的70％以上。因此，防止触电事故的安全技术措施应将单相电击作为重点。图1-1是单相电击事故示意图。

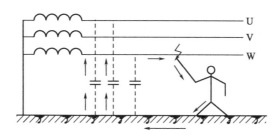

图1-1　单相电击示意

（2）两相电击　两相电击是指人体离开接地导体，人体某两部分同时触及两相带电的导体所引起的电击。在此情况下，人体所承受的电压为三相系统中的线电压，因电压相对较大，其危险性也较大。应当指出，漏电保护装置对两相电击是不起作用的。图1-2是两相电击示意图。

（3）跨步电压电击　当电流流入地下时（这一电流称为接地电流），电流自接地体向四周流散（这时的电流称为流散电流），于是接地点周围的土壤中将产生电压降，接地点周围地面将呈现不同的对地电压。接地体周围各点对地电压与至接地体的距离大致保持反比关系。因此，人站在接地点周围时，两脚之间可能承受一定电压，遭受跨步电压电击。

可能发生跨步电压电击的情况有：带电导体特别是高压导体故

障接地时，或接地装置流过故障电流时，流散电流在附近地面各点产生的电位差可造成跨步电压电击。正常时有较大工作电流流过接地装置附近，流散电流在地面各点产生的电位差，可造成跨步电压电击。防雷装置遭受雷击或高大设施、高大树木遭受雷击时，极大的流散电流在其接地装置或接地点附近地面产生的电位差，可造成跨步电压电击。

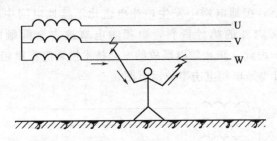

图 1-2　两相电击示意

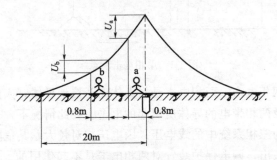

图 1-3　对地电位曲线及跨步电压示意

跨步电压的大小受接地电流大小、鞋和地面特征、两脚之间的跨距、两脚的方位以及离接地点的远近等很多因素影响。人的跨距一般按 0.8m 考虑。图 1-3 中 a、b 两人都承受跨步电压。由于对地电位曲线离开接地点由陡而缓的下降特征，a 承受的跨步电压高于 b 承受的跨步电压。当两脚与接地点等距离时（设接地体具有几何对称的特点），两脚之间是没有跨步电压的。因此，离接地点越近，只是有可能承受但并不一定承受越大的跨步电压。由于跨步电压受很多因素的影响，以及由于地面电位分布的复杂性，几个人在同一地带（如同一棵大树下或同一故障接地点附近）遭受跨步电压电击完全可能出现截然不同的后果。

2. 电伤及其分类

电伤是由电流的热效应、化学效应、机械效应等对人体所造成的伤害。此伤害多见于机体的外部，往往在机体表面留下伤痕。能够形成电伤的电流通常比较大。电伤属于局部伤害，其伤害程度取决于受伤面积、受伤深度、受伤部位等。电伤包括电烧伤、电烙印、皮肤金属化、机械损伤、电光眼等多种伤害，下面分别介绍：

（1）电烧伤　电烧伤是由电流的热效应造成的伤害，是最为常见的电烧伤。人部分触电事故都含有电烧伤成分。电烧伤可分为电流灼伤和电弧烧伤。

电流灼伤是人体与带电体接触，电流通过人体，电能转换成热能而造成的伤害。由于人体与带电体的接触面积一般都不大且皮肤电阻又比较高，因而在皮肤与带电体接触部位产生的热量就较多，因此，皮肤受到的灼伤比体内严重得多。电流越大，通电时间越长，电流途径上的电阻越大，则电流灼伤越严重。由于接近高压带电体时会发生击穿放电，因此，电流灼伤一般发生在低压电气设备上。因电压较低，所以形成电流灼伤的电流不太大。但数百毫安的电流即可造成灼伤，数安的电流则会形成严重的灼伤。在高频电流下，因皮肤电容的旁路作用，有可能发生皮肤仅有轻度灼伤而内部组织却被严重灼伤的情况。

电弧烧伤是由弧光放电造成的伤害，分为直接电弧烧伤和间接电弧烧伤。直接电弧烧伤发生在带电体与人体之间，是有电流通过人体的烧伤；间接电弧烧伤是发生在人体附近对人体形成的烧伤，以及熔化金属溅落造成的烫伤。

直接电弧烧伤是与电击同时发生的。弧光放电时电流很大，能量也很大，电弧温度高达数千摄氏度，可造成大面积的深度烧伤，严重时能将机体组织烘干、烧焦。电弧烧伤既可以发生在高压系统，也可以发生在低压系统。在低压系统，带负荷（尤其是感应负载）拉开裸露的闸刀开关时，产生的电弧会烧伤操作者的手部和面部；当线路发生短路，开启式熔断器熔断时，炽热的金属微粒飞溅出来会造成烧伤；误操作引起短路也会导致电弧烧伤等。在高压系统，由于误操作，会产生强烈的电弧，造成严重的烧伤；人体过分接近带电体，其间距小于放电距离时，直接产生强烈的电弧，造成电弧烧伤，严重时会因电弧烧伤而死亡。

在全部电烧伤的事故当中，大部分事故发生在电气维修人员身上。因此，预防电烧伤事故具有重要的意义。

（2）电烙印　电烙印是电流通过人体后，在皮肤表面接触部位留下与接触带电体形状相似的斑痕，如同烙印。斑痕处皮肤呈现硬变，表层坏死，失去知觉。

（3）皮肤金属化　皮肤金属化是在电弧高温的作用下，金属熔化、汽化，金属微粒渗入皮肤，使皮肤粗糙而张紧的伤害。皮肤金属化多与电弧烧伤同时发生。

（4）机械损伤　机械损伤多数是电流作用于人体时，人的中枢神经反射使肌肉产生非自主的剧烈收缩所造成的。其损伤包括肌腱、皮肤、血管、神经组织断裂以及关节脱位乃至骨折等。

（5）电光眼　电光眼是发生弧光放电时，红外线、可见光、紫外线对眼睛造成的伤害。在短暂照射的情况下，引起电光眼的主要原因是紫外线。电光眼表现为角膜炎或结膜炎。

尽管触电事故只是电气事故中的一种，但触电事故是最常见的电气事故，而且大部分触电事故都是在用电过程中发生的。因此，研究触电事故的预防是电气安全技术的重要课题。

二、雷击事故

雷电是由大自然的力量在宏观范围内分离和积累起来的正、负电荷的放电现象。这就是说，雷击事故是大自然中正、负电荷的能量释放造成的事故。

雷击分为直击雷、静电感应雷和球雷。当带电积云接近地面，与地面凸出物之间的电场强度达到空气的击穿强度（25～30kV/cm）

时，所发生的激烈的放电现象称为直击雷。其每一放电过程包含先导放电、主放电、余光三个阶段。当带电积云接近地面凸出物时，在其顶部感应出大量异性电荷，当带电积云与其他部位、其他积云或地面设施放电后，凸出物顶部的电荷失去束缚，高速传播形成高压冲击波。此冲击波由静电感应产生，具有雷电特征，称为静电感应雷。雷电放电时，雷电流在周围空间产生迅速变化的强磁场，在邻近的导体上感应出很高的电动势。该电动势具有雷电特征，称为电磁感应雷。雷电放电时产生的球状发光带电体称为球雷。球雷也可能造成多种危害。

雷电放电具有电流大、电压高、冲击性强的特点。其能量释放出来可表现出极大的破坏力。雷击除可能毁坏设施和设备外，还可能伤及人、畜，引起火灾和爆炸，造成大规模停电等。因此，电力设施、建筑物，特别是有火灾和爆炸危险的建筑物，均需考虑防雷措施。造成重大人身伤亡和经济损失的青岛市黄岛油库火灾就是雷击引起的。

高大的建筑物和工程设施，特别是有爆炸或火灾危险的建筑物和工程设施、变配电装置等应采取直击雷防护措施；凡遭受雷电冲击波袭击可能导致严重后果的建筑物或设施均应采取雷电冲击波防护措施。

三、静电事故

静电事故是静电电荷或静电场能量引起的事故。在生产工艺过程中以及操作人员的操作过程中，某些材料的相对运动、接触与分离等导致了相对静止的正电荷和负电荷的积累，即产生了静电。由此产生的静电能量不大，不足以直接使人致命。但是，其电压高达数十千伏乃至数百千伏，若发生放电，会产生静电火花。在有爆炸或火灾危险环境中，静电是一个十分危险的因素，静电火花会成为可燃性物质的点火源，造成爆炸和火灾事故。

接触-分离过程，即两种紧密接触材料的突然分离过程是静电产生的基本方式。高电阻率的高分子材料容易产生和积累危险的静电。体积电阻率 $10^{10}\Omega\cdot m$ 以上或表面电阻率 $10^{11}\Omega$ 以上的材料是有静电危险的材料。以下工艺过程都容易产生静电：

① 固体物质大面积的摩擦，如纸张与辊轴摩擦，传动带与带轮或辊轴摩擦等；固体物质在压力下接触后分离，如塑料压制、上光等；物料在挤压、过滤时与管道、过滤器等摩擦，如塑料的挤出、赛璐珞的过滤等。

② 固体物质的粉碎、研磨过程；悬浮粉尘的高速运动等。

③ 在混合器中搅拌各种高电阻率的物质，如纺织品的涂胶过程等。

④ 高电阻率液体在管道中流动且流速超过 $1m/s$ 时；液体喷出管口时；液体注入容器发生冲击、飞溅时等。

⑤ 液化气体、压缩气体或高压蒸气在管道中流动和由管口喷出时，如从气瓶放出压缩气体、喷漆等。

在石油、化工、粉末加工、橡胶、塑料等行业，必须充分注意静电的危险性。生产工艺过程中的静电也能使人遭到电击，妨碍生产。在电子行业，如无有效的防静电措施，还会击穿集成元件。从广义上讲，静电引起的降低工效、降低产品质量或导致废品产生也是安全工作者不可忽视的问题。

四、电磁辐射事故

电磁辐射事故是电磁波形式的能量造成的事故。射频电磁波泛指频率 $100kHz$ 以上的电磁波。高频热合机、高频淬火装置、某些电子装置附近都可能存在超标准的电磁辐射。

在高频电磁波照射下，人体会因吸收辐射能量而受到不同程度的伤害。过量的辐射可引起中枢神经系统的功能障碍，出现神经衰弱症候群等临床症状；可造成自主神经紊乱，出现心率或血压异常，如心动过缓、血压下降或心动过速、高血压等；可引起眼睛损伤，造成晶状体混浊（白内障）；可使睾丸发生功能失常，造成暂时或永久的不育症，并可能使后代产生疾患；可造成皮肤表层灼伤或深度灼伤等。

在高强度的射频电磁场作用下，可能产生感应放电，会使电引爆器发生意外引爆。感应放电对具有爆炸、火灾危险的场所来说是一个不容忽视的危险因素。此外，当高大金属设施接收电磁波时，可能发生谐振，产生数百伏的感应过电压。由于感应电压较高，可能给人以明显的电击，还可能与邻近导体之间发生火花放电。

高频电磁波可能干扰无线电通信，还可能降低电子装置的质量和影响电子装置的正常工作。

五、电路故障事故

电路故障事故是电能在输送、分配、转换过程中失去控制而产生的。断路、短路、异常接地、漏电、电气设备或电器元件受电磁干扰而发生误动作等都属于电路故障。电气线路和电气设备的故障会导致人员伤亡及重大财产损失。电路故障危害主要体现在以下几个方面：

1. 异常带电

在电路系统中，原本不带电的部分因电路故障而异常带电，可导致触电事故发生。例如：电气设备因绝缘不良产生漏电，使其金属外壳带电；高压电路故障接地时，在接地处附近呈现出较高的跨步电压，形成触电的危险条件。

2. 异常停电

在某些特定的场合，异常停电会造成设备损坏和人员伤亡。如正在浇注钢水的吊车，因骤然停电而失控，导致钢水洒出，引起人身伤亡事故；医院手术室可能因异常停电而被迫停止手术，无法正常抢救而危及病人生命；排放有毒气体的风机因异常停电而停转，致使有毒气体超过允许浓度而危及人身安全；公共场所发生异常停电，会引起妨碍公共安全的事故；异常停电还可能引起电子计算机系统的故障，造成难以挽回的损失。

3. 引起火灾和爆炸

线路、开关、熔断器、插座、照明器具、电动机等发生故障时均可能引起火灾和爆炸；电力变压器、多油断路器等电气设备在发生故障时不仅有较大的火灾危险，还有爆炸的危险。

应当指出，电气火灾和电气爆炸都是电气事故。火灾和爆炸只是事故表现形式，而不是造成事故的基本因素。因此，在这里不把电气火灾、爆炸单独列出来。上述电流形式的能量、电荷形式的能量、电磁波形式的能量以及电能失去控制都可能引起火灾和爆炸。在火灾和爆炸事故中，电气火灾和爆炸事故占有很大的比例。就引起火灾的原因而言，电气原因仅次于一般明火而位居第二。电气火灾和爆炸除可能毁坏设备和设施，引起大规模停电，造成重大经济损失外，还可能导致重大人身伤亡事故。

应当注意到，雷击事故、静电事故、电磁辐射事故很可能与用电无关，这就是说，电气事故可能发生在不用电的场合，电气事故也不等于用电事故。

第三节　触电事故分析

一、概述

人身直接接触电源，简称触电。人体能感知的触电与电压、时间、电流、电流通道、频率等因素有关。譬如人手能感知的最小直流为 $5\sim10mA$（感觉阈值），对 $60Hz$ 交流的感知电流为 $1\sim10mA$。随着交流频率的提高，人体对其感知敏感度下降，当电流频率高达 $15\sim20kHz$ 时，人体无法感知。

人体组织 60% 以上是由含有导电物质的水分组成，因此，人体是个导体。当人体接触设备的带电部分并形成电流通路的时候，就会有电流流过人体，从而造成触电。触电时电流对人身造成的伤害程度与电流强度、持续时间、电流频率、电压及流经人体的途径等多种因素有关。

人体中的电流运动方式较为复杂，因为人体不是纯导电体，身体中的水分子一般来讲不参加导电，但在强电场的作用下也会激发水分子成为带电离子而导电，对于一般电场来说，只有水中的杂质和金属部分参与导电，所以人体导电就会破坏人体细胞的分子结构。不论是金属导电还是生物细胞导电都会产生电子移动中的能量释放，电子在流动过程中的能量释放则会以热作用形式表现出来。当金属导体中的电子流在移动时导体会发热。而人体细胞和植物细胞被电场施加电场力形成电子流后会破坏原细胞中的化学分子结构，细胞在热作用下死亡。

如果通过人体的电流小于其细胞所承载的强度时，人体细胞只会将这种状态传递给大脑，使人感觉到一阵痉挛或麻嗖嗖的触电感，此时并不会伤害到人体细胞。人体在一般的情况下，可承受 20mA 以下的交流电和 50mA 以下的直流电。如果触电的持续时间过长，即使是电流小到 8mA 左右，也可使人死亡，即便是生命没有受到死亡的威胁，但也会导致人体和脑部的重创从而留下不可恢复的后遗症。人体的电阻一般是在 1000Ω 左右，行业规定交流安全电压上限为 42V，直流安全电压上限为 72V。当人体被电击后会形成三种伤害：其一是身体中电子流动的热作用；其二是电子流动会破坏细胞的化学分子结构而形成化学性伤害；其三是电子流动形成的磁场对细胞分子产生机械振荡式损伤。另外，也包括人体与其他物体的撞击等非电气伤害因素。

当强电流通过人体或人体细胞中的导电元素全部参与导电时，身体中的大化学分子就会彻底解体而致使生命终结。这种状态会出现在超过安全电压的情况下，电压越高对人体细胞的伤害作用越大，当人体处于电压数万伏特以上的环境或者是在数亿伏特的雷电场中，细胞会完全炭化。引起触电事故的原因很多，主要有以下几个方面。

二、电气设备安装不合理

1. 对电气设备的安全要求

（1）对裸露于地面和人身容易触及的带电设备，应采取可靠的防护措施。

（2）设备的带电部分与地面及其他带电部分应保持一定的安全距离。

（3）易产生过电压的电力系统，应有避雷针、避雷线、避雷器、保护间隙等过电压保护装置。

（4）低压电力系统应有接地、接零保护装置。

（5）对各种高压用电设备应采取装设高压熔断器和断路器等不同类型的保护措施；对低压用电设备应采用相应的低压电器保护措施进行保护。

（6）在电气设备的安装地点应设安全标志。

（7）根据某些电气设备的特性和要求，应采取特殊的安全措施。

2. 安装不合理的表现

例如：室内、外配电装置的最小安全净距离不够；室内配电装置各种通道的最小宽度小于规定值；架空线路的对地距离及交叉跨越的最小距离不符合要求；电气设备的接地装置不符合规定；落地式变压器无围栏；电气照明装置安装不当，如相线未接在开关上，灯头离地面太低；电动机安装不合理；导线穿墙无套管；电力线与广播线同杆架设；电杆梢径过小等。

三、违反安全工作规程

例如：非电气工作人员操作和维修电气设备；带电移动或维修电气设备，带电登杆或爬上变压器台作业；在线路带电情况下，砍伐靠近线路的树木，在导线下面修建房屋、打井、堆柴；使用行灯和移动式电动工具时不符合安全规定；在带电设备附近进行起重作业时，安全距离不够；在全部停电和部分停电的电气设备上工作时，安全组织措施和技术措施未落实，违章作业；带负荷分离隔离开关或跌落式熔断器、带临时接地线合上隔离开关和油断路器、带电误将两路电源并列等误操作；私自乱拉乱接临时电线；低压带电作业的工作位置、活动范围、使用工具及操作方法不正确等。

四、运行维修不及时

例如：架空线路被大风刮断或外力扯断，造成断线接地或与电话线、广播线搭连，电杆倾倒、木杆腐朽等没有及时修复；电气设备外壳损坏，导线绝缘老化破损、金属导体外露等没有及时发现和修理。

五、缺乏安全用电知识

1. 安全用电须知

（1）安全用电，人人有责，确保人身、设备安全。

（2）用电要申请，安装、修理找电工。不准私拉乱接用电设备。

（3）临时用电，要向当地供电部门办理用电申请手续；用电设备安装要符合规程要求，验收合格后方可接电；用电期间电力设施应有专人看管，用完及时拆除，不准长期带电。

（4）严禁私自改变低压系统运行方式、利用低压线路输送广播或通信信号以及采用"一相一地"等方式用电。

（5）严禁私设电网防盗、捕鼠、狩猎和用电捕鱼。

（6）严禁使用电视天线、电话线等非规范的导体代替电线。

（7）严禁使用挂钩线、破股线、地爬线和绝缘不合格的导线接电。

（8）严禁攀登、跨越电力设施的保护围墙或遮栏。

（9）严禁往电力线、变压器等电力设施上扔东西。

（10）不准在电力线路、电力设备等电力设施附近放炮采石。

（11）不准靠近电杆挖坑或取土；不准在电杆上拴牲畜；不准破坏拉线，以防倒杆断线。

（12）不准在电力线上挂晒衣物，晒衣物（绳）与电力线要保持 1.25m 以上的水平距离。

（13）不准将通信线、广播线和电力线同杆架设；通信线、广播线、电力线进户时要明显分开，发现电力线与其他线搭接时，要立即找电工处理。

（14）发现电力线断落时，不要靠近落地点，更不能触摸断电线，要离开导线的落地点8m以外；看守现场，立即找电工处理或报告供电部门。

（15）发现有人触电，不要赤手去拉触电人的裸露部位。应尽快断开电源。

（16）必须跨房的低压电力线，与房顶的垂直距离保持2.5m及以上，与建筑物的水平距离应保持1.25m及以上。

（17）架设电视天线时应远离电力线路；天线杆与高低压电力线路最近处的最小距离应在3.0m及以上，天线拉线与电力线的净空距离应在3.0m以上。

（18）发现电力线路、设备发生故障（如线路断线、倒杆、避雷器击穿、变压器烧毁等故障）时，要及时向当地供电部门汇报，以便能尽快抢修，恢复供电。

2. 日常生活中如何防触电

（1）自觉遵守安全用电规章制度。

（2）用电线路及电气设备绝缘必须良好，灯头、插座、开关等带电部分绝对不能外露，严防人体触及带电部位。

（3）湿手不要接触或操作电气设备，不得用湿布擦拭带电电器。

（4）教育孩子不要玩弄电气设备。

（5）不得剪断落到地上的电线，不得靠近落地电线。

（6）进行电气工作前，需先验明确实无电。

（7）不能用手摸灯头螺口，不能用手拔裸地线，不要玩弄带电设备，不得直接拉电线将插头拔出。

3. 如何处置触电事故

（1）发现有人触电，先使触电者迅速脱离电源，千万不要用手去拉触电人，赶快拉断开关，断开电源，用干燥的木棒、竹竿挑开电线，或用有绝缘柄的工具切断电线。

（2）将脱离电源的触电者迅速移至通风干燥处仰卧，松开上衣和裤带，观察触电者有无呼吸，摸一摸颈动脉有无搏动。

（3）用正确的人工呼吸和胸外心脏按压法进行现场急救，同时及时拨打 120 急救电话，呼叫医务人员尽快赶到现场进行救治，在医务人员未到达前，现场抢救人员不应放弃抢救。严禁对触电者打强心针。

六、发生触电事故的规律

1. 具有明显的季节性

一年中，春、冬两季触电事故较少，夏、秋两季，特别是七、八、九这三个月，触电事故较多。这段时间内多雷雨，空气湿度大，降低了电气设备的绝缘性能。同时，人体多汗而使皮肤电阻变小，衣着单薄，身体裸露部分较多，增加了触电的机会。

2. 低压触电多于高压触电

这是因为低压电网分布广，低压设备较多，人们接触到的机会多，而且有些人对低压电气设备麻痹大意，很容易发生触电事故。据统计，在低压设备上引起的事故占触电事故的 90% 左右。

3. 与用电环境有密切的关系

在气温高、湿度大或生产过程中产生大量导电灰尘以及腐蚀性气体的用电环境，电气设备极易发生漏电，从而引起触电事故。因此，生产环境不同，对电气设备的安装、运行和维护等的要求也不同。

4. 与工作人员掌握电气安全技术的程度有关

用电安全思想不牢固，安全教育不够，安全措施不完备等均会引起触电事故。一般来说，人们了解电气知识的程度不同，触电的机会也不同。触电事故多发生在非专职电工人员身上。

七、电流对人体的作用

电流通过人体，会引起人体的生理反应及机体的损伤。有关电流人体效应的理论和数据对于制定防触电技术的标准、鉴定安全型电气设备、设计安全措施、分析电气事故、评价安全水平等是必不可少的。

1. 电流对人体的作用

电流通过人体时破坏人体内细胞的正常工作，主要表现为生物学效应。电流作用于人体还包含热效应、化学效应和机械效应。

电流生物学效应主要表现为人体产生刺激和兴奋行为，使人体组织发生变异，从一种状态变为另一种状态。电流通过肌肉组织，引起肌肉收缩。电流除对机体直接作用外，还可以对中枢神经系统起作用。电流可以引起机体细胞激动，产生脉冲形式的神经兴奋波，当这种兴奋波迅速传到中枢神经系统时，后者即发出不同的指令，使人体各部做出相应的反应。因此，当人体触及带电体时，一些没有电流通过的部位也可能受到刺激，发生强烈的反应，重要器官的工作可能受到损失。

在活的机体上，特别是肌肉和神经系统，有微弱的生物电存在。如果引入外部电流，生物电的正常规律将受到破坏，人体也将受到不同程度的伤害。

电流经过血管、神经、心脏、大脑等时，将因为热量增加而导致功能障碍（电流的热效应）。

电流通过人体，会引起机体内液体物质发生离解、分解，导致破坏；会使机体各种组织产生蒸汽，乃至发生剥离、断裂等严重破坏；会引起麻感、针刺感、压迫感、打击感、痉挛、疼痛、呼吸困难、血压异常、昏迷、心律不齐、窒息、心室颤动等症状，严重时导致死亡。

人体工频电流试验的典型资料见表 1-2 和表 1-3。

电流对人体伤害的程度与通过人体电流的大小、电流通过人体的持续时间、电流通过人体的途径、电流的种类等多种因素有关。

① 伤害程度与电流大小的关系。通过人体的电流越大，人的生理反应越明显，引起心室颤动所需的时间越短，致命的危险就越大，伤害也就越严重。对于工频交流电，按照人体对不同电流强度的生理反应，可将作用于人体的电流分成以下三级：

表 1-2　左手—右手电流途径的实验资料　单位：mA

感觉情况	初试者百分数		
	5%	50%	95%
手表面有感觉	0.7	1.2	1.7
手表面有麻痹似的连续针刺感	1.0	2.0	3.0
手关节有连续针刺感	1.5	2.5	3.5
手有轻微颤动，关节有压迫感	2.0	3.2	4.4
上肢有强力压迫的轻度痉挛	2.5	4.0	5.5
上肢有轻度痉挛	3.2	5.2	7.2
手硬直有痉挛，但能伸开，感到有轻微疼痛	4.2	6.2	8.2
上肢、手有剧烈痉挛，失去知觉，手的前表面有连续针刺感	4.3	6.6	8.9
手的肌肉直到肩部全面痉挛，还可以摆脱带电体	7.0	11.0	15.0

表 1-3　单手—双脚电流途径的实验资料　单位：mA

感觉情况	初试者百分数		
	5%	50%	95%
手表面有感觉	0.9	2.2	3.5
手表面有麻痹似的针刺感	1.8	3.4	5.0
手关节有轻度压迫感，有强烈的连续针刺感	2.9	4.8	6.7
上肢有压迫感	4.0	6.0	8.0
上肢有压迫感，足掌开始有连续针刺感	5.3	7.6	10.0
手关节有轻度痉挛，手动作困难	5.5	8.5	11.5
上肢有连续针刺感，腕部，特别是手关节有强烈痉挛	6.5	9.5	12.5
肩部以下有强度连续针刺感，肘部以下僵直，还可以摆脱带电体	7.5	11.0	14.5
手指关节、踝骨、足跟有压迫感，手的大拇指（全部）痉挛	8.8	12.3	15.8
只有尽最大努力才可以摆脱带电体	10.0	14.0	18.1

　　a. 感知电流和感知阈值。感知电流是指在一定概率下，电流流过人体时可引起感觉的最小电流。感知电流的最小值称为感知阈值。

　　不同的人感知电流及感知阈值是不同的。女性对电流较敏感，在概率为 50％时，一般成年男性平均的感知电流约为 1.1mA，成年女性约为 0.7mA。对于正常人体，感知阈值平均为 0.5mA，并与时间因素无关。感知电流一般不会对人体造成伤害，但可能因不自主反应而导致高处跌落等二次事故。感知电流概率曲线如图 1-4 所示。

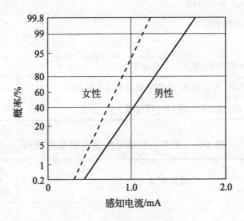

图 1-4　感知电流概率曲线

　　b. 摆脱电流和摆脱阈值。摆脱电流是指在一定概率下，人在触电后能够自己摆脱带电体的最大电流。摆脱电流的最小值称为摆脱阈值。

　　摆脱电流概率曲线如图 1-5 所示。对应于概率 50％的摆脱电流成年男子约为 16mA，成年女子约为 10.5mA；对应于概率 99.5％的摆脱电流成年男子和成年女子则分别约为 9mA 和 6mA。儿童的摆脱阈值较小。

　　摆脱电流是人体可以忍受但一般尚不致造成不良后果的电流。电流超过摆脱电流以后，会感到异常痛苦、恐慌和难以忍受；如时间过长，则可能昏迷、窒息，甚至死亡。

　　c. 室颤电流和室颤阈值。室颤电流是指引起心室颤动的最小

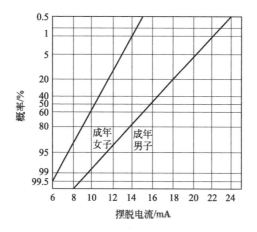

图 1-5　摆脱电流概率曲线

电流，其最小电流即室颤阈值。

　　电击致死的原因是比较复杂的。例如，高压触电事故中，可能因为强电弧或很大的电流导致烧伤使人致命；低压触电事故中，可能因为心室颤动，也可能因为窒息时间过长使人致命，一旦发生心室颤动，数分钟内即可导致死亡。因此，在小电流（不超过数百毫安）的作用下，电击致命的主要原因是电流引起心室颤动，因而室颤电流是最小的致命电流。

　　室颤电流和室颤阈值除取决于电流持续时间、电流途径、电流种类等电气参数外，还取决于机体组织、心脏功能与个体生理特征。

　　实验表明，室颤电流与电流持续时间有很大关系。如图 1-6 所示，室颤电流与电流持续时间的关系符合"Z"形曲线的规律。当电流持续时间超过心脏搏动周期时，人的室颤电流约为 50mA；当电流持续时间短于心脏搏动周期时，人的室颤电流约为数百毫安。当电流持续时间在 0.1s 以下时，如电击发生在心脏易损期，500mA 以上乃至数安的电流才能够引起心室颤动。在同样电流下，如果电流持续时间超过心脏搏动周期，则可能导致心脏停止跳动。

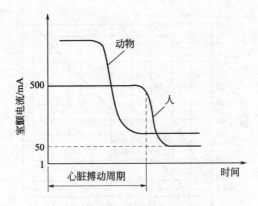

图 1-6　室颤电流-时间曲线

　　工频电流作用于人体的效应可参考表 1-4。表 1-4 中，0 是没有感觉的范围；A_1、A_2、A_3 是不引起心室颤动，不致产生严重后果的范围；B_1、B_2 是容易产生严重后果的范围。

表 1-4　工频电流对人体的作用

电流范围	电流/mA	电流持续时间	生理效应
0	0～0.5	连续通电	没有感觉
A_1	0.5～5	连续通电	开始有感觉,手指、手腕等处有麻感,没有痉挛,可以摆脱带电体
A_2	5～30	数分钟以内	痉挛,不能摆脱带电体,呼吸困难,血压升高,是可忍受的极限
A_3	30～50	数秒到数分钟	心脏跳动不规则,昏迷、血压升高、强烈痉挛,时间过长即引起心室颤动
B_1	50～数百	低于心脏搏动周期	受强烈刺激,但未发生心室颤动
		超过心脏搏动周期	昏迷、心室颤动,接触部位留有电流通过的痕迹
B_2	超过数百	低于心脏搏动周期	在心脏搏动周期特定的相位触电时,发生心室颤动、昏迷,接触部位留有电流通过的痕迹
		超过心脏搏动周期	心脏停止跳动、昏迷、可能致命的电灼伤

② 伤害程度与电流持续时间的关系。从表 1-3 可看出，通过人体电流的持续时间越长，越容易引起心室颤动，危险性就越大，其主要原因有三：

a. 能量的积累。电流持续时间越长，能量积累越多，心室颤动电流减小，使危险性增大。根据动物实验和综合分析得出，对于体重 50kg 的人，当发生心室颤动的概率为 0.5% 时，引起心室颤动的工频电流与电流持续时间之间的关系可用下式表示：

$$I = \frac{116}{\sqrt{t}}$$

式中　I——心室颤动电流，mA；

　　　t——电流持续时间，s。

上式所允许的时间范围是 0.01~0.5s。

心室颤动电流与电流持续时间的关系还可表示为：

当 $t \geqslant 1s$ 时：$I = 50mA$；

当 $t < 1s$ 时：$It = 50mA \cdot s$。

上述所允许的时间范围是 0.1~5s。

b. 与心脏易损期重合的可能性增大。在心脏搏动周期中，只有相应于心电图上约 0.2s 的 T 波（特别是 T 波前半部）这一特定时间对电流是最敏感的。该特定时间即心脏易损期。电流持续时间越长，与心脏易损期重合的可能性越大，电击的危险性就越大；当电流持续时间在 0.2s 以下时，重合心脏易损期的可能性较小，电击危险性也较小。

c. 人体电阻下降。电流持续时间越长，人体电阻因出汗等原因而降低，使通过人体的电流进一步增加，电击危险亦随之增大。

③ 伤害程度与电流途径的关系。电流通过心脏会引起心室颤动，电流较大时会使心脏停止跳动，从而导致血液循环中断而死亡。电流通过中枢神经或有关部位，会引起中枢神经严重失调而导致死亡。电流通过脊髓，会使人偏瘫等。

上述伤害中，以心脏伤害的危险性最大。因此，流过心脏的电流越大，且电流路线越短的途径，是电击危险性越大的途径。

利用心脏电流因数可以粗略估计不同电流途径下心室颤动的危险性。

如果通过人体某一电流途径的电流为 I，通过左手到脚的电流为 I_0，且二者引起心室颤动的危险程度相同，则心脏电流因数 K 可按下式计算：

$$K = \frac{I_0}{I}$$

不同电流途径的心脏电流因数见表 1-5。

表 1-5　各种电流途径的心脏电流因数

电流途径	心脏电流因数	电流途径	心脏电流因数
左手—左脚、右脚或双脚	1.0	背—左手	0.7
双手—双脚	1.0	胸—右手	1.3
左手—右手	0.4	胸—左手	1.5
右手—左脚、右脚或双脚	0.8	臀部—左手、右手或双手	0.7
背—右手	0.3		

下面举例说明表 1-5 的应用。由表 1-5 可知，对于左手—右手的电流途径，心脏电流因数为 0.4，因此，150mA 电流引起心室颤动的危险性与左手—左脚、右脚或双脚电流途径下 60mA 电流的危险性大致相同。

可以看出，胸—左手是最危险的电流途径；胸—右手，左手—左脚、右脚或双脚，右手—左脚、右脚或双脚，双手—双脚等也是很危险的电流途径。除表 1-5 中所列各个途径外，头—手和头—脚也是很危险的电流途径。左脚—右脚的电流途径也有相当的危险，而且这条途径还可能使人站立不稳而导致电流通过全身，大幅度增加触电的危险性。局部肢体电流途径的危险性较小，但可能引起中枢神经系统失调导致严重后果，或可能造成其他的二次事故。

各种电流途径发生的概率是不一样的。例如，左手—右手的概率为 40%，右手—双脚的概率为 20%，左手—双脚的概率为 17% 等。

④ 伤害程度与电流种类的关系。不同种类电流对人体伤害的构成不同，其危险程度也不同，但各种电流对人体都有致命危害。

a. 直流电流的作用。直流电击事故较少，原因：一是直流电流的应用比交流电流的应用少得多；二是发生直流电击时比较容易摆脱带电体，室颤阈值也比较大。

直流电流对人体的刺激作用与电流的变化有关，特别是与电流的接通和断开联系在一起。对于同样的刺激效应，直流电流约为交流电流的 2～4 倍。

直流感知电流和感知阈值取决于接触面积、接触条件、电流持续时间和个体生理特征。直流感知阈值约为 2mA。与交流不同的是，直流电流只在接通和断开时才会引起人的感觉，而感知阈值电流在通过人体不变时是不会引起感觉的。

与交流不同，对于 300mA 以下的直流电源，没有确定的摆脱阈值，而仅仅在电流接触和断开时导致疼痛和肌肉收缩。300mA 及以上的直流电流，将导致不能摆脱或数秒至数分钟以后才能摆脱带电体。

直流室颤阈值也取决于电气参数和生理特征。动物实验资料和电气事故资料的分析指出，脚部为负极的向下电流的室颤阈值是脚部为正极的向上电流的 2 倍；而对于左手—右手的电流途径，不大可能发生心室颤动。

当电流持续时间超过心脏搏动周期时，直流室颤阈值为交流的数倍。电击持续时间小于 200ms 时，直流室颤阈值大致与交流相同。显然，对于高压直流，其电击危险性并不低于交流的危险性。

当 300mA 的直流电流通过人体时，人体四肢有缓热感觉。在电流途径为左手—右手的情况下，直流电流为 300mA 及以下时，随持续时间的延长和电流的增大，可能产生可逆性心律不齐、电流伤痕、烧伤、眩晕乃至失去知觉等病理效应；而当直流电流为 300mA 以上时，经常出现失去知觉的情况。

b. 100Hz 以上交流电流的作用。100Hz 以上频率在电动工具及电焊（可达 450Hz）、电疗（4～5kHz）、开关方式供电（20kHz～

1MHz）等方面使用。由于它们对机体作用的实验资料不多，因此，有关依据的确定比较困难。但是各种频带的危险性是可以估算的。

由于皮肤电容的存在，高频电流通过人体时，皮肤阻抗明显下降，甚至可以忽略不计。

为了评价高频电流的危险性，可引进一个频率因数来衡量。频率因数是指某种频率电流与有相应生理效应的工频电流的阈值之比。某频率下的感知电流、摆脱电流、频率因数是各不相同的。

100Hz以上电流的频率因数都大于1。当频率超过50Hz时，频率因数由慢至快，逐渐增大。感知电流、摆脱电流与频率的关系可按图1-7确定。图中曲线1、2、3为感知电流曲线。曲线1是感知概率为0.5%的感知电流线；曲线2是感知概率为50%的感知电流线；曲线3是感知概率为99.5%的感知电流线。曲线4、5、6分别是摆脱概率99.5%、50%、0.5%的摆脱电流线。

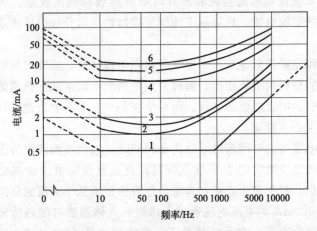

图1-7　感知电流、摆脱电流与频率的关系曲线

c.冲击电流的作用。冲击电流指作用时间不超过0.1～10ms的电流，包括方脉冲波电流、正弦脉冲波电流和电容放电脉冲波电流。评价冲击电流的参数有感知阈值、疼痛阈值和室颤阈值，没有摆脱阈值。

冲击电流影响心室颤动的主要因素是 It 和 I^2t 的值。在给定电流途径和心脏相位的条件下，相应于某一心室颤动概率的 It 最小值和 I^2t 最小值分别叫作比室颤电量和比室颤能量。其感知阈值用电量表示，即在给定条件下，引起人们任何感觉电量的最小值。冲击电流不存在摆脱阈值，但有一个疼痛阈值。疼痛阈值是手握大电极加冲击电流不引起疼痛时，比室颤电量 It 或比室颤能量 I^2t 的最大值。这里所说的疼痛是人不愿意再次接受的痛苦。当超过疼痛阈值时人会产生蜜蜂刺痛或烟头灼痛的痛苦。从比室颤能量 I^2t 的观点考虑，在电流流经四肢、接触面积较大的条件下，疼痛阈值为 $(50 \times 10^{-6}) \sim (100 \times 10^{-6}) A^2 \cdot s$。

室颤阈值取决于冲击电流波形、电流延续时间、电流大小、脉冲发生时的心脏相位、人体内电流途径和个性生理特征。

动物实验指出，对于短脉冲，通常只在脉冲与心脏易损期重合的情况下才发生心室颤动；对于 10ms 以下的短脉冲，是由比室颤电量和比室颤能量激发心室颤动的。对于左手—双脚的电流途径，冲击电流的室颤阈值见图 1-8。图中 C_1 以下是不发生室颤的区域；C_1 与 C_2 之间是低度室颤危险的区域（概率 5% 以下）；C_2 与 C_3 之间是中度室颤危险的区域（概率 50%）；C_3 以上是高度室颤危险的区域（概率 50% 以上）。

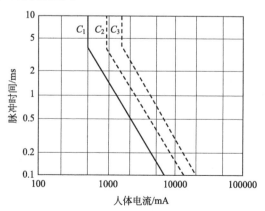

图 1-8 冲击电流的室颤阈值

2. 人体阻抗

人体阻抗是定量分析人体电流的重要参数之一，也是处理许多电气安全问题所必须考虑的基本因素。

人体导电与金属导电不同，人体内有大量的水，主要依靠离子导电，而不是依靠自由电子导电。另外，由于机体组织细胞之间激发产生能量迁移，也表现出导电性。这种导电性类似半导体的导电作用。

对于电流来说，人体皮肤、血液、肌肉、细胞组织及其结合部等构成了含有电阻和电容的阻抗。其中，皮肤电阻在人体阻抗中占有很大的比例。

人体阻抗包括皮肤阻抗和体内阻抗，其等效电路如图 1-9 所示。图中 R_{P1} 和 R_{P2} 表示皮肤电阻，C_{P1} 和 C_{P2} 表示皮肤电容，R_{P1} 和 C_{P1} 的并联表示皮肤阻抗 Z_{P1}，R_{P2} 和 C_{P2} 的并联表示皮肤阻抗 Z_{P2}，R_i 与其并联的虚线支路表示体内阻抗 Z_i，皮肤阻抗与体内阻抗的和称为人体总阻抗 Z_T，下面分别对 Z_P、Z_i、Z_T 进行简单介绍。

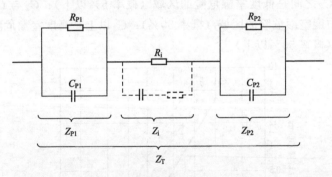

图 1-9　人体总阻抗的等效电路

（1）皮肤阻抗 Z_P　皮肤由外层的表皮和表皮下面的真皮组成。表皮最外层的角质层，其电阻很大，在干燥和清洁的状态下，其电阻率可达 $(1×10^5)$～$(1×10^6)\Omega \cdot m$。

皮肤阻抗是指表皮阻抗，即皮肤上的电极与皮下导电组织之间的电阻抗,以皮肤电阻和皮肤电容并联来表示。皮肤电容是指皮肤上的电极与真皮之间的电容。

皮肤阻抗值与接触电压、电流幅值和持续时间、频率、皮肤潮湿程度、接触面积和施加压力等因素有关。当接触电压小于 50V 时,皮肤阻抗随接触电压、温度、呼吸条件等因素影响有显著的变化,但其值还是比较高的;当接触电压在 50~100V 范围时,皮肤阻抗明显下降,当皮肤击穿后,其阻抗可忽略不计。

(2) 体内阻抗 Z_i 体内阻抗是除去皮肤之后的人体阻抗。体内阻抗虽然也包括电容,但其电容很小(图 1-9 中虚线支路上电容小,但电阻大),可以忽略不计。因此,体内阻抗基本上可以视为纯电阻。体内阻抗主要取决于电流途径和接触面积。当接触面积过小,例如仅数平方毫米时,体内阻抗将会很大。

体内阻抗与电流途径的关系如图 1-10 所示。图中数值是用手—手内阻抗比值的百分数表示的。无括号的数值为单手至所示部位的数值;括号内的数值为双手至所示部位的数值。如电流途径为单手—双脚内阻抗值与手—手内阻抗值比值的百分数为 100%;电流途径为双手—双脚内阻抗值将降至图上所标明的 75%。这些数值可用来测定人体总阻抗的近似值。

当手—手的内阻抗值已给定或测得后,利用图 1-10 可计算出手到各部分之间的内阻抗值。例如,已知手—手的内阻抗值为 700Ω,则单手和双手—头部的内阻抗值分别为手—手的内阻抗值的 50% 和 30%,即分别为 350Ω 和 210Ω。

(3) 人体总阻抗 Z_T 人体总阻抗是包括皮肤阻抗与体内阻抗的全部阻抗,见图 1-9。当接触电压大致在 50V 以下时,由于皮肤阻抗受多种因素影响而显著变化,人体总阻抗随皮肤阻抗也有很大的变化。当接触电压较高时,人体总阻抗与皮肤阻抗之间关系越来越小,在皮肤击穿后,人体总阻抗接近于人体体内阻抗 Z_i。另外,由于存在皮肤电容,人体总阻抗 Z_T 受频率的影响,在直流时人体总阻抗值较高,随着频率上升人体总阻抗值下降。

电流瞬间通过时的人体电阻叫作人体初始电阻。在这一瞬间,

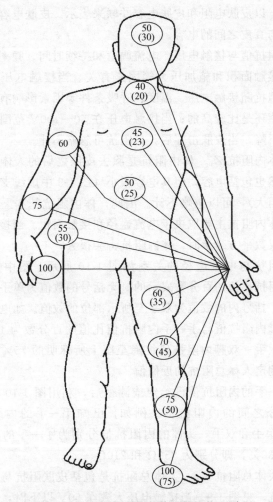

图 1-10　不同电流途径的体内阻抗值（％）

人体各部分电容尚未充电，相当于断路状态。因此，人体初始电阻近似等于体内阻抗。人体初始电阻主要取决于电流途径，其次才是接触面积。人体初始电阻的大小限制瞬间冲击电流的峰值。根据试验，在电流途径左手—右手或单手—单脚、大接触面积的条件下，相应于 5％概率的人体初始电阻为 500Ω。

表 1-6 列出不同接触电压下的人体总阻抗值，表中数据相应于干燥条件，较大的接触面积（50～100cm²），电流途径为左手—右手的情况。作为参考，该表数据亦可用于儿童。

表 1-6　人体总阻抗值 Z_T

接触电压/V	按下列分布(测定人数的百分比)统计时,Z_T不超过以下数值/Ω		
	5%	50%	95%
25	1750	3250	6100
50	1450	2625	4375
75	1250	2200	3500
100	1200	1875	3200
125	1125	1625	2875
220	1000	1350	2125
700	750	1100	1550
1000	700	1050	1500
渐近值	650	750	850

第二章

电气绝缘、屏护、间距安全技术

第一节　电气的绝缘

绝缘是指利用绝缘材料对带电体进行封闭和隔离。各种线路和设备都是由导电部分和绝缘部分组成的，良好的绝缘是保证设备和线路正常运行的必要条件，也是防止触电事故的重要措施。设备或线路的绝缘必须与所采用的电压相符合，必须与周围环境和运行条件相适应。

绝缘材料又称电介质，其导电能力很小，但并非绝对不导电。工程上应用的绝缘材料的电阻率一般在 $1 \times 10^7 \Omega \cdot m$ 以上。

绝缘材料用于对带电的或不带电的导体进行隔离，使电流按照确定的线路流动。

绝缘材料品种很多，一般分为气体绝缘材料、液体绝缘材料、固体绝缘材料。电气设备的质量和使用寿命在很大程度上取决于绝缘材料的电、热、力学和理化性能。而绝缘材料的性能和寿命不仅与材料的组成成分、分子结构有着密切的关系，还与绝缘材料使用环境有着密切的关系。因此，应当注意绝缘材料的使用条件，以保证电气系统的正常运行。

一、气体绝缘材料

电气设备的绝缘结构应用空气或其他气体作为绝缘介质，如线路的线间绝缘、电器的电气间隙等。空气在正常状态下是良好的绝缘介质，但其击穿电压与大多数液体及固体介质相比是不高的。为了提高击穿电压使气体绝缘性能提高，一是采用高真空，空气稀薄时带电粒子也少，空气中电子与粒子碰撞机会也减少，据此，真空开关已广泛应用于 10kV 系统中；二是采用高耐电强度气体，如六氟化硫（SF_6），六氟化硫气体常温下不活泼、不燃、无臭味、无毒，500℃时不分解，液化温度也较低，击穿电压是空气的 2.5 倍，具有良好的绝缘和灭弧性能，现已应用于 220kV 及以上电压等级的高压断路器中。

二、液体绝缘材料

常用的液体绝缘材料有变压器油、电容器油和电缆油。变压器油的介电强度（20℃时）为 16～21kV/mm，主要用于变压器及油开关的绝缘和散热。电容器油的介电强度（20℃时）为 20～23kV/mm，主要用于电容器的绝缘、散热及储能。电缆油中的高压充油介电强度（20℃时）≥20kV/mm，用于高压电缆；35kV 油介电强度（20℃时）为 14～16kV/mm，用于低压电缆。

绝缘油在储存、运输或运行使用过程中必须防止污染、老化，以保证设备安全运行，延长设备的检修周期。

防止油的老化一般可采用加强散热以降低油温、用氮气或薄膜使变压器油与空气隔绝、添加抗氧化剂、防止日光照射、采用热虹吸过滤器使变压器油再生等措施。除此之外，还必须经常检查充油电气设备的温升、油面高度及其表面张力、闪点、酸值、击穿强度和介质损耗正切值等。

若油面下降，则需补充油液。补充油的主要理化指标（如凝固点、黏度、闪点等）应与设备中的原油液相同或接近，以保证两者混合后的安定度合格。未经处理的运行使用的油不能与变压器油混合使用。运行使用的油质量应符合国家标准的规定要求。

三、固体绝缘材料

固体绝缘材料是应用最广泛的绝缘材料，包括：无机绝缘材料，如云母、陶瓷、石棉等；有机绝缘材料，如棉纱、纸、橡胶等；混合绝缘材料，如绝缘压塑料、绝缘薄膜、复合材料等。

固体绝缘材料的损伤主要是电击穿和热击穿。在均匀电场中，固体绝缘材料的击穿电压与绝缘物的厚度成正比，机械损伤会使绝缘物变薄而易被击穿，化学腐蚀则使绝缘物变质使厚度减小而易被击穿。热击穿往往是在电压作用很长时间后发生，长时间承受电压、通过电流，温度升高，使绝缘材料绝缘性能下降以致击穿。

四、绝缘材料的电气性能

绝缘材料的电气性能主要表现在电场作用下材料的导电性能、介电性能及绝缘强度。它们分别以绝缘电阻率 ρ、相对介电常数 ε、介质损耗角正切值 $\tan\delta$ 及击穿场强 E_b 四个参数来表示。

1. 绝缘电阻率和绝缘电阻

任何电介质都不可能是绝对的绝缘体，总存在一些带电粒子，在电场的作用下，它们做有方向的运动，形成漏电流，在外加电压作用下的绝缘材料的等效电路如图 2-1(a) 所示。绝缘材料在直流电压下的电流曲线如图 2-1(b) 所示。图 2-1 中电阻支路电流 I_G 即为漏电流；流经电容和电阻串联支路的电流 I_a 称为吸收电流，是由缓慢极化和离子体积电荷形成的电流；电容支路的电流 I_c 称为充电电流，是由几何电容等效而构成的电流。

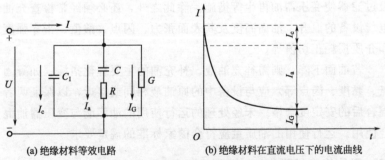

(a) 绝缘材料等效电路　　　　(b) 绝缘材料在直流电压下的电流曲线

图 2-1　绝缘材料等效电路图及电流曲线

绝缘电阻率和绝缘电阻是电气设备和电气线路最基本的绝缘电气性能指标。足够的绝缘电阻能把电气设备的漏电流限制在很小的范围内，防止由漏电引起触电事故。不同的线路或设备对绝缘电阻有不同的要求。一般来说，高压较低压要求高；室外设备较室内设备要求高；移动设备较固定设备要求高。

为了检验绝缘性能的优劣，在绝缘材料的生产和应用中，需要经常测定其绝缘电阻率及绝缘电阻。温度、湿度、杂质含量和电场强度的增加都会降低电介质的电阻率。

① 温度升高时，分子热运动加剧，使离子容易迁移，电阻率按指数规律下降。

② 湿度加大时，一方面，水分侵入使电介质导电离子增加，绝缘电阻下降；另一方面，对亲水物质，表面的水分还会大大降低其表面电阻率。电气设备特别是户外设备，在运行过程中，往往受潮而引起绝缘材料电阻率下降，造成漏电流过大而使设备损坏。因此，为了预防事故的发生，应定期检查设备绝缘电阻的变化。

③ 杂质含量增加，增加了电介质内部的导电离子，也使电介质表面污染并吸附水分，从而降低了体积电阻率和表面电阻率。

④ 在较高的电场强度作用下，固体或液体电介质的离子迁移能力随电场强度增大而增大，使电阻率下降。当电场强度临近电介质的击穿电场强度时，因出现大量电子迁移，使电阻率按指数规律下降。

2. 介电常数

电介质处于电场作用下时，电介质分子、原子中的正电荷和负电荷发生偏移，使得正、负电荷的中心不再重合，形成电偶极子。电偶极子的形成及其定向排列称为电介质极化。电介质极化后，在电介质表面产生束缚电荷，束缚电荷不能自由移动。

介电常数是表示电介质极化特征的性能参数。介电常数越大，电介质极化能力越强，产生的束缚电荷就越多。束缚电荷也产生电场，且该电场总是削弱外电场。因此，处在电介质中的带电体周围的电场强度，总是低于同样处在真空中时其周围的电场强度。

绝缘材料的介电常数受频率、温度、湿度等因素影响而产生变化。

随频率增加，有的极化过程在半周期内来不及完成，以致极化程度下降，介电常数减小。

随温度增加，电偶极子转向极化易于进行，介电常数增大；但当温度超过某一限度后，由于热运动加剧，极化反而困难一些，介电常数减小。

随湿度增加，材料吸收水分，由于水的相对介电常数很高，且水分的侵入能增加极化作用，使得电介质的介电常数明显增加。因此，通过测量介电常数，能够判断电介质受潮程度。

大气压力对气体材料的介电常数有明显影响，压力增大，密度就增大，相对介电常数也增大。

3. 介质损耗

在交流电压作用下，电介质中的部分电能不可逆地转变成热能，这部分能量叫作介质损耗。单位时间内消耗的能量叫作介质损耗功率。介质损耗一种是由漏电流引起，另一种是由极化作用引起。介质损耗使介质发热，这是电介质发生热击穿的根源。

绝缘材料的等效电路如图 2-1(a) 所示，在外施交流电压时，等效电路图中的电压、电流相量关系如图 2-2 所示。

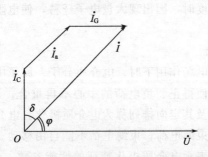

图 2-2　电介质中电压、电流相量图

总电流 $\dot{I}$ 与外施电压 $\dot{U}$ 的相位差 φ 为电介质的功率因数角。功率因数角的余角 δ 称为介质损耗角。单位体积内介质损耗功率为

$$P = \omega \varepsilon E^2 \tan\delta$$

式中　ω——电源角频率，$\omega = 2\pi f$；

　　ε——电介质介电常数；

　　E——电介质内电场强度；

　　tanδ——介质损耗角正切值。

　　由于 P 值与试验电压、试品尺寸等因素有关，难以用来对介质品质做严格的比较，所以通常用 tanδ 来衡量电介质的介质损耗性能。

　　对于电气设备中使用的电介质，要求它的 tanδ 值越小越好。而当绝缘材料受潮或劣化时，因有功电流明显增加，会使 tanδ 值剧烈上升，也就是说，tanδ 能更敏感地反映绝缘材料质量。因此，在要求高的场合，需进行介质损耗试验。

　　影响绝缘材料介质损耗的因素主要有频率、温度、湿度、电场强度和辐射。影响过程比较复杂，从总的趋势上来说，随着上述因素的增强，介质损耗增大。

五、绝缘的破坏

1. 绝缘击穿

　　当施加于电介质上的电场强度高于临界值时，会使通过电介质的电流猛增，这时绝缘材料被破坏，完全失去了绝缘性能，这种现象称为电介质击穿。发生击穿时的电压称为击穿电压，击穿时的电场强度称为击穿场强。

　　① 气体绝缘材料的击穿。气体绝缘材料的击穿是由碰撞电离导致的电击穿。在强电场中，气体的带电粒子（主要是电子）在电场中获得足够的动能，当它与气体分子发生碰撞时，能使中性分子电离为正离子和电子。新形成的电子又在电场中积累能量而碰撞其他分子，使其电离，这就是碰撞电离。碰撞电离的过程是一个连锁反应过程，每一个电子碰撞产生一系列的电子，因而形成电子崩。电子崩向阳极发展，最后形成一条具有高电导的通道，导致气体击穿。

　　在均匀电场中，当温度一定，电极距离不变，气体压力很低时，气体中分子稀少，碰撞游离机会很少，因此击穿电压很高。随着气体压力的增大，碰撞游离机会增加，击穿电压有所下降，在某一特定的气压下出现了击穿电压最小值。但当气体压力继续升高时，气体密度逐渐增大，平均自由行程很小，只有更高的电压才能使电子积聚足够的能量以产生碰撞游离，击穿电压也逐渐升高。利用此规律，在工程上常采用高真空和高气压的方法来提高气体绝缘的击穿场强。空气的击穿场强约为 25～30kV/cm。气体绝缘击穿后能自行恢复绝缘性能。

② 液体绝缘材料的击穿。液体绝缘材料的击穿特征与其纯净程度有关。一般认为纯净液体的击穿与气体的击穿机理相似，是由碰撞电离最后导致击穿。但液体的密度大，电子自由行程短，积聚的能量小，因此液体的击穿场强比气体高。工程上液体绝缘材料不可避免地含有气体、液体和固体杂质。如液体中含有乳化状水滴和纤维时，由于水和纤维的极性强，在强电场的作用下使纤维极化而定向排列，并运动到电场强度处连成小桥，小桥贯穿两电极间引起电导剧增，局部温度骤升，最后导致热击穿。例如，变压器油中含有极少量水分就会大大降低变压器油的击穿场强。

含有气体杂质的液体击穿可用气泡击穿机理来解释。气体杂质的存在使液体呈现不均匀性，液体局部过热，气体迁移集中，在液体中形成气泡。由于气泡的相对介电常数较小，使得气泡内电场强度较高，约为油内电场强度的 2.2～2.4 倍，而气体的临界场强比油低得多，致使气泡游离。为此，在液体绝缘材料使用之前，必须对其进行纯化、脱水、脱气处理，在使用过程中应避免这些杂质的侵入。

液体绝缘材料击穿后，绝缘性能在一定程度上可以得到恢复。但经过多次击穿将可能导致液体绝缘材料失去绝缘性能。

③ 固体绝缘材料的击穿。固体绝缘材料的击穿有电击穿、热击穿、电化学击穿、放电击穿等多种形式。

电击穿是固体绝缘材料在强电场作用下，其内少量处于导电的电子剧烈运动，破坏中性分子的结构，发生撞击电离，并迅速扩展导致的击穿。电击穿的特点是电压作用时间短（微秒至毫秒），击穿电压高。电击穿的击穿场强与电场均匀程度密切相关，但与环境温度及电压作用时间几乎无关。

热击穿是固体绝缘材料在强电场作用下，介质损耗等产生的热量不能够及时散发出去，使温度上升，导致绝缘材料局部熔化、烧焦或烧裂，最后造成击穿。热击穿的特点是电压作用时间长（数秒至数小时），而击穿电压较低。热击穿电压随环境温度上升而下降，但与电场均匀程度关系不大。

电化学击穿是固体绝缘材料在强电场作用下，由电离、发热和化学反应等因素的综合作用造成的击穿。电化学击穿的特点是电压作用时间长（数小时至数年），而击穿电压往往很低，它与绝缘材料本身的耐电离性能、制造工艺、工作条件等因素有关。

放电击穿是固体绝缘材料在强电场作用下，内部起泡发生碰撞电离而放电，继而加热其他杂质，使之汽化形成气泡，由气泡放电进一步发展导致的击穿。放电击穿的击穿电压与绝缘材料的质量有关。

固体绝缘材料一旦击穿，将失去其绝缘性能。

实际上，绝缘材料发生击穿，往往是电、热、放电、电化学等多种形式同时存在，很难截然分开。一般来说，采用介质损耗大、耐热性差的绝缘材料的低压电气设备，在工作温度高、散热条件差时热击穿较为多见。而在高压电气设备中，放电击穿的概率就大些。脉冲电压下的击穿一般属于电击穿。当电压作用时间达数十小时乃至数年时，大多数属于电化学击穿。

电工领域常用气体、液体、固体绝缘材料的电阻率、相对介电常数、击穿场强见表 2-1(其中，空气的击穿场强 $E_0 \approx 25 \sim 30 \text{kV/cm}$)。

2. 绝缘老化

绝缘材料经过长时间使用，受到热、电、光、氧、机械力（包括超声波）、辐射线、微生物等因素的作用，将发生一系列不可逆的物理和化学变化，逐渐丧失原有电气性能和力学性能而破坏，这种破坏方式称为绝缘老化。

表 2-1　常用绝缘介质的电气性能

名称		电阻率 /Ω·m	相对介电常数	击穿场强 /(kV/cm)
气体	空气	10^{16}	1.00059	E_0
	氮气	—	1.00053	E_0
	氢气	—	1.00026	$0.6E_0$
	六氟化硫		1.002	$(2.0\sim2.5)E_0$
液体	电容器油	$10^{12}\sim10^{13}(20℃)$	$2.1\sim2.3$	$200\sim300$
	甲基硅油	$>10^{12}$	>2.6	$150\sim180$
	聚异丁烯	10^{15}	$2.15\sim2.3$	—
	三氯联苯	$8\times10^{10}(100℃)$	5.6	$59.8(60℃)$
固体	酚醛塑料	$10^{8}\sim10^{12}$	$3\sim8(10^6 Hz)$	$100\sim190$
	聚苯乙烯	$10^{14}\sim10^{15}$	$2.4\sim2.7$	$200\sim280$
	聚氯乙烯	$10^{7}\sim10^{12}$	$5\sim6$	>200
	聚乙烯	$>10^{14}$	$2.3\sim2.35$	$180\sim280$
	聚四氟乙烯	$>10^{15}$	2	>190
	天然橡胶	$10^{13}\sim10^{14}$	$2.3\sim3.0$	>200
	氯丁橡胶	$10^{8}\sim10^{9}$	$7.5\sim9.0$	$100\sim200$
	白云母	$10^{12}\sim10^{14}$	$5.4\sim8.7$	$2000\sim2500$
	绝缘漆	$10^{11}\sim10^{15}$	—	$200\sim1200$
	陶瓷	$10^{10}\sim10^{13}$	$8\sim10(10^6 Hz)$	$250\sim350$

　　绝缘材料老化过程十分复杂。老化机理随材料种类和使用条件的不同而异。最主要的是热老化机理和电老化机理。

　　热老化一般发生在低压电气设备中，绝缘材料老化的主要因素是热。热老化包括材料中挥发性成分的逸出，材料的氧化裂解、热裂解和水解，还包括材料分子链继续聚合等过程。每种绝缘材料都有其极限耐热温度，当超过这一极限温度时，其老化将加剧，电气设备的寿命就缩短。在电工技术中，常把电动机和电器中绝缘结构和绝缘系统按耐热等级进行分类。表 2-2 所列是我国绝缘材料标准规定的耐热等级和极限温度。

　　通常情况下，工作温度越高，材料老化越快，按照表 2-2 允许的极限温度将绝缘材料分为若干耐热等级。Y 级绝缘材料有木材、

表 2-2　绝缘材料的耐热等级及其极限温度

耐热等级	极限温度/℃	耐热等级	极限温度/℃
Y	90	F	155
A	105	H	180
E	120	C	＞180
B	130		

纸、棉花及其纺织品等；A级绝缘材料有沥青漆、漆布、漆包线及浸渍过的Y级绝缘材料；E级绝缘材料有玻璃布、油性树脂漆、聚酯薄膜与A级绝缘材料的复合物、耐热漆包线等；B级绝缘材料有玻璃纤维、石棉、聚酯漆、聚酯薄膜等；F级绝缘材料有玻璃漆布、云母制品、复合硅有机树脂漆、以玻璃丝布及石棉纤维为基础的层压制品；H级绝缘材料有复合云母、硅有机漆、复合玻璃布等；C级绝缘材料有石英、玻璃、电瓷、补强的云母绝缘材料等。

电气设备绝缘老化的原因如下。

（1）电气设备绝缘老化的一个重要原因是化学原因。电气设备的绝缘材料长期在含有化学腐蚀性气体环境下工作，绝缘材料会发生一系列化学反应。使绝缘材料的性能发生变化，降低绝缘的电气和力学性能。

（2）温度也是影响电气设备绝缘老化的重要原因之一。电气设备的过负荷、短路或局部介质损耗过大引起的过热都会使绝缘材料温度大大升高，导致绝缘材料热稳定性变差。另外，当温度发生剧烈变化时，会使绝缘龟裂等。

（3）机械原因也是影响电气设备绝缘老化的重要原因之一。电气设备的绝缘除承受电场作用外，还要受到外界机械负荷、电动力和机械振动等作用。

3. 绝缘损坏

绝缘损坏是绝缘物受外界腐蚀性液体、气体、潮气、粉尘等的污染和侵蚀，或受到外界热源、机械因素的作用，在较短或很短的时间内失去其电气性能或力学性能的现象。另外，动物和植物的影响以及工作人员的错误操作，也可能破坏电气设备或电气线路的绝缘。

六、加强绝缘

1. 加强绝缘结构

典型的双重绝缘和加强绝缘的结构如图 2-3 所示。现将各种绝缘的意义介绍如下：

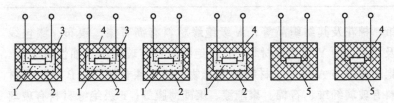

图 2-3 双重绝缘和加强绝缘
1—工作绝缘；2—保护绝缘；3—不可触及金属件；
4—可触及金属件；5—加强绝缘

a. 工作绝缘。又称基本绝缘或功能绝缘，是保证电气设备正常工作和防止触电的基本绝缘，位于带电体与不可触及金属件之间。

b. 保护绝缘。又称附加绝缘，是在工作绝缘因机械破损或击穿等而失效的情况下，可防止触电的独立绝缘，位于不可触及金属件与可触及金属件之间。

c. 双重绝缘。兼有工作绝缘和保护绝缘的绝缘。

d. 加强绝缘。基本绝缘经改进后，在绝缘强度和力学性能上具备了与双重绝缘同等防触电能力的单一绝缘，在构成上可以包含一层或多层绝缘材料。

另加总体绝缘是指若干设备在其本身工作绝缘的基础上，另外装设的一套防止电击的附加绝缘物。

具有双重绝缘或加强绝缘的设备属于Ⅱ类设备。按外壳特征，Ⅱ类设备可分为以下三种类型：

a. 绝缘外壳基本上连成一体的Ⅱ类设备。此类设备其外壳上除了铭牌、螺钉、铆钉等小金属物件外，其他金属件都在连续无间断的封闭绝缘外壳内。外壳成为加强绝缘的补充或全部。

b. 金属外壳基本上连成一体的Ⅱ类设备。此类设备有一个金属材料制成的无间断的封闭外壳。其外壳与带电体之间应尽量采取双重绝缘，无法采用双重绝缘的部件可采用加强绝缘。

c. 兼有绝缘外壳和金属外壳两种特征的Ⅱ类设备。

2. 加强绝缘的安全条件

由于具有双重绝缘或加强绝缘，Ⅱ类设备无须再采取接地、接零等安全措施。因此，对双重绝缘和加强绝缘的设备的可靠性要求较高。双重绝缘和加强绝缘的设备应满足以下安全条件：

① 绝缘电阻和电气强度

a. 绝缘电阻在直流电压为 500V 的条件下测试，工作绝缘的绝缘电阻不得低于 $2M\Omega$，保护绝缘的绝缘电阻不得低于 $5M\Omega$，加强绝缘的绝缘电阻不得低于 $7M\Omega$。

b. 交流耐压试验的试验电压：工作绝缘为 1250V；保护绝缘为 2500V；加强绝缘为 3750V；对于有可能产生谐振电压的情况，试验电压应比 2 倍谐振电压高出 1000V。耐压持续时间为 1min，试验中不得发生闪络（当固体电介质或液体电介质与气体同处于电场中时，可能发生沿分界面的所谓沿面放电。当沿面放电由一个电极发展到另一个电极时则称为闪络）或击穿。

c. 直流漏电流试验的试验电压：对于额定电压不超过 250V 的Ⅱ类设备，试验电压为其额定电压上限值或峰值的 1.06 倍。于施加电压 5s 后读数，漏电流允许值为 0.25mA。

② 外壳防护和机械强度

a. Ⅱ类设备应能保证在正常工作时以及在打开门盖和拆除可拆卸部件时，人体不会触及仅用工作绝缘与带电体隔离的金属部件。其外壳上不得有易于触及上述金属部件的孔洞。

若利用绝缘外护物实现加强绝缘，则要求外护物必须用钥匙或工具才能开启，其上不得有金属件穿过，并有足够的绝缘水平和机械强度。

b. Ⅱ类设备应在明显位置上标有作为Ⅱ类设备技术信息一部分的"回"形标志，例如标在额定值标牌上。

③ 电源线

　　a. Ⅱ类设备的电源线应符合加强绝缘要求，电源插头上不得有起导电作用以外的金属件。电源线与外壳之间至少应有两层单独的绝缘层，能有效地防止损伤。

　　b. 电源线的固定件应使用绝缘材料，如用金属材料，则应加以保护绝缘等级的绝缘。

　　c. 对电源线截面积的要求见表 2-3。

表 2-3　电源线截面积

额定电流 I_N/A	电源线截面积/mm²	额定电流 I_N/A	电源线截面积/mm²
$I_N \leqslant 10$	0.75	$25 < I_N \leqslant 32$	4.0
$10 < I_N \leqslant 13.5$	1.0	$32 < I_N \leqslant 40$	6.0
$13.5 < I_N \leqslant 16$	1.5	$40 < I_N \leqslant 63$	10.0
$16 < I_N \leqslant 25$	2.5		

注：当额定电流在 3A 以下，线长在 2m 以下时，允许截面积为 0.5mm²。

　　d. 电源线还应经受基于电源线拉力试验标准的拉力试验而不损坏：在 1min 时间范围内，设备质量为 1kg 及以下时，试验拉力为 30N；设备质量为 1kg 以上、4kg 及以下时，试验拉力为 60N；设备质量为 4kg 以上时，试验拉力为 100N。

　　从安全角度考虑，一般场所使用的手持电动工具应优先选用Ⅱ类设备。在潮湿场所或金属构架上工作时，除选用安全电压工具外，也应尽量选用Ⅱ类工具。

3. 不导电环境

　　利用不导电的材料制成地板、墙壁等，使人员所处的场所成为一个对地绝缘水平较高的环境，这种场所称为不导电环境或非导电场所。不导电环境应符合以下安全要求：

　　① 地板和墙壁每一点对地电阻：500V 及以下者不应小于 50kΩ；500V 以上者不应小于 100kΩ。

　　② 保持间距或设置屏障，使得在电气设备工作绝缘失效的情况下，人体也不可能同时触及不同电位的导体。

　　③ 为了维护不导电的特征，场所内部需设置保护零线或保护地线，并应有防止场所内高电位引出场所外的措施。

④ 场所的不导电性能应具有永久性特征。为此，场所不会因受潮而失去不导电性能，不会因设备的变动等原因而降低安全水平。

第二节 电气的屏护

一、屏护的概念、种类及其应用

屏护是采用屏护装置控制不安全因素，即采用遮栏、护罩、护盖、箱闸等把危险的带电体同外界隔离开来，以防止由人体触及或接近带电体所引起的触电事故。屏护还起到防止电弧伤人，防止弧光短路和便利检修工作的作用。

屏护可分为屏蔽和障碍（或称阻挡物）。两者的区别在于：前者可防止无意或有意触及带电体；后者只能防止人体无意识触及或接近带电体，而不能防止有意识移开、绕过或翻越该障碍而接近带电体。从这点来说，前者属于一种完全的防护，后者是一种不完全的防护。

屏护装置的种类有永久性屏护装置和临时性屏护装置之分。前者如配电装置的遮栏，开关的罩盖等；后者如检修工作中使用的临时屏护装置和临时设备的屏护装置等。

屏护装置的种类还有固定屏护装置和移动屏护装置之分。前者如母线的护网；后者如跟随天车移动的天车滑线屏护装置。

屏护装置主要用于电气设备不便于绝缘或绝缘不足以保证安全的场合。如开关电器的可动部分一般不能包以绝缘，因此需要屏护。对于高压设备，由于全部绝缘往往有困难，如果人接近至一定程度时，即会发生严重的触电事故。因此，不论高压设备是否有绝缘，均应采取屏护或其他防止接近的措施。室内、外安装的变压器和变配电装置应装有完善的屏护装置。当作业场所靠近带电体时，在作业人员与带电体之间、过道、入口等处均应装设可移动的临时性屏护装置。

二、屏护装置的安全条件

屏护装置是一种简单的装置，但为了保证其有效性，需满足以下安全条件：

① 屏护装置不直接与带电体接触，虽然对所用材料的电气性能没有严格要求，但所用材料应有足够的机械强度和良好的耐火性能。为防止意外带电所造成的触电事故，对金属材料制成的屏护装置必须实行可靠的接地或接零措施。

② 屏护装置应有足够的尺寸，与带电体之间应保持必要的距离。遮栏高度不应低于 1.7m，下部边缘离地不应超过 0.1m。对于低压（小于 1kV）设备，网眼遮栏与带电体的距离不宜小于 0.15m；10kV 设备不宜小于 0.35m；20～35kV 设备不宜小于 0.6m。栅栏、遮栏的高度户内不应低于 1.2m；户外不应低于 1.5m。对于低压设备，遮栏与裸导体的距离不应小于 0.8m，栏条间距离不应超过 0.2m。户外变配电装置围墙的高度一般不应低于 2.5m。

③ 被屏护的带电部分应有明显标志，标明规定的符号或涂上规定的颜色。

④ 可根据具体情况，采用板状屏护装置或网眼屏护装置，网眼屏护装置的网眼应为（20mm×20mm）～（40mm×40mm）。

⑤ 遮栏、栅栏等屏护装置上，应根据被屏护对象挂上"止步，高压危险！""切勿攀登，生命危险！"等标志。

⑥ 必要时应配合采用声光报警信号和联锁装置。前者是利用声音、灯光或仪表指示有电；后者是采用专门装置，当人体越过屏护装置可能接近带电体时，被屏护的装置自动断电。

第三节　电气的间距

间距是指带电体与地面之间、带电体与其他设备和设施之间、带电体与带电体之间必要的安全距离。

间距的作用是：防止人体触及或接近带电体造成触电事故；避免车辆或其他器具碰撞或过分接近带电体造成事故；防止火灾、过电压放电及各种短路事故。间距是将可能触及的带电体置于可能触及的范围之外。在间距的设计选择时，既要考虑安全要求，也要符合人-机工效学的要求。

不同电压等级、不同设备类型、不同安装方式和不同的周围环境所要求的间距不同。

一、线路间距

1. 架空线路

架空线路导线在弛度最大时与地面或水面的距离应不小于表 2-4 所示的距离。

表 2-4 导线与地面或水面的最小距离　　单位：m

线路经过地区	线路电压		
	<1kV	1~10kV	35kV
居民区	6	6.5	7
非居民区	5	5.5	6
不能通航或浮运的河、湖(冬季水面)	5	5	—
不能通航或浮运的河、湖(50 年一遇的洪水水面)	3	3	—
交通困难地区	4	4.5	5
步行可以达到的山坡	3	4.5	5
步行不能达到的山坡、峭壁或岩石	1	1.5	3

在未经相关管理部门许可的情况下，架空线路不应跨越建筑物。架空线路与有爆炸、火灾危险的厂房之间应保证必要的防火间距，且不应跨越具有可燃材料屋顶的建筑物。架空线路导线与建筑物的最小距离见表 2-5。

表 2-5 导线与建筑物的最小距离　　单位：m

线路电压/kV	≤1	10	35
垂直距离	2.5	3.0	4.0
水平距离	1.0	1.5	3.0

架空线路导线与街道树木或厂区树木的最小距离见表 2-6，架空线路导线与绿化区树木、公园树木的最小距离为 3m。

表 2-6　导线与树木的最小距离　　　单位：m

线路电压/kV	≤1	10	35
垂直距离	1.0	1.5	3.0
水平距离	1.0	2.0	—

架空线路导线与铁路、道路、通航河流、电力线路及特殊管道等工业设施之间的最小距离见表 2-7。其中，特殊管道指的是输送易燃易爆介质的管道。表中各项中的水平距离在开阔地区不应小于电杆的高度。

表 2-7　架空线路导线与工业设施的最小距离　　　单位：m

项目					线路电压		
					≤1kV	10kV	35kV
铁路	标准轨距	垂直距离	至钢轨顶面		7.5	7.5	7.5
			至承力索或接触面		3.0	3.0	3.0
		水平距离	电杆外缘至轨道中心	交叉	5.0		
				平行	杆高加 3.0		
	窄轨	垂直距离	至钢轨顶面		6.0	6.0	7.5
			至承力索或接触面		3.0	3.0	3.0
		水平距离	电杆外缘至轨道中心	交叉	5.0		
				平行	杆高加 3.0		
道路		垂直距离			6.0	7.0	7.0
		水平距离（电杆至道路边缘）			0.5	0.5	0.5
通航河流	垂直距离	至 50 年一遇的洪水位			6.0	6.0	6.0
		至最高航行水位的最高桅顶			1.0	1.5	2.0
	水平距离	边导线至河岸上缘			最高杆（塔）高		
弱电线路		垂直距离			6.0	7.0	7.0
		水平距离（两线路边导线间）			0.5	0.5	0.5

续表

项目			线路电压		
			≤1kV	10kV	35kV
电力线路	≤1kV	垂直距离	1.0	2.0	3.0
		水平距离(两线路边导线间)	2.5	2.5	5.0
	10kV	垂直距离	2.0	2.0	3.0
		水平距离(两线路边导线间)	2.5	2.5	5.0
	35kV	垂直距离	3.0	2.0	3.0
		水平距离(两线路边导线间)	5.0	5.0	5.0
特殊管道	垂直距离	电力线路在上方	1.5	3.0	3.0
		电力线路在下方	1.5	—	—
	水平距离(边导线至管道)		1.5	2.0	4.0

同杆架设不同种类、不同电压的电气线路时，电力线路应位于弱电线路的上方，高压线路应位于低压线路的上方。同杆线路横担之间的最小距离见表2-8。

表2-8　同杆线路横担之间的最小距离　　　单位：m

项目	直线杆	分支杆和转角杆
10kV 与 10kV	0.8	0.45/0.6[①]
10kV 与低压	1.2	1.0
低压与低压	0.6	0.3
10kV 与通信电缆	2.5	2.5
低压与通信电缆	1.5	1.0

① 单回线路采用 0.6m；双回线路距上面的横担采用 0.45m，距下面的横担采用 0.6m。

2. 接户线和进户线

从配电线路到用户进线处第一个支持点之间的一段导线称为接户线。10kV 接户线对地距离不应小于 4.5m；低压接户线对地距离不应小于 2.75m。低压接户线跨越通车街道时，对地距离不应小于 6m；跨越通车街道或人行道困难时，对地距离不应小于 3.5m。

接户线离建筑物突出部位的距离不得小于 0.15m，离下方阳台的垂直距离不得小于 2.5m，离下方窗户的垂直距离不得小于 0.3m，离上方窗户或阳台不得小于 0.8m，离窗户或阳台的水平距离也不得小于 0.8m。接户线与通信线路交叉，接户线在上方时，其间垂直距离不得小于 0.6m；接户线在下方时，其间垂直距离不得小于 0.3m。接户线与树木之间的最小距离不得小于 0.3m。接户线不宜跨越建筑物，必须跨越时，与建筑物垂直距离不得小于 2.5m。

从接户线引入室内的一段导线称为进户线。进户线的进户管口与接户线端头之间的垂直距离不应大于 0.5m，进户线对地距离不应小于 2.7m。

户内低压线路与工业管道和工艺设备的最小距离见表 2-9。

表 2-9　户内低压线路与工业管道和工艺设备的最小距离

单位：mm

布线方式		穿金属管导线	电缆	明设绝缘导线	裸导线	起重机滑触线	配电设备
煤气管	平行	100	500	1000	1000	1500	1500
	交叉	100	300	300	500	500	—
乙炔管	平行	100	1000	1000	2000	3000	3000
	交叉	100	500	500	500	500	—
氧气管	平行	100	500	500	1000	1500	1500
	交叉	100	300	300	500	500	—
蒸汽管	平行	1000(500)	1000(500)	1000(500)	1000	1000	500
	交叉	300	300	300	500	500	—
暖热水管	平行	300(200)	500	300(200)	1000	1000	100
	交叉	100	100	100	500	500	—
通风管	平行	—	200	200	1000	1000	100
	交叉	—	100	100	500	500	—

续表

布线方式		穿金属管导线	电缆	明设绝缘导线	裸导线	起重机滑触线	配电设备
上、下水管	平行	—	200	200	1000	1000	100
	交叉		100	100	500	500	—
压缩空气管	平行	—	200	200	1000	1000	100
	交叉		100	100	500	500	—
工艺设备	平行	—	—	—	1500	1500	100
	交叉	—	—	—	1500	1500	—

应用表 2-9 需注意以下几点：

① 表内无括号的数字为电缆管线在管道上方的数据，有括号的数字为电缆管线在管道下方的数据。电缆管线应尽可能敷设在热力管道的下方。

② 在不能满足表中所列距离的情况下应采取以下措施：

a. 电气管线与蒸汽管不能满足表中所列距离时，应在蒸汽管或电气管线外包以隔热层，则平行净距可减为 200mm，交叉处仅需考虑施工方便和便于维修的距离。

b. 电气管线与暖热水管不能满足表中所列距离时，应在暖热水管外包以隔热层。

c. 裸导线与其他管道交叉不能满足表中所列距离时，应在交叉处的裸导线外加装保护网或保护罩。

d. 当上水管与电线管平行敷设且在同一垂直面时，应将电线管敷设于上水管上方。

e. 裸导线应敷设在经常维修的管道上方。

直接埋地电缆（直埋电缆）埋设深度不应小于 0.7m，并应埋于冻土层之下。直接埋地电缆与工艺设备的最小距离见表 2-10。当电缆与热力管道接近时，电缆周围土壤温升不应超过 10℃，超过时需进行隔热处理。当采用穿管保护时，表 2-10 中的最小距离应从保护管的外壁算起。

表 2-10　直埋电缆与工艺设备的最小距离　　单位：m

敷设条件	平行敷设	交叉敷设
与电杆或建筑物地下基础之间,控制电缆与控制电缆之间	0.6	—
10kV 以下的电力电缆之间或与控制电缆之间	0.1	0.5
10～30kV 的电力电缆之间或与其他电缆之间	0.25	0.5
不同部门的电缆(包括通信电缆)之间	0.5	0.5
与热力管沟之间	2.0	0.5
与可燃气体、可燃液体管道之间	1.0	0.5
与水管、压缩空气管道之间	0.5	0.5
与道路之间	1.5	1.0
与普通铁路路轨之间	3.0	1.0
与直流电气化铁路路轨之间	10.0	—

二、用电设备间距

① 车间低压配电箱底口距地面的高度，暗装时可取 1.4m，明装时可取 1.2m。明装电度表板底口距地面的高度可取 1.8m。

② 常用开关电器的安装高度为 1.3～1.5m。为了便于操作，开关手柄与建筑物之间应保留 150mm 的距离。墙用平开关（扳把开关）离地面高度可取 1.4m。拉线开关离地面高度可取 3m。明装插座离地面高度可取 1.3～1.8m，暗装的可取 0.2～0.3m。

③ 户内灯具高度应大于 2.5m，受实际条件限制达不到时，可减为 2.2m；如低于 2.2m 时，应采取适当安全措施。当灯具位于桌面上方等人碰不到的地方时，高度可减为 1.5m。户外灯具高度应大于 3m；安装在墙上时可减为 2.5m。

④ 起重机具至线路导线间的最小距离：1kV 及以下者不应小于 1.5m；10kV 者不应小于 2m；35kV 及以上者不应小于 4m。

三、检修距离

为了防止在检修工作中，人体及其所携带的工具触及或接近带电体，必须保证足够的检修距离。

①　在低压操作时，人体及其所携带工具与带电体之间的距离不得小于 0.1m。

②　在高压操作时，各种作业类别所要求的最小距离见表 2-11。

表 2-11　高压作业的最小距离　　　　　　单位：m

类别	电压等级	
	10kV	35kV
无遮栏作业,人体及其所携带工具与带电体之间①	0.7	1.0
无遮栏作业,人体及其所携带工具与带电体之间,用绝缘杆操作	0.4	0.6
线路作业,人体及其所携带工具与带电体之间②	1.0	2.5
带电水冲洗,小型喷嘴与带电体之间	0.4	0.6
喷灯或气焊火焰与带电体之间③	1.5	3.0

①　距离不足时，应装设临时遮栏。

②　距离不足时，邻近线路应当停电。

③　火焰不应喷向带电体。

第三章

电气接地、接零安全技术

第一节 概　述

在正常情况下，直接防护措施能保证人身安全，但是当电气设备绝缘发生故障而损坏时（如因温度过高绝缘发生热击穿、在强电场作用下发生电击穿、绝缘老化等都可能造成绝缘性能下降和损坏），造成电气设备严重漏电，使不带电的外露金属部件如外壳、护罩、架构等呈现出危险的接触电压，当人们触及这些金属部件时，就构成间接触电。

间接接触防护的目的是防止电气设备故障情况下发生人身触电事故，也是为了防止设备事故进一步扩大。目前主要采用保护接地或保护接零以及等电位连接均压等技术措施。

保护接地和保护接零，也称接地保护和接零保护，虽然两者都是安全保护措施，但是它们实现保护作用的原理不同。简单地说，保护接地是将故障电流引入大地；保护接零是将故障电流引入系统，促使保护装置迅速动作而切断电源。

一、技术术语

1. 接地体

又称接地极，指埋入地下直接与土壤接触的金属导体和金属导体组，是接地电流流入土壤的散流体。利用地下的金属管道、建筑物的钢筋基础等作为接地体时称为自然接地体；按设计规范要求埋设的金属接地体称为人工接地体。

2. 接地线

连接电气设备接地部分与接地体的金属导线称为接地线，是接地电流由接地部位传导至大地的途径。接地线中沿建筑物表面敷设的共用部分称为接地干线；电气设备金属外壳连接至接地干线部分称为接地支线。

3. 接地装置

接地体和接地线的组合称为接地装置。接地装置示意如图 3-1 所示。

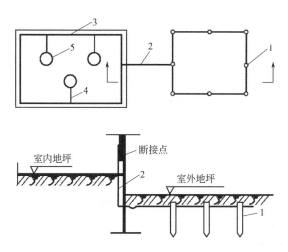

图 3-1 接地装置示意

1—接地体；2—接地引下线；3—接地干线；4—接地支线；5—被保护电气设备

4. 流散电阻和接地电阻

接地体的对地电压与经接地体流入地中的接地电流之比称为流散电阻，即

$$R_{\mathrm{e}} = \frac{U_{\mathrm{e}}}{I_{\mathrm{e}}}$$

式中 R_{e}——流散电阻，Ω；

$\quad\quad U_{\mathrm{e}}$——接地体的对地电压，V；

$\quad\quad I_{\mathrm{e}}$——接地电流，A。

严格地说，流散电阻与接地电阻是有区别的，接地电阻等于电气装置接地部分的对地电压与接地电流之比，亦即接地电阻等于流散电阻加上接地导线本身的电阻。不过，因为接地导线本身的电阻很小，可忽略不计，所以一般认为接地电阻等于流散电阻。

5. 接地电流和接地短路电流

从接地点流入大地的电流称为接地电流。接地电流有正常接地电流和故障接地电流之分。正常接地电流是指正常工作时通过接地装置流入大地，借大地形成工作回路的电流；故障接地电流是指系统发生故障时出现的接地电流。

系统一相接地可能导致系统发生短路，这时的接地电流叫作接地短路电流。在高压系统中，接地短路电流可能很大。接地短路电流在500A以下的，称为小接地短路电流系统；接地短路电流在500A以上的，称为大接地短路电流系统。

6. 工作接地

根据电力系统运行需要而进行的接地（如变压器中性点接地）称为工作接地。

7. 保护接地

将电气设备正常不带电的金属外壳和架构通过接地装置与大地连接，用来防护间接触电，称作保护接地。

8. 保护接零

将电气设备正常不带电的金属外壳和架构与配电系统的零线直接进行电气连接，用来防护间接触电，称作保护接零。

9. 重复接地

在低压三相四线制采用保护接零的系统中，为了加强接零的安全性，在零线的一处或多处通过接地装置与大地再次连接，称为重复接地，如图3-2所示。

10. 对地电压和对地电压曲线

电流通过接地体向大地做半球形流散。因为半球的表面积与半径的二次方成正比，所以半球的表面积随着远离接地体而迅速增大，与半球表面积对应的土壤电阻随着远离接地体而迅速减小。离

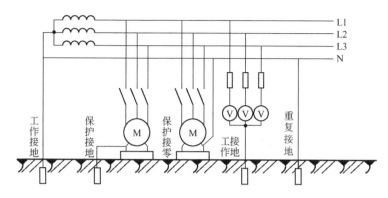

图 3-2　工作接地、保护接地、保护接零、重复接地示意

接地体 20m 处的半球的表面积已达 2500m²，土壤电阻已小到可以忽略不计。这就是说，可以认为在离接地体 20m 之外，电流不再产生电压降，或者说在远离接地体 20m 处，电压几乎降低为零。电气工程上通常说的"地"就是这里的地，而不是接地体周围 20m 以内的地。通常所说的对地电压，即带电体与大地之间的电位差，也就是对离接地体 20m 以外的大地而言的。简单地说，对地电压就是带电体与电位为零的大地之间的电位差。显然，对地电压等于接地电流和接地电阻的乘积。

如果接地体由多根钢管组成，则当电流自接地体流散至电位为零处的距离可能超过 20m。

从以上讨论中可以知道，当电流通过接地体流入大地时，接地体具有最高的电压。离开接地体后，电压逐渐下降，电压降低的速度也逐渐减小。如果用曲线来表示接地体及其周围各点的对地电压，这种曲线就叫作对地电压曲线。图 3-3 所示为单一接地体的对地电压曲线。显然，随着离开接地体的距离加大，土壤电阻逐渐减小，电压降低速度逐渐减缓，曲线逐渐变平，即曲线的陡度逐渐减小。

11. 接触电动势和接触电压

接触电动势是指接地电流自接地体流散，在大地表面形成不同

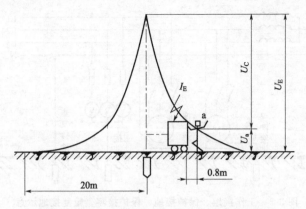

图 3-3　单一接地体的对地电压曲线及接触电压

电位时，设备外壳与水平距离 0.8m 处之间的电位差。

接触电压是指加于人体某两点之间的电压。如图 3-3 所示。当设备漏电，电流 I_E 自接地体流入大地时，漏电设备对地电压为 U_E，对地电压曲线呈双曲线形状。当人在 a 处触及漏电设备外壳时，其接触电压为其手与脚之间的电位差。人的手在 a 处对地电压为 U_a。这样在 a 处人所承受的接触电压 $U_C = U_E - U_a$。通常，按人体离开设备 0.8m 考虑，在忽略人的双脚下面土壤的流散电阻的情况下，接触电压与接触电动势相等。实际上，人脚下面土壤的流散电阻总是存在，以致接触电压总是比接触电动势要低一些，也就是比直接从对地电压曲线上取的电位差要低。

二、电气设备接地和接零的作用分析

1. 保护接地的作用

（1）三相三线中性点不接地系统中的电气设备　若没有采取保护接地，当电气设备一相绝缘损坏漏电使金属外壳带电时，操作人员误触及漏电设备，故障电流将通过人体和线路对地绝缘阻抗构成回路，如图 3-4(a) 所示。绝缘阻抗是绝缘电阻和分布电容的并联组合，其接地电流的大小与线路绝缘的好坏、分布电容的大小及电网对地电压的高低成正比。线路的绝缘越差，对地分布电容越大、电压越高、触电的危险性越大。若漏电设备已采取保护接地措施时，故障电流将会通过接地体流散，流过人体的电流仅是全部接地电流中的一部分，如图 3-4(b) 所示。

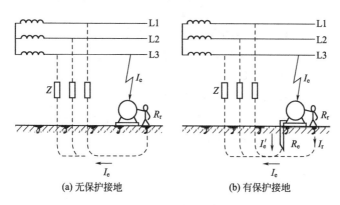

(a) 无保护接地　　　　　　　　(b) 有保护接地

图 3-4　保护接地原理

在两条通路中，电流的分配关系可表示为：

$$\frac{I_r}{I'_e}=\frac{R_e}{R_r} \quad I_e=I'_e+I_r$$

式中　I_r——流经人体的电流；

I'_e——流经接地体的电流；

R_e——接地电阻；

R_r——人体电阻；

I_e——接地电流。

从上式中可以看出，接地电阻 R_e 越小，流经人体的电流 I_r 也越小。因此，只要控制接地电阻值在一定范围内，就能减小人身触电的危险。所以，保证最小的接地电阻是很重要的，在电气设备施工和运行时期内，均应保证接地电阻不大于设计或规程所规定的接地电阻值，否则是不能充分起到保护作用的。

（2）三相四线制中性点直接接地系统中的电气设备　如不采取保护接地或接零的措施，一旦电气设备漏电，人体误触及漏电设备外壳时，加在人体的接触电压为相电压（220V），接地短路电流通过人体的电阻 R_r 与变压器工作接地电阻 R_N 组成串联电路，通过人体的接地电流为：

$$I_r = \frac{U}{R_r + R_N}$$

式中　I_r——流经人体的电流；

　　　U——漏电设备外壳对地电压（220V）；

　　　R_r——人体电阻；

　　　R_N——变压器中性点接地电阻。

变压器中性点的工作接地电阻，一般规定在 4Ω 以下，如人体电阻取 800Ω，则通过人体的电流为：

$$I_r = \frac{U}{R_r + R_N} = \frac{220}{800 + 4} \approx 0.274(A) = 274(mA)$$

这样大的电流通过人体足以使人致命，是非常危险的。

若漏电设备已采用保护接地时，则人体电阻和保护接地电阻并联。由于人体电阻比保护接地电阻大得多，接地短路电流绝大部分从接地电阻上通过，减轻了触电对人体的伤害程度，如图 3-5 所示。

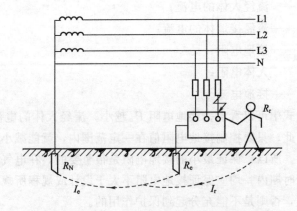

图 3-5　中性点直接接地系统采用保护接地时
人体触及漏电设备外壳示意

现假设工作接地电阻 R_N 和保护接地电阻 R_e 都为 4Ω，电气设备一相绝缘破坏，接地短路电流为：

$$I_e = \frac{U}{R_N + \dfrac{R_r R_e}{R_r + R_e}} = \frac{220}{4 + \dfrac{800 \times 4}{800 + 4}} \approx \frac{220}{4 + 3.98} \approx 27.57 (\text{A})$$

通过人体的电流为：

$$I_r = \frac{220 - 27.57 \times 4}{800} \approx 0.137(\text{A}) = 137(\text{mA})$$

从上述分析可知，中性点直接接地的电网采用保护接地虽比没有保护接地时触电的危险性有所减小，但接地短路电流仍有可能使人致命，因此，在三相四线制中性点直接接地的低压配电系统中，电气设备如采用保护接地，根据国际 IEC 标准应装设漏电保护器。

2. 保护接零的作用

采用保护接零时，电气设备的金属外壳直接与低压配电系统的零线连接在一起。当其中任何一相绝缘损坏而使外壳带电时，就形成相线和零线短路。由于相零回路阻抗很小，所以短路电流很大，使线路上的保护装置（如断路器、熔断器等）迅速动作，切断故障设备的电源，从而起到防止人身触电的保护作用，并减少设备损坏的机会。

3. 重复接地的作用

（1）减小零线断线时的触电危险　如零线没有采用重复接地时发生零线断线，而且在断线后面的某一电气设备又发生一相碰壳接地短路故障，故障电流通过触及漏电设备的人体和变压器的工作接地构成回路；因为人体电阻比工作接地电阻 R_N 大得多，所以人体几乎承受了全部相电压，造成严重的触电危险。

当零线采用了重复接地后，这时接地短路电流通过重复接地电阻 R_e 和 R_N 形成了回路。在零线断线以后，电气设备外壳对地电压为 $U_e = I_e R_e$；在断线以前，电气设备外壳对地电压为 $U'_e = I_e R_N$。由于 U_e 和 U'_e 都小于相电压，所以降低了触电危险程度。

（2）降低漏电设备外壳的对地电压　当没有采用重复接地时，

一旦发生设备漏电，设备外壳对地电压 U_e 等于单相短路电流 I_e 在零线电阻上产生的压降 U_N，即 $U_e = U_N$；当采用了重复接地后，设备外壳对地电压仅为零线压降 U_N 的一部分，即

$$U_e \approx \frac{R_e}{R_N + R_e} U_N$$

式中　U_e——设备对地电压；

　　　R_e——重复接地电阻；

　　　R_N——中性点接地电阻；

　　　U_N——零线上的电压降。

（3）缩短故障持续时间　当发生碰壳接地短路时，因为重复接地在短路电流返回的途径上增加了一条并联支路，使单相短路电流增大，加速了线路保护装置的动作，缩短了故障持续时间。

（4）改善配电线路的防雷功能　架空线路零线上的重复接地，对雷电流具有分流作用，因此有利于防止雷电过电压。

4. 过电压保护的作用

对于直击雷，避雷装置（包括过电压保护装置在内）促使雷云正电荷和地面感应负电荷中和，以防止雷电的产生。对于静电感应雷，感应产生的静电荷，其作用是迅速地把它们导入地中，以防静电感应过电压。对于电磁感应雷，防止感应出非常高的电动势，避免产生火花放电或局部发热，造成易燃或易爆物品燃烧爆炸的危险。

5. 防静电接地的作用

设备移动或物体在管道中流动，因摩擦产生静电，聚集在管道、容器和储罐加工设备上，形成很高电位，对人身安全及对设备和建筑物都有危险。做防静电接地后，一旦静电产生就导入地中，以消除其聚集的可能。

6. 工作接地的作用

工作接地的作用是在工作和事故情况下，保证电气设备可靠地运行，降低人体的接触电压，迅速切断故障设备。电气系统中，电力变压器中性点接地、避雷器组的引出线段接地等均属于工作

接地。

7. 隔离接地作用

隔离接地的作用是把干扰源产生的电场限制在金属屏蔽的内部，使外界免受金属屏蔽内干扰源的影响。也可以把电气设备用金属屏蔽接地，任何外来干扰源所产生的电场都不能穿进机壳内部，使屏蔽内的设备不受外界干扰源的影响。

三、电气设备接地和接零的要求

1. 一般要求

① 为保证人身安全，所有的电气设备均应装设接地装置，并将电气设备外壳接地和接零。

② 各种电气设备的保护接地和工作接地以及过电压保护接地，一般可使用一个总的接地装置，其接地电阻应满足接地电阻要求最小值的规定。

③ 在电压为 1kV 以下的中性点直接接地的电气设备中，电气设备的外壳除另有规定外，一定要与电气设备的接地中性点有金属连接，以保证短路时能快速可靠地将故障点自行断开。

④ 电气设备的人工接地体，如管子、扁钢和圆钢等都应尽可能使电气设备所在地点附近对地电压分配均匀；大接地短路电流电气设备一定要装设环形接地体，并加装均压带。

2. 共同与分开的接地接零要求

① 在同一电压而且有电气连接的系统中，所有电气设备均应采用共同接地，即接地装置之间有电气连接，不允许单独接地。

② 由同一发电机组、同一变压器或同一段母线供电的线路，应采取相同的接地制。

③ 在同一个车间里，1kV 及 1kV 以下的用电设备应采取共同接地，中性点接地不同时也应共同接地。

④ 采用同一接零有困难时，不接零的电气设备或线段应装设能自动断开故障点的漏电保护和断电保护装置。

⑤ 电气设备的工作接地与保护接地应与防雷接地分开，并保

持一定的防止反击的安全距离。

3. 重复接地的要求

① 在中性点直接接地的低压线路中架空线末端、长度超过200m的架空线分支处和分支线末端、没有分支线的每隔1km的直线段，其零线均应重复接地。

② 高低压线路共杆架设时，在共杆架设段的两终端杆上，低压线路的零线应重复接地。此时，如低压线引出支线长度超过500m时，在分支处零线也要重复接地。

③ 没有专用芯线作零线或利用电缆金属外皮作零线的低压电缆线路也要重复接地，其要求与架空线相同。

④ 使电位相等及减小接触电压。车间内金属结构和地下管道等应当用接地线连接起来组成环形重复接地，但整个车间还应有必要的集中重复接地装置。

⑤ 线路引入车间及大型建筑物的第一面配电柜处（进户处）应重复接地。

⑥ 采用金属配管线时，金属管与保护零线连接后做重复接地；采用塑料管配管时，另行敷设保护零线并做重复接地。

⑦ 当工作接地电阻不大于4Ω时，每处重复接地电阻不得大于10Ω；在配电变压器容量为100kV·A及以下、变压器低压侧中性点工作接地电阻不允许大于10Ω的场合，每一重复接地电阻不允许超过30Ω，但不应少于3处。

4. 特殊设备的接地要求

① 携带式用电设备采用特殊设备的专用芯线接地，不得利用附近的零线作接地使用，零线和接地线分别单独与接地网相连接。

② 一般工业电子设备应有单独的接地体，接地电阻应不超过10Ω，接地体与设备距离应不小于5m。

③ 中性点不接地系统供电的电弧炉设备，其外壳和炉壳应当接地，接地电阻不小于4Ω，接地线为截面积不小于16mm² 的铜绞线；中性点接零系统供电的电弧炉设备外壳和炉壳应采用保护接零。

④ 在直流设备中，对于经常不流过直流的系统，在保护接地和接零方面的要求与交流设备相同；在直流设备特别少的情况下，一般都采用中性点绝缘系统，此时对保护接地的要求与交流相同。

整流器的一极或中性点接地时，应采用接零系统，或装设接地短路继电器，以保证在设备外壳上发生接地时能迅速地切除故障。

为了降低大型电解槽的漏电流，一般不采用接地方法，而采取加强绝缘的方法。

四、电气设备接地范围

1. 应当接地的部分

① 电机、变压器、开关设备、照明器具、移动式电气设备、电动工具的金属外壳或架构。

② 电气设备的传动装置。

③ 电压互感器和电流互感器的二次线圈（继电保护另有要求的除外）。

④ 室内外配电装置、控制台等金属构件以及靠近带电部位的金属遮栏和金属门。

⑤ 电缆终端盒外壳、电缆金属外皮和金属支架。

⑥ 安装在配电线路杆（塔）上的电气设备，如避雷器、保护间隙、熔断器、电容器等的金属外壳和钢筋混凝土杆（塔）等。

2. 不需接地的部分

① 在不良导电地面（木质、沥青等）的干燥房间内，当交流电压为380V及以下和直流额定电压440V及以下时，电气设备金属外壳不需接地。但当维护人员因某种原因同时可触及上述电气设备外壳和已接地的其他物体时，则应当接地。

② 在干燥地方，当交流额定电压为36V及以下和直流额定电压为110V及以下时，电气设备外壳不需接地，但遇有爆炸性危险的除外。

③ 电压为220V及以下的蓄电池室内的金属框架。

④ 如电气设备与机床的机座间有可靠的电气接触，可只将机

床的机座接地。

⑤ 在已接地的金属构架上和配电装置上可以拆下的电器。

五、电力设备和电力线路接地电阻的要求

电力设备和电力线路接地电阻的要求见表 3-1。

表 3-1　电力设备和电力线路接地电阻的要求

序号	名称	接地装置特点	接地电阻值/Ω
1	1kV 以上大接地电流电力线路	仅用于该线路的接地装置	$R_e \leqslant \dfrac{2000^{\textcircled{4}}}{I_e}$ 当 $I_e > 4000\text{A}$ 时，可取 $R_e \leqslant 0.5^{\textcircled{1}}$
2	1kV 以上小接地电流电力线路	仅用于该线路的接地装置	$R_e \leqslant \dfrac{250}{I_e} \leqslant 10^{\textcircled{4}}$
3		与 1kV 以下线路的共同接地装置	$R_e \leqslant \dfrac{250}{I_e} \leqslant 10^{\textcircled{4}}$
4	1kV 以下中性点直接接地电力线路	与容量在 100kV·A$^{\textcircled{2}}$以上的发电机或变压器相连接的接地装置	$R_e \leqslant 4$
5		序号 4 的重复接地装置	$R_e \leqslant 10$
6		与容量在 100kV·A$^{\textcircled{2}}$及以下的发电机或变压器相连接的接地装置	$R_e \leqslant 10$
7		序号 6 的重复接地装置	$R_e \leqslant 30^{\textcircled{3}}$
8	1kV 以下中性点不接地电力线路	与容量在 100kV·A$^{\textcircled{2}}$以上的发电机或变压器相连接的接地装置	$R_e \leqslant 4$
9		序号 8 的重复接地装置	$R_e \leqslant 10$
10		与容量在 100kV·A$^{\textcircled{2}}$及以下的发电机或变压器相连接的接地装置	$R_e \leqslant 10$
11		序号 10 的重复接地装置	$R_e \leqslant 10^{\textcircled{3}}$
12	引入线上装有 25A 以下熔断器的小容量线路	任何供电系统的接地装置	$R_e \leqslant 10$

序号	名称	接地装置特点	接地电阻值/Ω
13	高低压电气设备	联合接地	$R_e \leqslant 4$
14	电流、电压互感器	二次线圈接地	$R_e \leqslant 10$
15	高压线路	保护网或保护线接地	$R_e \leqslant 10$
16	电弧炉	单独接地	$R_e \leqslant 4$
17	工业电子设备	单独接地	$R_e \leqslant 10$
18	$\rho > 500\Omega \cdot m$ 高土壤电阻率地区	1kV 以下小接地短路电流系统电力设备接地装置	$R_e \leqslant 20$
19		发电厂和变电所接地装置	$R_e \leqslant 10$
20		大接地短路电流系统发电厂和变电所装置	$R_e \leqslant 5$
21	无避雷线的架空线	小接地短路电流系统钢筋混凝土杆、金属杆接地装置	$R_e \leqslant 30$
22		低压线路钢筋混凝土杆、金属杆接地装置	$R_e \leqslant 30$
23		零线重复接地	$R_e \leqslant 10$
24		低压进户线绝缘子铁脚接地装置	$R_e \leqslant 30$

① 指对单台或并联运行的总容量而言。

② 如采用自然接地体，即使达到接地电阻要求，还必须采用接地电阻不大于 1Ω 的人工辅助接地体。

③ 重复接地不应少于 3 处。

④ I_e 为接地装置流入地中的电流。

1. 计算在中性点经消弧线圈接地的电网中电流

① 有消弧线圈时，计算电流等于消弧线圈额定电流的 125%。

② 不接消弧线圈时，计算电流按切断系统中最大一台消弧线圈时，在此电网中有可能发生的剩余接地短路电流，但不得小于 30A。

2. 计算在中性点不接地的电网中电流

在中性点不接地的电网中电流，可按下式计算：

$$I_e = \frac{U_I(35L_e + L_b)}{350}$$

式中　I_e——计算电流，A；

　　　U_I——电网线电压，kV；

　　　L_e——电缆线路长度，km；

　　　L_b——架空线路长度，km。

3. 计算接地短路电流

应按运行中可能发生最大接地短路电流的接线方式确定。

第二节　配电系统的保护接地和保护接零方式

按国际电工委员会（IEC）标准规定，接地方式有 TN 系统、TT 系统和 IT 系统三种。

一、文字代号的含义

第一个字母表示电力系统的对地关系：T 为直接接地；I 为所有带电部分与地绝缘或一点经阻抗接地。第二个字母表示装置的外露可导电部分的对地关系：T 为外露可导电部分对地直接做电气连接，此接地点与电力系统的接地点无直接关系；N 为外露可导电部分通过保护线与电力系统的接地点直接做电气连接。

在 TN 系统中，为了表示中性线和保护线的组合关系，有时在 TN 代号后面还附加以下字母：S 表示中性线和保护线是分开的；C 表示中性线和保护线是合一的。

二、分类

1. TN 系统

电力系统有一点直接接地，电气装置的外露可导电部分通过保护线与该接地点相连接。TN 系统分类如下：

（1）TN-S 系统　整个系统的中性线 N 与保护线 PE 是分开的，通常称之为三相五线制系统，如图 3-6 所示。

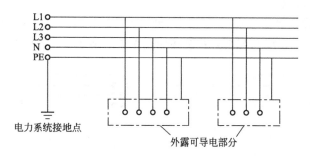

图 3-6 TN-S 系统

（2）TN-C 系统　整个系统的中性线 N 与保护线 PE 是合一的，即 PEN 线，通常称之为三相四线制系统，如图 3-7 所示。

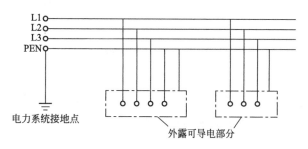

图 3-7 TN-C 系统

（3）TN-C-S 系统　有一部分线路的中性线与保护线合一，另一部分中性线与保护线是分开的供电系统，如图 3-8 所示。

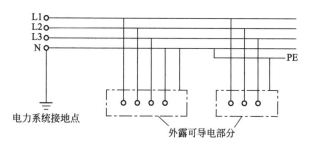

图 3-8 TN-C-S 系统

2. TT 系统

电力系统有一点直接接地，电气设备的外露可导电部分通过保护接地线 PE 接至与电力系统接地点无关的接地极，如图 3-9 所示。

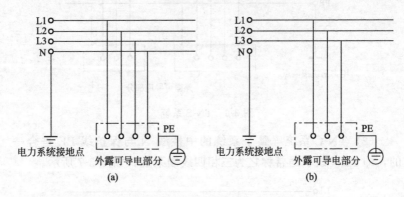

图 3-9　TT 系统

（a）有 N 线；（b）无 N 线

3. IT 系统

电力系统与大地间不直接连接，电气装置的外露可导电部分通过保护接地线 PE 与接地体连接，如图 3-10 所示。

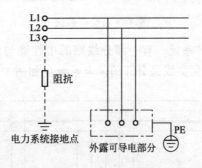

图 3-10　IT 系统

4. IT 系统的安全条件

IT 系统除应满足表 3-1 接地电阻要求和接地装置的其他要求外，还应符合过电压防护、绝缘监视、等电位连接等条件。

① 过电压防护。不接地配电网本身没有抑制过电压的功能，为了减轻过电压的危险，可将中性点经击穿熔断器接地，如图3-11所示。JBO 型击穿熔断器的击穿电压见表3-2。正常情况下，击穿熔断器处在绝缘状态，配电系统不接地。当中性点上出现数百伏的电压时，击穿熔断器的空气间隙被击穿，中性点直接接地。中性点接地后，其对地电压为接地电流和接地电阻的乘积，降低接地电阻，可将过电压限制在一定的范围内。

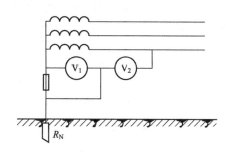

图 3-11　中性点经击穿熔断器接地

表 3-2　JBO 型击穿熔断器的击穿电压

额定电压/V	220	380	500
击穿电压/V	351～500	501～800	801～1000

正常情况下，击穿熔断器必须保持良好的绝缘状态，否则不接地配电网变成接地配电网，用电设备上的保护接地将不足以保证安全。因此，对击穿熔断器的状态应经常检查，或者如图 3-11 所示，接入两只相同的高内阻电压表进行监视。正常时，两只电压表的读数各为相电压的 1/2；击穿熔断器间隙短接后，一只电压表的读数降低至零，而另一只电压表的读数上升至相电压。

② 绝缘监视。低压电网的绝缘监视可用三只规模相同的高内阻电压表来实现，其接线如图 3-12(a) 所示。电网对地绝缘正常时，三只电压表指示均为相电压；当某相故障接地时，该相电压表指示急剧降低，另两相电压表指示显著升高。即使电网没有故障接

地，而是一相或两相对地绝缘严重恶化，三只电压表也会给出不同的指示。

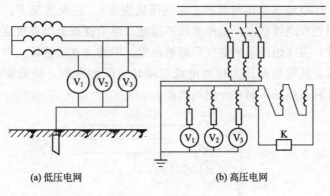

(a) 低压电网　　　　　　　(b) 高压电网

图 3-12　绝缘监视线路

　　高压电网的绝缘监视线路如图 3-12（b）所示。图中电压互感器有两组低压线圈：一组接成星形，供绝缘监视仪器和其他仪表及一般继电保护用；另一组接成开口三角形，开口处接信号继电器。对地绝缘正常时，三只电压表指示相同，三角形开口处电压为零，信号继电器不动作；当某相故障接地，或一相、两相对地绝缘严重恶化时，三只电压表给出不同指示，同时三角形开口处出现电压，信号继电器动作并产生信号。为减轻电压互感器一、二次绕组短接的危险，互感器二次绕组必须接地；为保证绝缘监视的灵敏性，互感器一次绕组中性点和三只电压表的中性点也必须接地。

　　③ 等电位连接。图 3-13 所示为等电位连接线路，图中虚线将两台设备接在一起，或将其接地装置接成整体，当发生双重故障时，相间短路电流将使保护装置动作，迅速切断两台设备或其中一台的电源，以保证安全。如不能实现等电位连接，则应安装漏电保护器。

三、保护接零（TN 方式）的安装要求

　　保护接零适用于电压为 400V/230V 低压中性点直接接地的三

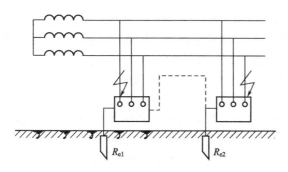

图 3-13　等电位连接线路

相四线制和三相五线制配电系统。TN-C 系统用于无爆炸危险和安全条件较好的场所；TN-S 系统用于爆炸危险性较大和安全要求较高的场所，有独立附设变电所的车间宜采用 TN-S 系统；厂区没有变电所、低压进线的车间可采用 TN-C-S 系统。

保护接零的安装要求如下：

① 当配电网中任何一点相线和零线，或电气设备带电导线和金属外壳间发生短路时，应使故障自行断开。单相短路电流应不小于故障点熔断器熔体额定电流的 4 倍，或应不小于断路器瞬时或短延时动作电流的 1.5 倍。保护零线在短路电流作用下不能熔断。

② 采用电压操作型漏电保护断路器监视零线对地电压值时，断路器动作应使相线和零线或所有相线同时切断。采用差动电流操作型漏电保护断路器监视保护零线时，断路器的动作要求也相同。

③ 零线一般与相线取相等截面积，但最小截面积应满足表 3-3 的要求。

表 3-3　零线的最小截面积　　　　单位：mm^2

	相导体	1.5	2.5	4	6	10	16	25	35	50	70	95	120	150	185	240	300	400
零线	多芯电缆穿管敷设时	1.5	2.5	4	6	10	16	16	25	25	35	50	70	70	95	120	150	185
	架空线户内外明敷设时	—	—	4	6	10	16	25	35	50	50	50	70	70	95	120	150	185

④ 零线除应在电源处接地外，在架空线的干线和分支线的终端及沿线每 1km 处要重复接地。如终端离前一处接地不超过 50m，则可不另行重复接地。重复接地极的电阻应不大于 10Ω。

⑤ 为防止零线断线时搭落在相线上，架空线路的零线应架设在相线的下层。

⑥ 零线上不准装设断路器、刀开关和熔断器。如必须安装时，则应保证在 PEN 导体中断的同时中断相导体。

⑦ 多芯导线中由黄色和绿色相间表示的导线，在保护接零系统中，规定作为保护接零的导线。

⑧ 在同一台变压器供电的低压电网中，不允许将一部分电气设备的金属外壳采用保护接地，而将另一部分电气设备的金属外壳采用保护接零。否则，当采用保护接地的设备发生漏电时，会使整个零线上出现危险电压，威胁人身安全。

⑨ 使用单相三眼插座时，工作零插孔（N）和保护零线孔（E）不准勾连在一起使用。否则，当工作零线发生断线或工作零线与相线接触时，都会使设备的外壳带电而造成人身触电事故。

四、保护接地（TT 和 IT 方式）的安装要求

① 保护接地的电阻不应大于 4Ω。

② 在采用保护接地的系统中，用插头自插座上接入电源至用电设备的系统，应采用带专用保护接地插脚的插头，使保护接地在电源接入前接通、电源撤除后才断开。不能采用保护接地不经插头就接至用电设备的做法，因这种做法不能保证在插入电源的同时装好保护接地。

③ 保护接地干线的允许电流不应小于供电网中最大负载线路相线允许载流量的 1/2。单独用电设备，其接地线的允许电流不应小于供电分支网络相线允许载流量的 1/3。保护接地线的最小截面积应符合表 3-4 的规定。

④ 必须有保护中性线接地及保护接地线措施，以防机械损伤。

⑤ 保护接地系统投入运行前及每隔一定时间后要进行检验，以检查接地情况。

表 3-4 保护接地线的最小截面积　　单位：mm²

	供电相导线	<0.5	0.75	1	1.5	2.5	4	6	10	16	25
绝缘铜芯线作保护导线	绝缘电力电缆	0.5	0.75	1	1.5	2.5	4	6	10	16	16
	低压多芯电缆	—	—	—	1.5	2.5	4	6	10	16	16
裸铜线作保护导线		—	—	—	1.5	2.5	2	4	6	10	16
	供电相导线	35	50	70	95	120	150	185	240	300	400
绝缘铜芯线作保护导线	绝缘电力电缆	16	25	35	50	70	70	95	—		
	低压多芯电缆	16	25	35	50	70	70	95	120	150	185
裸铜线作保护导线		16	25	35	50	50	50	50	50	50	50

五、接地装置

1. 接地体分类

接地体可分为自然接地体和人工接地体两类；按其布置方式可分为外引式接地体和回路式接地体两种。相应的接地线也有自然接地线和人工接地线两种。

（1）自然接地线

① 交流电力设备的接地装置应充分利用自然接地体，一般可利用：

a. 埋设在地下的金属管道（易燃易爆性气体、液体管道除外）、金属构件等。

b. 敷于地下的且其数量不少于两根的电缆金属护套。

c. 与大地有良好接触的金属桩、柱等。

d. 混凝土构件中的钢筋基础。

② 交流电力设备的自然接地线，一般可利用：

a. 建筑物的金属结构，例如桁架、柱子、梁及斜撑等。

b. 生产用的金属结构，例如起重机轨道、配电装置的外壳、走廊、平台、电梯竖井、起重机与升降机的构架、运输皮带的钢梁、电除尘器的构架等。

c. 敷设导线用的钢管，封闭式母线的钢外壳，钢索配线的钢管。

d. 电缆的金属构架，铅构架、铅护套（通信电缆除外）。

e. 不流通可燃液体或气体的金属管道可用作低压设备接地线。

③ 敷设接地体时，应首先选用自然接地体，因为它具有以下优点：

a. 自然接地体一般较长，与地的接触面积较大，流散电阻小，有时能达到采用专门接地体所不能达到的效果。

b. 用电设备大多数情况下与自然接地体相连，事故电流从自然接地体流散，所以比较安全。

c. 自然接地体在地下纵横交错，作为接地体电位相等。

金属电缆护套流散电阻和金属水管流散电阻见表 3-5、表 3-6。

表 3-5　金属电缆护套流散电阻　　　　单位：Ω

电压/kV	电缆长度/m	电缆芯截面积/mm²				
		240,185,150	120,95	70,50	35,25	16
1	<300	1.15	1.5	1.75	1.9	2.4
	300～700	1.0	1.15	1.4	1.6	1.9
	>700	0.75	0.95	1.1	1.3	1.6
6	<300	0.9	1.2	1.4	1.5	1.9
	300～700	0.8	0.9	1.1	1.4	1.5
	>700	0.6	0.75	0.85	1.0	1.2
10	<300	0.75	1.0	1.2	1.3	1.6
	300～700	0.7	0.75	0.85	1.0	1.3
	>700	0.5	0.65	0.75	0.85	1.0
35	<300	0.194	0.26	0.312	0.338	0.416
	300～700	0.181	0.194	0.221	0.20	0.338
	>700	0.13	0.169	0.194	0.221	0.26

注：1. 表中流散电阻为土壤电阻率 $\rho = 1 \times 10^4 \Omega \cdot cm$ 时的数值，如 ρ 为其他数值时，应乘以表 3-7 中的修正系数 K_ρ。

2. 当若干根截面积接近的电缆敷设在同一壕沟中时，总流散电阻可按下式确定

$$R' = \frac{R}{\sqrt{n}}$$

式中　R——本表查出的数值；

n——敷设根数。

3. 在不同壕沟敷设时，可以根据上述 R_1'，R_2'，…，R_n' 进行并联。

表 3-6　金属水管流散电阻　　　　　单位：Ω/km

管径/in	接地电阻值	
	长度在 1km 以下	长度超过 1km
$1\frac{1}{2}\sim 2$	0.37	0.27
$2\frac{1}{2}\sim 3$	0.27	0.22
$4\sim 6$	0.22	0.18

注：1. 表中流散电阻为土壤电阻率 $\rho=1\times 10^4\,\Omega\cdot cm$ 时的数值，如 ρ 为其他数值时，应乘以表 3-7 中的修正系数 K_ρ。

2. $1in=0.0254m$。

表 3-7　土壤电阻率不同于 $\rho=1\times 10^4\,\Omega\cdot cm$ 时的修正系数

土壤电阻率 $\rho/\Omega\cdot cm$	3×10^3	5×10^3	6×10^3	8×10^3	1×10^4	1.2×10^4
修正系数 K_ρ	0.54	0.7	0.75	0.89	1	1.12
土壤电阻率 $\rho/\Omega\cdot cm$	1.5×10^4	2×10^4	2.5×10^4	3×10^4	4×10^4	5×10^4
修正系数 K_ρ	1.25	1.47	1.65	1.8	2.1	2.35

（2）人工接地体

① 当自然接地体的流散电阻不能满足要求时，可敷设人工接地体。在实际工作中往往因为利用自然接地体有很多困难，自然接地体在保证最小电阻时不太可靠，所以有时在自然接地体可用而又能满足要求电阻的情况下，也敷设人工接地体，并使人工接地体与自然接地体相接。

② 对于 1000V 以上电气设备的保护接地，除了利用自然接地体以外，还必须敷设流散电阻不大于 1Ω 的人工接地体，以确保安全。

③ 直流电力线路不应利用自然接地体，直流电路专用的人工接地体不应与自然接地体相接。

人工接地体一般采用钢管、角钢、圆钢、扁钢制成。人工接地体可采用未经电镀的黑色钢材；在有较严重化学腐蚀性的土壤中应

采用镀锌的钢材。对于避雷针的接地装置，人工接地体也应采用镀锌的钢材，以确保安全。

（3）外引式接地体　将接地体集中布置于电气装置区外的某一点称为外引式接地体，如图 3-14 所示。外引式接地体的主要缺点是既不可靠，也不安全。由于电位分布极不均匀，人体接触到距接地体近的电气设备时其接触电压小；接触到距接地体远的电气设备时其接触电压大；接触到离接地体 20m 以外的电气设备时其接触电压将近等于接地体的全部对地电压，见图 3-14。

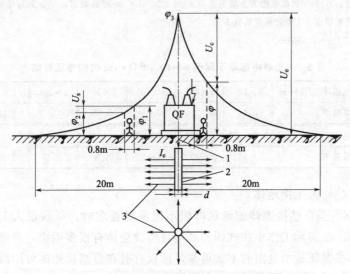

图 3-14　接地电流由单根接地体向四周流散的情况

1—接地导线；2—接地体；3—流散电流；

U_e—对地电压；I_e—接地电流；QF—油断路器；

U_s—跨步电压；U_c—接触电压

从图 3-14 中可以看出，外引式接地体与室内接地线仅通过两条干线来连接。若此两条干线发生损伤时，则整个接地线就同接地体断开。但两条干线同时发生损伤的情况是较少的。

（4）回路式接地体　为避免外引式接地体的缺点，一般的做法是敷设回路（环路）式接地体，如图 3-15 所示。回路式接地体电

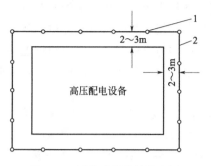

图 3-15　回路式接地体的布置
1—钢管；2—连接钢条

位分布比较均匀，从而可以减小跨步电压和接触电压。

2. 接地体的安装

（1）人工接地体的布置方式　人工接地体一般宜采用垂直接地体。多岩地区和土壤电阻率较高的地区，可采用水平接地体。

① 垂直接地体的布置。在普通沙土壤地区（土壤电阻率 $\rho \leqslant 3 \times 10^4 \Omega \cdot m$），因地电位分布衰减较快，所以可采用以管形接地体为主的棒带式接地装置。采用管形接地体的优点是：机械强度高，可以用机械方法打入土壤中，施工较简单；达到同样的电阻值，较其他接地体经济；容易埋入地下较深处，土壤电阻率变化较小；与接地线易于连接，便于检查；用人工方法处理土壤时，易于加入盐类溶液。

在一般情况下，镀锌钢管管径为 $48 \sim 60 mm$，常用 $50 mm$；长度为 $2 \sim 3 m$，常用 $2.5 m$。如果直径太小，则机械强度低，容易弯曲，不易打入地下；如果直径太大，则流散电阻降低不多，例如，$\phi 125 mm$ 钢管比 $\phi 50 mm$ 钢管流散电阻只小约 15%。管长与流散电阻也有关系，管长小于 $2.5 m$ 时，流散电阻增加很多；但管长大于 $2.5 m$ 时，流散电阻减小值很小。为了减小外界温度、湿度变化对流散电阻的影响，管的顶部距地面应不小于 $0.6 m$，通常取 $0.6 \sim 0.8 m$。

接地体的布置应根据安全、技术要求因地制宜，可以环形、放射形或单排布置。环形布置时，环上不能有开口端；为了减小接地体相互间的流散屏蔽作用，相邻垂直接地体之间的距离可取其长度的 2 倍左右。垂直接地体上端采用扁钢或圆钢连接。成排布置的接地体，在单一小容量电气设备接地中应用较多，例如小容量配电变压器接地。

② 水平接地体的布置。在多岩地区和土壤电阻率较高（$3 \times 10^4 \Omega \cdot m \leqslant \rho \leqslant 5 \times 10^4 \Omega \cdot m$）的地区，因地电位分布衰减较慢，宜采用水平接地体为主的棒带接地装置。水平接地体通常由40mm×4mm 镀锌扁钢，或直径为 $12 \sim 16$mm 的镀锌圆钢组成，可呈放射形、环形或成排布置。水平接地体应埋设于冻土层以下，一般深度为 $0.6 \sim 1$m。扁钢水平接地体应立面竖放，这样有利于减小流散电阻。变配电所的接地装置，应敷设以水平接地体为主的人工接地网。

（2）接地装置的导体截面要求　应符合热稳定和场压的要求，钢质接地体和接地线的最小尺寸见表 3-8；铜、铝接地线只能用于地面以上，其最小尺寸见表 3-9。

表 3-8　钢质接地体和接地线的最小尺寸

项目		地上		地下	
		室内	室外	交流	直流
圆钢直径/mm		6	8	10	12
扁钢	截面积/mm²	60	100	100	100
	厚度/mm	3	4	4	6
角钢厚度/mm		2	2.5	4	6
钢管管壁厚度/mm		2.5	2.5	3.5	4.5

表 3-9　铜、铝接地线的最小尺寸　　　单位：mm²

项目	铜	铝
明设的裸导线	4	6
绝缘导线	1.5	2.5
电缆接地芯或与相线包在同一保护套内的多芯导线的接地芯	1	1.5

（3）接地体安装的其他要求　除前面讲述的一些要求外，还应注意以下问题：

① 交流电力线路同时采用自然、人工两种接地体时，应设置分开测量接地电阻的断开点。自然接地体应有不少于两根导体在不同部位与人工接地体连接。

② 接地体埋设位置离独立的避雷针接地体之间的地下距离不得小于 3m；离建筑物墙基之间的地下距离不得小于 1.5m；经过建筑物人行通道的接地体应采用帽檐式均压带的方式。

③ 车间接地干线与自然接地体或人工接地体相连时，应有不少于两根导体在不同地点连接。

④ 接地体所有连接处均应采用搭接焊。搭接部分的长度，扁钢应不小于宽度的 2 倍，应有三个邻边施焊；圆钢应不小于直径的 6 倍，应在两侧面施焊。凡焊接处均应刷沥青油防腐。

（4）接地线安装的其他要求　除前面讲述的一些要求外，还应注意以下问题：

① 金属结构件作为自然接地线时，用螺栓或铆钉紧固的接缝处应用扁钢跨接。作为接地干线的扁钢跨接线，截面积应不小于 $100mm^2$；作为接地分支跨接线时，应不小于 $48mm^2$。

② 利用电线管本体作为接地线时，钢管管壁厚度应不小于 1.5mm，在管接头及分线盒处都应加焊跨接线。钢管直径在 40mm 以下时，跨接线应采用直径 6mm 圆钢；钢管直径为 50mm 以上时，应采用 25mm×4mm 的扁钢。

③ 室内接地线可以明敷设或暗敷设。明敷设时应符合下列基本要求：接地干线沿墙距地面的高度一般应不小于 0.2m；支撑卡子距离墙面应不小于 10mm；卡子间距应不大于 1m，分支拐弯处应不大于 0.3m；跨越建筑物伸缩缝时，应留有适当裕量，或采用软连接；穿越建筑物时，应采取加保护管等保护措施。

接地线暗敷设时，接地干线的两端都应有明露部分。根据需要，沿干线可设置接地线端子盒，供连接及检查使用。

④ 携带式用电设备应采用多芯线中的专用保护芯线（PE 线）

接地，此芯线严禁同时用作 N 线通过电流，严禁利用其他用电设备的中性线接地，中性线和保护线应分别与接地网连接。

⑤ 接地线与电气设备连接时，采用螺栓压线，每个电气设备都应单独与接地干线相连接，严禁由一条接地线串接几个需要接地的设备。

3. 高土壤电阻率（$\rho > 5 \times 10^4 \Omega \cdot cm$）地区的接地措施

由于山区的雷电流幅值比平原小一半，山区的接地也与平原有所不同。遇到高土壤电阻率的接地，应首先允许将接地电阻提高，然后才做改善处理。提高的倍数为 $K = \rho / (5 \times 10^4)$，但不宜超过 10 倍。

① 降低接地电阻的技术措施

a. 在原接地体周围进行换土。利用电阻率较低的土壤（如黏土、黑土）替换接地体周围的土壤，如图 3-16 所示（图中尺寸单位为 mm）。

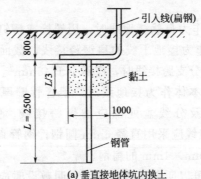

(a) 垂直接地体坑内换土

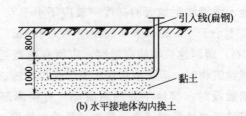

(b) 水平接地体沟内换土

图 3-16　接地体坑（沟）内换土示意

b. 深埋接地极。当地下深处的土壤（水）电阻率较低时，可增加垂直接地体长度。据经验，这种方法对于山地多岩、深岩地区降低接地电阻的效果不明显。

c. 采取保水措施。可将接地体埋在建筑物的背阳面或比较潮湿的地方，在埋接地体的上面栽种植物，或将污水（无腐蚀性）引向埋设接地体的地方，如图 3-17 所示（图中尺寸单位为 mm）。接地体采用钢管时，每隔 20cm 在钢管上钻一个直径 5mm 的小孔，使水渗入土中。

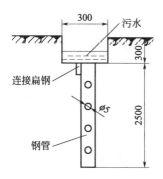

图 3-17　污水引向接地体

d. 外引接地。附近有常年不冻的河流、小溪、湖泊或电阻率较低的土壤时，可采用外引接地。

e. 对接地体周围的土壤进行化学处理。在接地体周围土壤中加入炉渣（如煤粉炉渣）、废碱液、木炭、氮肥渣、电石渣、石灰、食盐等，将化学物质和土壤混合，填入坑内夯实，如图 3-18 所示（图中尺寸单位为 mm）。

使用的化学物质应为含电解质较多的物质，pH 值在 6～10 之间，忌用强酸、强碱。由于使用的化学物质具有腐蚀性，且易流失，因此不宜在永久性工程中应用，只能在不得已的情况下，作为一种临时措施。

f. 利用长效降阻剂。在接地体周围埋置长效固化型降阻剂，以改善接地体周围土壤或岩石的导电性能，使接地体通过降阻剂的

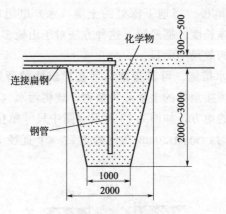

图 3-18　化学处理

分子和离子作用形成高渗透区，以便与大地紧密结合降低土壤电阻，使接地体不被氧化腐蚀，达到长效的目的。长效降阻剂固化后本身电阻率很低（约 $5\Omega \cdot m$），施用后能明显降低接地体电阻。降阻剂基本上呈中性，因此加入接地体周围固化成型后，起到了防腐作用。另外，在接地体周围固化成型后，相当于加大了接地体的截面积，所以能改善接地网的均压效果。

② 山区接地装置的形式。当深埋接地极有困难时，推荐采用下列三种敷设方式：

a. 水平放射式：射线数目不超过 4 根，每根长度不超过 20m。

b. 环形水平放射式：能达到等电位，减小跨步电压和接触电压的目的。

c. 长短放射外引式：能达到降低接地电阻和减小电压的目的。

4. 接地装置运行及维护

接地装置是电力系统安全技术中的主要组成部分。接地装置易受自然界及外力的影响与破坏，发生接地线锈蚀中断、接地电阻变化等情况，这将影响电气设备和操作人员的安全。因此，对接地装置应该有正常的管理、维护和周期性的检查、测试和维护，以确保其安全。

① 接地装置的技术管理资料。运行中的接地装置应建立下列

技术管理资料：

a. 接地体形状的选择与布置以及接地电阻值的计算等原始设计资料。

b. 接地装置隐蔽工程竣工图纸。

c. 接地装置验收、试验以及测量接地电阻的记录。

d. 运行中历次测量接地电阻及检修记录。

e. 运行中检查发现的缺陷内容以及处理结果记录。

f. 土壤电阻率的测量记录。

g. 对于高土壤电阻率、跨步电压较高的地区，在有行人经常出入的地段应有电位分布曲线图等技术资料。

h. 接地装置的变更、检查工作内容等记录。

变电所进行改建、扩建而需改动接地装置时，应及时更改接地装置的技术资料，使其与实际相符。

② 新装接地装置后的验收内容：

a. 按设计图纸和施工规范要求，检查接地线或接零线的导线规格以及导体连接工艺。

b. 连接部分应符合安装和规程要求。采用螺栓夹板的接触面应压紧可靠，螺栓应有防松动的开口垫圈；采用焊接的应保证焊接面积；利用金属物体、钢轨、钢管等作为自然接地体时，每个连接处都应有规定截面的跨接线。

c. 穿过建筑物及引出地面部分都应有保护套管。

d. 按规范要求涂刷防腐漆。

e. 遥测接地电阻值应小于规定值。

③ 接地装置巡视检查内容：

a. 检查接地线与电气设备的金属外壳、接地网等连接情况是否良好，有无松动、脱落等现象。

b. 检查接地线有无砸伤、碰断及腐蚀现象。

c. 有严重腐蚀可能时，应挖开接地引下线的土层，检查地面下 50cm 以上部分接地线的腐蚀程度。

d. 检查明敷设的接地线或接零线表面涂漆有无脱落。

e. 人工接地体周围不应埋放有强烈腐蚀性的物质。

f. 移动式电气设备每次使用前，需检查接地线是否接地良好，有无断股现象。

g. 对含有强酸、碱、盐或金属矿岩等化学成分土壤地带以及白灰焦渣地带的接地装置，每 5 年左右应挖开局部地面进行检查，观察接地体腐蚀情况。

h. 运行中的接地装置，如发现有下列情况之一时应进行维修：接地线连接处有接触不良的脱焊；接地线与电力设备的连接处的螺栓有松动；接地线有机械损伤、断股或化学锈蚀；接地体被洪水冲刷露出地面；接地电阻值超过规定值。

5. 接地电阻测量

① 接地电阻测量仪简介。接地电阻测量仪简称接地摇表，只用于直接测量各种接地装置的接地电阻值和土壤电阻率。

常用国产接地电阻测量仪技术数据见表 3-10。

表 3-10　常用国产接地电阻测量仪技术数据

型号	名称	量限/Ω	准确度等级
ZC8	接地电阻测量仪	$1/10\sim100$	在额定值的 30% 以下为指示值的 ±1.5%
		$1/100\sim1000$	
ZC29-1	接地电阻测量仪	$1/100\sim1000$	在额定值的 30% 以上为指示值的 ±5%
ZC34A	晶体管接地电阻测量仪	$2/20\sim200$	±2.5%

ZC8 型接地电阻测量仪由手摇交流发电机、互感器、相敏整流及检流计组成，它带有三个接线端子（E、P、C）。当以 120r/min 的转速用手摇动发电机时，便会产生 112～116Hz 的交流电。电流经互感器一次绕组、接地极、大地和探针后再回到发电机，由互感器产生的二次电流将使检流计指针偏转，同时借助调节电位器可使检流计达到平衡。在检流计电路中接入隔直电容器，故在测量时不受土壤电解极化的影响。

接地电阻测量仪的主要附件是三条测量导线和两支测量电极，一支为电压极，一支为电流极。接地电阻测量仪有 E、P、C 三个

接线端子或 C_2、P_2、C_1、P_1 4 个接线端子。测量时，在离被测接地体一定的距离向地下打入电流极和电压极；将 C_2、P_2 端并接后或将 E 端接于被测接地体，将 P_1 端或 P 端接于电压极，将 C_2 端或 C 端接于电流极；选好倍率；以 120r/min 左右的转速不停地摇动摇把（使用 ZC8 或 ZC29-1 型接地电阻测量仪时）或接通电子交流电源（使用 ZC34A 型晶体管接地电阻测量仪时），同时调节电位器旋钮至仪表指针稳定中心位置时，即可从刻度盘的读数和倍率得到被测接地体的电阻值。测量接地电阻的接线如图 3-19所示。

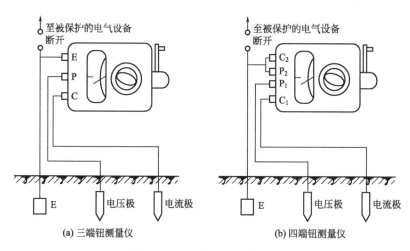

图 3-19 测量接地电阻的接线

测量土壤电阻率按图 3-20 接线，具体测量方法与测量接地电阻时相同。被测地区的平均电阻率可按下式计算，即

$$\rho = 2\pi dR$$

式中　ρ——实测土壤电阻率，$\Omega \cdot m$；

　　　d——四支探针相互之间的距离，m；

　　　R——接地电阻测量仪的读数，Ω。

② 测量注意事项：

a. 测量时，因为在电极上会产生很大的电压降，此电压降之

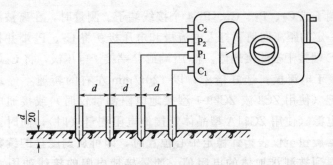

图 3-20　测量土壤电阻率的接线

值等于测量时的电流和电流极电阻相乘之值，因此在电流极的 30～50m 半径的范围内，不要有人和动物靠近，以免发生危险或影响测量结果。

b. 为减小测量误差，应正确选择测量电极位置，如图 3-21 所示。

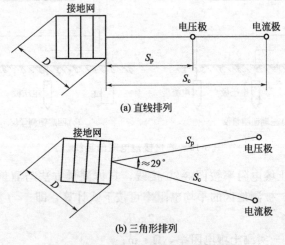

(a) 直线排列

(b) 三角形排列

图 3-21　接地电阻测量电极位置

接地网与电压极、电流极可直线排列［如图 3-21(a) 所示］或三角形排列［如图 3-21(b) 所示］。对于占地面积较大的网络接地体，宜取 S_c 为接地网对角线 D 的 4～5 倍，有困难时可减为 D 的

2~3倍；对于直线排列时，应取 $S_p \approx (0.5 \sim 0.6)S_c$。对于占地面积不太大的复合接地体，宜取 $S_c = 80m$；对于单一垂直接地体或占地面积很小的复合接地体，可取 $S_c = 40m$。

　　c. 测量前应检查接地电阻测量仪及其附件是否完好，必要时做一下短路试验，以检查仪表的误差。注意不准开路摇动手柄，否则将损坏接地电阻测量仪。

　　d. 不准带电测量接地装置的接地电阻值。

　　e. 测量电极的排列，应避免与地下金属管道平行，以保证测量结果的真实性。

　　f. 下雨后和下雨时不应进行测量工作。

　　③ 电压表-电流表测量法。

　　a. 测量原理。这种测量方法比采用接地电阻测量仪的方法复杂，且需外加电源，但准确度较高，不受测量范围的限制，一般用来测量 0.1Ω 及以下的接地电阻。测量时的接线如图 3-22 所示。其中，接地体 2 是用来测量被测接地体与零电位间的电压的，称为电压极；辅助接地体 3 是用来构成被测接地体的电流回路的，称为电流极。电流极一般用一根或几根钢管组成，钢管直径为 50mm，长度为 2.5~3m，每根钢管间的距离为 3~5m，并用直径为 10mm 圆钢或 2.5mm×4mm 的扁钢焊接起来。电压极一般用一根长为

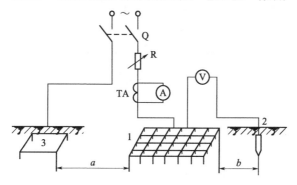

图 3-22　用电压表-电流表测量法测量接地电阻线路示意

1—被测接地体；2—接地体（电压极）；3—辅助接地体（电流极）

0.7～3m，直径为 25mm 的圆钢制成。

电流极与被测接地网边缘的距离如图 3-22 中的 a 所示，一般为被测接地网最大对角线的 4～5 倍；电压极与被测接地网边缘的距离如图 3-22 中的 b 所示，为电流极与被测接地网边缘距离的 0.5～0.6 倍，即 $b=(0.5～0.6)a$。

为了校核所测得的电阻是否正确，通常将电压极移动 3 次，移动的方向垂直于电流极与被测接地网的连接方向。移动的距离是电流极与被测接地网距离的 5% 左右，这样当 3 次测得的数据完全相等或接近时，说明电压极的位置是正确的，那么电压表的读数就是被测接地网的电压降 U，而电流表的读数就是回路电流 I，被测接地网的接地电阻 R_e 为

$$R_e=\frac{U}{I}=\frac{U}{K_I I'}$$

式中　U——被测接地网的电压降，V；

　　　I——回路电流，A；

　　　K_I——电流互感器的变比；

　　　I'——有电流互感器时电流表读数，A。

b. 测量注意事项：

回路电流 I 通常取接地短路电流的 1/5 左右。

电源一般用独立的 5～10kV·A 的电源，电压为 65～225V。

电压表应选用高内阻的，而且电压表内阻要大于被测接地网的接地电阻的 50 倍，否则要经过校正。校正公式为：

$$U=U_v\left(1+\frac{R_{pv}}{R_v}\right)$$

式中　U——实际电压值，V；

　　　U_v——电压表的读数，V；

　　　R_{pv}——电压极接地电阻，Ω；

　　　R_v——电压表内阻，Ω。

电流极的接地电阻要尽可能小，而且电流极接地电阻要小于被测接地网的接地电阻的 1/50，即

$$R_{pI} \leqslant \frac{1}{50} R_e$$

式中　R_{pI}——电流极接地电阻，Ω；

　　　R_e——被测接地网的接地电阻，Ω。

当电流极采用此电阻值时，应使测量电流不得小于 1A。

c. 测量方法：

将电流极与电压极打入地中，管端露出地面约 $100\sim150\mathrm{mm}$。如果电流极采用多根接地体，应将各接地体用扁钢焊接起来。

准备独立的交流电源，可用 380V/220V 照明变压器或电焊变压器，该电源变压器线圈不能接地。

开关 Q 合上前，要用电压表检查测量回路是否有外来电压存在，若电压表指针摆动，则应设法消除外来电压对测量结果的影响。

合上开关 Q，慢慢调节可变电阻器 R 达到额定的电流，并使电压表指针指示在刻度的后半程。若电流表与电压表的量程和电源容量许可，则可将可变电阻器 R 短路；如可变电阻器 R 短路后，电流和电压值仍达不到仪表量程的后半程，那么就应该增加电流极的接地体。

待电压表与电流表的指针稳定地指示在所要求的数值上时，就应迅速地读取两表的指示值。

重复测量 $3\sim4$ 次，取其平均值作为测量的结果。

利用上述方法再测量出电流极与电压极的接地电阻，看其是否符合要求。

第四章

电气防火防爆安全技术

第一节　电气火灾防爆技术

一、引发电气火灾和爆炸的一般原因

引发电气火灾和爆炸要具备两个条件，即有易燃易爆的环境和引燃条件。

1. 易燃易爆的环境

在发电厂的生产场所，广泛存在易燃易爆物质，许多地方存在着火灾和爆炸的可能性。

（1）煤场　火电厂消耗大量的原煤，其煤场存放大量的原煤，特别是在夏天，环境温度很高，容易引起燃煤火灾。

（2）输煤系统　火电厂的输煤系统，沿途环境漏有大量原煤和堆积大量煤粉，容易引发煤粉火灾。

（3）制粉系统　制粉系统，特别是煤粉仓存有大量煤粉，容易引起煤粉火灾和爆炸。

（4）锅炉炉膛　锅炉炉膛内有未燃尽的煤粉和可燃气体，炉膛检修时容易引起膛内爆炸。

（5）天然气储罐和输气管道　有的火电厂要消耗天然气，天然气容易发生火灾和爆炸。

（6）油库及用油设备　发电厂要消耗大量的原油、工业用油，如燃烧用油，汽轮机、变压器、油断路器用油。油库及存油场所均容易发生火灾和爆炸。

（7）制氢站及氢气系统　发电机运行需用氢气冷却，制氢站源源不断向发电机供给冷却用氢。氢气与氧气混合，当氢氧混合气体达到爆炸浓度时，遇明火会发生爆炸。制氢站、输氢管道等都容易发生氢气爆炸。

（8）其他　发电厂、变电所大量使用电缆，电缆本身是由易燃绝缘材料制成的，故电缆沟、电夹层和电缆隧道容易发生电缆火灾；发电厂、变电所中的烘房、烘箱、电炉，还有乙炔发生站、氧气瓶库、化学药品库，这些地方也容易发生火灾。

2. 引燃条件

电气设备和电气系统在异常和事故情况下引起的电气着火源，是引发火灾和爆炸的条件之一。电气着火源可能是由下述原因产生的：

（1）电气线路和电气设备过热　电气线路接触不良，电气线路和电气设备过载、短路，电气产品制造和检修质量不良，运行时铁芯损失过大，转动机械长期相互摩擦，电气设备通风散热条件恶化等都会使电气线路和电气设备整体或局部温度过高。上述原因产生的高温都会使易燃易爆物质温度升高，当易燃易爆物质达到其自燃温度时，便着火燃烧，引起电气火灾和爆炸。

（2）电火花和电弧　电气线路和电气设备因绝缘损坏而发生短路（相间、接地）、电气线路和电气设备接头松脱、电气系统绝缘子闪络、电气系统过电压放电、运行中电机的电刷（发电机电刷与滑环间、直流电机电刷与整流子间、交流绕线电机电刷与滑环间）、熔断器熔体熔断、断路器开合、继电器触头开闭、电焊等都会产生电火花和电弧。电火花和电弧可直接引燃易燃易爆物质，电弧使金属熔化、飞溅，间接引燃易燃易爆物质。

（3）静电放电　两个不同性质的物体相互摩擦时，使两个物体带上极性相反的静电荷。处在静电场内的金属物体会感应静电，施加电压后的绝缘体上会残留静电。带静电荷的导体或绝缘体具有较高电位时，会使空气间隙击穿而产生火花放电，静电放电产生的电火花可能引燃可燃易爆物质或爆炸性气体混合物。

（4）其他　照明器具和电热设备使用不当，也会引起电气火灾和爆炸。

二、防止电气火灾和爆炸的一般措施

为防止电气火灾和爆炸的发生，应从以下几个方面采取措施：

1. 排除易燃易爆物质

为改善环境条件，排除易燃易爆物质，应采取下列措施：

（1）防止易燃易爆物质的泄漏　易燃易爆物质的跑、冒、滴、漏是火灾和爆炸发生的根源，为此，对存有易燃易爆物质的生产设备、容器、管道、阀门应加强密封，杜绝易燃易爆物质的泄漏，从而消除火灾和爆炸事故的隐患。

（2）打扫环境卫生，保持良好通风　在有易燃易爆物质的场所，经常打扫环境卫生，保持良好通风，不仅是美化、净化环境的需要，而且是防火防爆的重要安全措施之一。经常对泄漏的易燃易爆物质进行清扫，清除爆炸混合物，把易燃易爆气体、蒸气、粉尘和纤维的浓度降到爆炸极限以下，能达到有火不燃、有火不爆的效果。

2. 排除电气着火源

排除电气着火源就是消除或避免电气线路、电气设备在运行中产生电火花、电弧和高温。排除电气着火源的措施有以下几种：

（1）排除电气线路着火源　在火灾和爆炸危险场所，电气线路必须满足下列规定：

① 正常情况下，能形成爆炸性混合物的场所内的所有电气线路及有剧烈振动的设备接线，均应采用铜芯绝缘导线或电缆。

② 各类线路导线截面积都应满足要求。正常情况下能形成爆炸性混合物的场所的导线截面积不小于 2.5mm^2；正常情况下不能形成，仅在不正常情况下能形成爆炸性混合物的场所的导线截面积不小于 1.5mm^2；所有的照明线路和正常情况下不能形成，仅在不正常情况下能形成爆炸性混合物的场所的所有线路导线截面积不小于 2.5mm^2。

③ 在有爆炸危险的场所，移动式电气设备应采用中间无接头的橡皮软线供电。

④ 所有工作零线都应与相线具有同等绝缘强度，并处于同一护套或管子中。

⑤ 所有绝缘导线或电缆的额定电压都不得低于电网的额定电压，且不得低于 500V。

⑥ 绝缘导线严禁明敷，均应穿钢管。当电缆明敷时，应采用铠装电缆。

⑦ 在火灾危险场所，可采用非铠装电缆或钢管配线。在生产过程中产生、使用、加工、储存可燃液体、固体和粉尘或转运闪点低于场所环境温度的可燃液体，在数量上和配置上能引起火灾危险性的场所，500V 以下的线路可采用硬塑料管配线。当远离可燃物时，可采用绝缘导线在针式绝缘子上敷设。

（2）合理选用电气设备　根据危险场所的级别，合理选用电气设备类型，特别是在易燃易爆的危险场所应选用防爆型电气设备，这对防止火灾和爆炸具有重要意义。在易燃易爆的危险场所，应尽量不用或少用携带式电气设备。

（3）按规定安装危险场所的电气设备　易燃易爆危险场所电气设备安装应严格密封，连接可靠，防止局部放电（接线盒内裸露带电部分之间、裸露带电部分与金属外壳之间应保持足够的电气间隙和漏电距离），防止局部过热（有隔热措施）。

（4）保持电气设备与危险场所的安全距离　电气设备安装时，应选择合理位置，使电气设备与危险场所保持必要的安全距离。其要求是：

① 为了防止电火花或危险温度引起火灾，各类开关、插销、熔断器、电热器具、照明器具、电焊设备、电动机等应根据需要，尽量避开易燃物质。

② 室外变、配电装置与爆炸危险场所的建筑物、易燃可燃液体储罐、液化石油气罐之间应保持必要的防火距离，必要时应加装防火隔墙。

③ 10kV 及以下的变、配电所不应设置在有爆炸危险场所或火灾危险场所的正上方或正下方。

④ 10kV 及以下的架空线路，严禁跨越火灾或爆炸危险场所。当线路与火灾或爆炸危险场所接近时，其水平距离应不小于杆塔高度的 1.5 倍。

（5）保持电气设备正常运行　保持电气设备正常运行，对于防火防爆有重要意义。为此，应加强设备的运行管理，防止设备过热过载运行，对设备应定期检修、试验，防止机械损伤和绝缘破坏造成设备短路。

（6）电气设备可靠接地或接零　在易燃易爆危险场所，所有电气设备金属外壳必须可靠接地或接零，以便电气设备发生碰壳接地短路时能迅速切除着火源。接地或接零的具体要求是：

① 在火灾危险场所，所有电气设备金属外壳必须可靠接地或接零，并与金属管道、建筑物的金属结构连接成整体，以防止在金属导体间产生不同电位而引起放电。

② 在爆炸危险场所，应使用专门的接地（或接零）线，不得利用金属管道、建筑物的金属构架、工作零线等作为专用的接地线（或接零线）。

（7）合理应用保护装置　在火灾和爆炸危险场所，除将电气设备可靠接地（或接零）外，还应有比较完善的保护、监察和报警装置，以便从技术上完善防火防爆措施。其具体要求是：

① 在火灾和爆炸危险场所，电气设备应装设短路、过载保护装置。过电流保护装置的动作电流在不影响电气设备正常工作情况下，应尽量整定得小一些，以提高其动作的灵敏度。对于爆炸危险场所的单相线路，应安装双极开关，以便同时断开相线和零线。

② 凡突然停电有引起火灾和爆炸危险的场所，必须有双电源供电，且双电源之间应装有自动切换联锁装置，当一路电源中断时，另一路电源自动投入，保持供电不中断。

③ 对有通风要求的爆炸危险场所，通风装置和其他设备间应有联锁装置。当设备启动时，应先启动通风装置，后投入其他设

备；停止工作时，应先切断工作设备，后断开通风设备。

④ 在火灾和爆炸危险场所，应装设自动检测装置，当危险场所内爆炸性混合物接近危险浓度时，发出信号或报警，以便工作人员及时采取措施，排除危险。

⑤ 必要时装设漏电保护装置，当漏电流达到动作电流时，该装置迅速切断电源。

⑥ 在爆炸危险场所，供电系统由中性点不接地系统供电时，该供电系统应装设绝缘监视装置，当该供电系统发生单相接地时，能发出接地信号，并迅速处理。

3. 土建及消防防火防爆要求

（1）电气建筑采用耐火材料　如变配电室、变压器室应满足相应耐火等级（分别为二级、一级），隔墙应用防火绝缘材料制成，门应用不可燃材料制成，且门应向外开。

（2）充油设备间采用防火隔墙　充油设备之间应保持防火距离，当间距不能满足时，其间应装设能耐火的防火隔墙。

（3）充油设备储油和排油设施　为防止充油设备发生火灾时火势的蔓延，对充油设备应设置储油和排油设施。根据充油设备充油量的大小，这些设施有：隔离板、防爆墙围成的间隔、防爆小间、挡油墙坎、储油池等。

（4）生产现场设置消防设备　在容易引起火灾场所或明显处安放灭火器和消防工具。

4. 防止和消除静电火花

静电放电产生的火花是燃、爆的源头，故应防止和消除静电放电。其措施有：

（1）限制静电的产生　摩擦和冲击会产生静电，因此，在生产中选择适当的工艺条件和操作方法，可以限制静电的产生。

① 适当选配工艺设备和工具的材料，以减少静电的产生和积累。如皮带采用导电性能好的材料制作；防止传动皮带打滑；以齿轮传动代替皮带传动以减小摩擦。

② 限制流体流速和摩擦强度以限制静电荷的产生。如为了限

制烃类燃油在管道内流动时产生静电，要求其流速与管径满足下式关系：

$$U^2 D \leqslant 0.64$$

式中　U——燃油流速，m/s；

　　　D——管径，m。

③ 减小物料的冲击和分裂。实验证明，人字形管口和45°斜管口造成的冲击和分裂比平管口小，产生的静电也少。

④ 消除油罐或管道内的杂质，可以减少附加静电。

（2）采取静电接地　所谓静电接地是通过接地装置将静电荷泄入大地，以消除导体上的静电。

① 静电感应导体的接地。当导体上的静电是由静电感应引起时，如果只在导体的一端接地，则只能消除接地端的静电荷，而导体另一端的静电荷不能消除。为彻底消除导体上的感应静电，导体的两端均应同时接地，如输油管道的两端均应接地。

② 加工、储存、运输各类易燃易爆液体、气体、粉体的设备均应接地。如运输汽油的油罐汽车，在行车过程中，汽车底盘上会产生高压静电，因此，应通过金属链条将油罐与地面连通，以泄放静电荷。

③ 危险场所旋转机械，如皮带轮、滚筒、电机等，除机座接地外，其转轴通过滑环电刷接地，且采用导电性润滑油。

④ 同一场所多个带静电金属物件的接地。同一场所两个及以上带静电的金属物件，除分别接地外，它们之间应做金属性等电位连接，以防止相互间存在电位差而放电。

（3）采取静电屏蔽接地　静电屏蔽接地就是用金属丝或金属网在绝缘体上缠绕若干圈后再行接地。对于绝缘体上的静电，不能用导体直接与接地体相连接构成接地，而应采用 $10^6 \sim 10^8 \Omega$ 的高电阻接地。绝缘体采用静电屏蔽接地后，其上的静电可以得到限制或防止绝缘体静电放电。

（4）采用抗静电添加剂　抗静电添加剂是指具有良好吸湿性能和导电性能的化学药剂，如碱金属和碱土金属的盐类等。实验证明，在易起静电的材料中加入极微量的抗静电添加剂，可大大提高材料的静电泄放能力，消除产生静电的危险。

（5）采用静电中和器　借助静电中和器（又称静电消除器）提供的电子和离子可中和物体上的异性电荷。按照工作原理的不同，可分为感应式、高压式、离子流式和放射线式等类型。

（6）提高空气湿度　随着工作环境相对湿度的增加，绝缘体的表面将附着一层薄薄的水膜，致使绝缘体的表面电阻大为降低，从而加速静电的泄放。增湿的主要方法有：安装空调器、喷雾器或悬挂湿布等。从消除静电危害方面看，工作环境相对湿度在 70％以上为好，当相对湿度低于 50％时，可考虑增湿来消除静电积聚。

三、电气火灾的扑灭

从灭火角度来看，电气火灾有两个显著特点：一是着火的电气设备可能带电，扑灭火灾时，若不注意，可能发生触电事故；二是有些电气设备充有大量的油，如电力变压器、油断路器、电动机启动装置等，发生火灾时，可能发生喷油甚至爆炸，造成火势蔓延，扩大火灾范围。因此，扑灭电气火灾必须根据其特点，采取适当措施进行。

1. 切断电源

发生电气火灾时，首先设法切断着火部分的电源。切断电源时应注意下列事项：

① 切断电源时应使用绝缘工具操作。发生火灾后，开关设备可能受潮或被烟熏，其绝缘强度大大降低，因此，拉闸时应使用可靠的绝缘工具，防止操作中发生触电事故。

② 切断电源的地点要选择得当，防止切断电源后影响灭火工作。

③ 要注意拉闸的顺序。对于高压设备，应先断开断路器，后拉开隔离开关；对于低压设备，应先断开磁力启动器，后拉开闸刀，以免引起弧光短路。

④ 当剪断低压电源导线时，剪断位置应选在电源方向的支持

绝缘子附近，以免断线线头下落造成触电伤人，发生接地短路；剪断非同相导线时，应在不同部位剪断，以免造成人为短路。

⑤ 如果线路带有负荷，应尽可能先切除负荷，再切断现场电源。

2. 断电灭火

在切断着火电气设备的电源后，扑灭电气火灾的注意事项如下：

① 灭火人员应尽可能站在上风侧进行灭火。

② 灭火时若发现有毒烟气（如电缆燃烧时），应戴防毒面具。

③ 若灭火过程中，灭火人员身上着火，应就地滚动或撕脱衣服，不得用灭火器直接向灭火人员身上喷射，可用湿麻袋或湿棉被覆盖在灭火人员身上。

④ 灭火过程中应防止全厂停电，以免给灭火带来困难。

⑤ 灭火过程中，应防止上部空间可燃物的火落下危及人身和设备安全，在屋顶上灭火时，要防止坠落及坠入"火海"中。

⑥ 室内着火时，切勿急于打开门窗，以防空气对流而加重火势。

3. 带电灭火

在来不及断电，或由于生产或其他原因不允许断电的情况下，需要带电灭火。带电灭火的注意事项如下：

① 根据火情适当选用灭火剂。由于未停电，应选用不导电的灭火剂。喷粉灭火机使用的二氧化碳、四氯化碳、二氟一氯一溴甲烷（1211）、二氟二溴甲烷或干粉等灭火剂都是不导电的，可直接用于带电喷射灭火。泡沫灭火机使用的灭火剂有一定的导电性，且对电气设备的绝缘有腐蚀作用，不宜用于带电灭火。

② 采用喷雾水枪灭火。用喷雾水枪带电灭火时，通过水珠的泄漏电流较小，比较安全。若用直流水枪灭火，通过水珠泄漏的电会威胁人身安全，为此，直流水枪的喷嘴应接地，灭火人员应戴绝缘手套，穿绝缘鞋或均压服。

③ 灭火人员与带电体之间应保持必要的安全距离。用水灭火

时，水枪喷嘴至带电体的距离为：110kV及以下不小于3m；220kV及以下不小于5m。用不导电灭火剂灭火时，喷嘴至带电体的距离为：10kV不小于0.4m；35kV不小于0.6m。

④ 对高处设备灭火时，人体位置与带电体之间的仰角不得超过45°，以防导线断路危及灭火人员人身安全。

⑤ 若有带电导线落地，应划出一定的警戒区，防止跨步电压触电。

第二节 电气设备设施的防火防爆

一、氢冷发电机组的防火防爆

氢冷发电机组需要氢气冷却，发电机的轴密封及汽轮机调速等均大量用油。由于以上物质的客观存在及运行中的种种原因，均可能发生氢冷发电机组油系统火灾和氢气爆炸。

（1）氢冷发电机组的防火

① 火灾易发部位。汽轮机的调速、轴瓦润滑、发电机的轴密封均大量用油。虽然新型机组调速用油采用燃点高的调速油，但也有起火的可能。因此，调速、润滑、轴密封用油的油管一旦泄漏，均有发生火灾的可能。此外，油压表管断裂或接头松动，调速油溢出等也可能引起火灾。发电机轴密封的油氢压差过大，使油封遭破坏，氢气窜入主油箱，遇明火会发生爆炸起火。

② 防火注意事项

a. 运转中的发电机，必须保证密封油系统正常供油。无论发电机是否充氢，只要发电机在转动，就必须保证密封油系统的正常供油。并按运行规程的规定，维持相应的氢气压力，保持规定的油氢压差，严防氢气窜入主油箱，防止氢爆起火。

b. 直流密封油泵能自动投入。发电机运行时，一般是交流密封油泵工作，直流密封油泵备用。当交流密封油泵因故停运时，直流密封油泵应能自动投入，使发电机的轴密封维持正常。

c. 改变发电机的氢压时，应相应调整密封油的油压，防止氢气向外泄漏。

（2）氢冷发电机组的防爆　氢气爆炸是氢冷发电机最危险的事故之一，氢气爆炸不仅威胁设备的安全，而且危及工作人员的生命，血的教训使我们必须防止氢气的爆炸。防止氢气爆炸的基本措施如下：

① 加强氢气系统的运行监视。氢冷发电机的冷却介质是氢气，为了防止发生氢气爆炸事故，氢冷发电机运行时，应对氢气系统进行监视，其监视项目如下：

a. 定期检查氢系统的压力。氢冷发电机运行时，氢系统的压力应保持运行规程所规定的压力。由于机壳端盖、人孔门、手孔门、密封瓦等处封闭不严，不同程度地存在漏氢现象，这些漏出的氢气，遇明火均有可能引起爆炸。为此，在发电机运行中，应定期检查氢系统的压力，分析漏氢情况，并随时注意补氢。当漏氢严重时，应通知有关部门检查处理。查漏时可用仪器或肥皂水检查，禁止用火检查。

b. 定期检查氢系统的氢气质量。氢冷发电机运行时，应定期对发电机氢系统的氢气和制氢设备中的氢气进行抽样分析。要求发电机氢系统的氢气纯度在 96% 以上，氢气混合物内的氧含量不超过 2%，水含量不超过 $15g/m^3$；制氢设备中的氢气纯度不低于 99.5%，氧含量不超过 0.5%，水含量不超过 $10g/m^3$。当氢气纯度低于 75%，氧含量达到或超过 5% 时，则有发生氢气爆炸的危险。

c. 用排污或补氢方式保持氢系统氢气纯度。当发电机氢系统的氢气纯度低于 96% 时，应进行排污，同时补充新鲜氢气，使机壳内氢气纯度保持规定值。

d. 禁止剧烈排、补氢气。当发电机氢系统的氢气纯度不能满足要求时，应进行排污和补氢，在排污、补氢过程中，其阀门开启应均匀、缓慢，不能过急过快，防止氢气剧烈排、补，以防氢气与机体摩擦过大而产生静电，避免静电放电引起氢气爆炸。

e. 监视氢冷发电机的氢压和密封油压。氢冷发电机运行时应监视氢压和密封油压，保证密封油不中断和密封严密，油压大于氢压，并维持规定的油氢压差，以防止空气漏入发电机壳内或氢气充满汽轮机的油系统中而引起氢气爆炸。主油箱上的排烟机，应保持经常运行。若排烟机故障，应采取措施使油箱内不积存氢气。

f. 隔断空气管路。氢冷发电机运行时，与氢系统相连的用于补充空气的管路阀门必须隔断，并加严密的堵板，以免运行过程中因阀门关闭不严向机内漏入空气，或误将空气导入机内而引起氢爆。

② 防止发电机气体介质置换引发氢爆。氢冷发电机运行时，机壳内充满氢气，发电机检修时，必须将机壳内的氢气置换为空气。发电机检修完毕投入运行前，又必须将机壳内的空气置换为氢气。因此，在进行机内气体的置换过程中，防止发生氢气爆炸，应采取以下措施：

a. 置换操作应严格按规定的顺序进行，防止误操作引发氢爆。气体置换过程中，要定时化验机壳内气体的含量，直到合格为止，防止气体置换过程中氢氧混合气体达到爆炸浓度而引发氢爆。

b. 置换用的中间介质为 CO_2 气体，其质量应满足要求。CO_2 气体含量按体积分数计不得低于 98%，水分含量按质量分数计不得大于 0.1%，并不得含有腐蚀杂质。进气及排气应缓慢均匀，防止气体摩擦产生静电放电而引发氢爆。

c. 在气体置换过程中，操作氢气管道阀门时，不要让铁件碰撞阀门产生火星，防止排出的氢气发生爆炸。

d. 在进行气体置换时，距发电机 10m 以内的区域，严禁烟火和明火作业（如电焊、气焊），防止排出的氢气遇明火爆炸。

③ 防止发电机检修中引发氢爆。氢冷发电机停机检修时，需将机内的氢气置换为空气。将机内的氢气置换为空气后，检修人员进入机腔内工作时，应做好如下措施：

a. 检修人员进入机腔之前，应将人孔门及两端的手孔门打开排气一天，使机内的余氢排出。

b. 与发电机氢气母管相连用于补充氢气的管路阀门应隔断，并加装严密的堵板，使机壳与氢气源彻底断开，防止检修过程中有氢气漏入机壳内。

c. 检修人员进入机壳内之前，应化验机内氢气含量，只有机壳内氢气含量低于安全值时，检修人员方可入内，以防检修过程中引起氢气爆炸危及人身安全。

d. 进入机内的检修人员不准穿有钉子的鞋。在机内进行工作时，机内照明灯应采用 36V 及以下的防爆灯，严禁采用 220V 的白炽照明灯具。检修中应使用铜制工具，防止产生火花，若使用钢制工具，应涂上黄油。

e. 当机内空气闷热时，用轴流风机通风，严禁机内带入 220V 的座扇通风。

f. 禁止在机内或发电机的氢气区域内进行明火作业或能产生火花的作业。若需要在机内或发电机氢气区域内进行焊接或点火工作，应事先经过含氢量测定，证实工作区域内空气中含氢量小于 3%，并经厂主管生产的领导（总工程师）批准后方可进行。

g. 配备必要的二氧化碳气瓶和消防设备，以便一旦发生氢气着火即可进行灭火。

h. 在发电机的氢系统附近，严禁放置易燃易爆物品，并设置"严禁烟火"的标示牌。

（3）发电机氢气系统爆炸实例 某发电厂在进行一台氢冷发电机停机检修时，机内的氢气已置换为空气，并化验机内空气含氢量低于安全值。由于管理混乱，工作人员采用断开电源的方式，用阀门关断发电机的氢气源。由于阀门本身存在缺陷，使氢气管路关闭不严，大量的氢气漏入发电机内，机内氢氧混合气体浓度处于爆炸极限，检修过程中，由明火引起氢气爆炸，如图 4-1 所示。

图 4-1 中，H_1、H_2 阀门都是关闭的，按规程规定，H_2 阀门应隔断，并加严密堵板，但实际未加装堵板。由于 H_1、H_2 阀门内有杂质，两阀门关闭都不严，致使制氢站储氢罐的氢气大量漏入发电机机壳内，加之机两端盖的手孔门都未打开，人孔门在机壳底部，

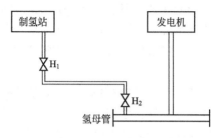

图 4-1　发电机氢气系统

使漏入机壳内的氢气无法排出，整个机壳充满了达到爆炸浓度的氢氧混合气体。加之违规，将 220V 座扇摆在机内通风，工作现场还发现有烟头，明火引起机内氢气爆炸，死亡两人，重伤一人。事故发生后检查发电机内腔，机壳内氢气风道隔板被吹开（沿圆周吹开成 30°角）。由此可见，发电机的氢气爆炸不仅损坏设备，而且危及人身安全。

二、电力变压器的防火防爆

（1）变压器的火灾及爆炸　电力变压器一般为油浸变压器。变压器油箱内充满变压器油，变压器油是一种闪点在 140℃以上的可燃液体。变压器的绕组一般采用 A 级绝缘，用棉纱、棉布、纸及其他有机物作绕组的绝缘材料；变压器的铁芯用木块、纸板作为支架和衬垫，这些材料都是可燃物质。因此，变压器发生火灾、爆炸的危险性很大。当变压器内部发生短路放电时，电弧高温可使变压器油迅速分解汽化，在变压器油箱中形成很高的压力，当压力超过油箱的机械强度时即发生爆炸；或分解出来的油气混合物与变压器油一起从变压器的防爆管中大量喷出，造成火灾。

（2）变压器发生火灾和爆炸的原因

① 绕组绝缘老化或损坏发生短路。变压器绕组的绝缘物是棉纱、棉布、纸等，如果受到过负荷发热或受到变压器油酸化腐蚀的作用，其绝缘将会发生老化变质，耐受电压能力下降，甚至失去绝缘作用；变压器制造、安装、检修也可能碰坏或损坏绕组绝缘。由

于变压器绕组的绝缘老化或损坏，可能引起绕组匝间、层间短路，短路产生的电弧使绕组燃烧。同时，电弧分解变压器油产生的可燃气体与空气混合达到一定浓度，便形成爆炸混合物，遇火花便发生燃烧或爆炸。

② 线圈接触不良产生高温或电火花。在变压器绕组的线圈与线圈之间、线圈端部与分接头之间、露出油面的接线头等处，如果连接不好，可能松动或断开而产生电火花或电弧；当分接头转换开关位置不正、接触不良时，都可能使接触电阻过大，发生局部过热而产生高温，使变压器油分解产生油气引起燃烧和爆炸。

③ 套管损坏爆裂起火。变压器引线套管漏水、渗油或长期积满油垢后发生闪络；电容套管制造不良、运行维护不当或运行年久，都会使套管内的绝缘损坏、老化，发生绝缘击穿，产生高温使套管爆炸起火。

④ 变压器油老化变质引起闪络。变压器常年处于高温状态下运行，如果油中渗入水分、氧气、铁锈、灰尘和纤维等杂质时，就会使变压器油逐渐老化变质，降低绝缘性能。当变压器绕组的绝缘也损坏变质时，便形成内部的电火花闪络或击穿绝缘，造成变压器爆炸起火。

⑤ 其他原因。变压器铁芯硅钢片之间的绝缘损坏；变压器周围堆积易燃物品出现外界火源；动物接近带电部分引起短路，以上诸因素均能引起变压器起火或爆炸。

（3）预防变压器火灾和爆炸的措施

① 防火（防爆）技术措施。变压器防火（防爆）的技术措施如下：

a. 预防变压器绝缘击穿。预防绝缘击穿的措施有：

安装前的绝缘检查：变压器安装之前，必须检查绝缘，核对使用条件是否符合制造厂的规定。

加强变压器的密封：不论变压器运输、存放、运行，其密封均应良好，为此，应结合检修，检查各部位密封情况，必要时做检漏试验，防止潮气及水分进入。

彻底清除变压器内杂物：变压器安装、检修后，要彻底清除变压器内的焊渣、铜丝、铁、油泥等杂物，用合格的变压器油彻底清洗。

防止绝缘受损：检修变压器吊罩、吊芯时，应防止绝缘受损伤，特别是内部绝缘距离较为紧凑的变压器，勿使引线、线圈和支架受损伤。

b. 预防铁芯多点接地及短路。为防止铁芯多点接地及短路，检查变压器时应测试下列项目：

测试铁芯绝缘：通过测试，确定铁芯是否有多点接地，如有多点接地，应查明原因，消除后才能投入运行。

测试穿心螺钉的绝缘：穿心螺钉的绝缘应良好，各部位螺钉应紧固，防止螺钉掉下造成铁芯短路。

c. 预防套管闪络爆炸。套管应保持清洁，防止积垢闪络，检查套管引出线端子发热情况，防止接触不良或引线开焊过热引起套管爆炸。

d. 预防引线及分接开关事故。引线绝缘应完整无损，各引线焊接良好；对套管及分接开关的引线接头，若发现有缺陷应及时处理；要去掉裸露引线上的毛刺和尖角，防止运行中发生放电；安装、检修分接开关时，应认真检查，分接开关应清洁，触头弹簧应良好、接触紧密，分接开关引线螺钉应紧固、无断裂。

e. 加强油品管理和监督。对油应定期做预防性试验和色谱分析，防止变压器油劣化变质；变压器油尽可能避免与空气接触。

② 防火（防爆）常规措施。除了从技术角度防止变压器发生火灾和爆炸外，还应做好变压器常规防火防爆工作，其措施有：

a. 加强变压器的运行监视。运行中应特别注意引线、套管、油位、油色的检查和油温、声响的监视，发现异常，要认真分析，正确处理。

b. 保证变压器的保护装置可靠投入。变压器运行时，全套保护装置应能可靠投入，所配保护装置动作应准确无误，保护装置用直流电源应完好可靠，确保故障时，保护装置正确动作跳闸，防止事故扩大。

c. 保持变压器的良好通风。变压器的冷却通风装置应能可靠地投入和保持正常运行，以便保持运行温度不超过规定值。

d. 设置事故蓄油坑。室内、室外变压器均应设置事故蓄油坑，蓄油坑应保持状态良好，有足够厚度和符合要求的卵石层。蓄油坑的排油管道应畅通，应能迅速将油排出（如排入事故总储油池）。不得将油排入电缆沟。变压器的事故蓄油坑管理是常被人忽视的安全问题，有的单位多年不检查，卵石不清理，甚至排油道被脏物堵塞，蓄油坑积满了水，事故时起不到蓄油的作用，所以有关人员应注意蓄油坑的管理。

e. 建防火隔墙或防火防爆建筑。室外变压器周围应设围墙和栅栏，若相邻间距太小，应建防火隔墙，以防火灾蔓延；室内变压器应安装在有耐火、防爆的建筑物内，并设有防爆铁门。室内一室一台变压器，且室内通风散热应良好。

f. 设置消防设备。大型变压器周围应设置适当的消防设备，如水雾灭火装置和"1211"灭火器，室内可采用自动或遥控水雾灭火装置。

三、电动机防火

（1）电动机起火原因　电动机运行中起火有下述几种原因：

① 电动机短路故障。电动机定子绕组发生相间、匝间短路或对地绝缘击穿，引起绝缘燃烧起火。

② 电动机过负荷。电动机长期过负荷运行、被拖动机械负荷过大及机械卡住使电动机停转、过电流，引起定子绕组过热而起火。

③ 电源电压太低或太高。电动机启动时，若电源电压太低，则启动转矩小，使电动机启动时间长或不能启动，引起电动机定子电流增大，绕组过热而起火；运行中的电动机，若电源电压太低，电动机转矩变小而机械负荷不变，引起定子过流，使绕组过热而起火；若电源电压大幅下降，运行中的电动机停转而烧毁；若电源电

压过高，磁路高度饱和，激磁电流急剧上升，使铁芯严重发热引起电动机起火。

④ 电动机缺相运行。电动机运行中一相断线或一相熔断器熔断，造成缺相运行（即两相运行），引起定子绕组过载发热起火。

⑤ 电动机启动时间过长或短时间内连续多次启动，定子绕组温度急剧上升，引起绕组过热起火。

⑥ 电动机轴承润滑油不足或润滑油脏污，轴承损坏卡住转子，导致定子电流增大，使定子绕组过热起火。

⑦ 电动机吸入纤维、粉尘而堵塞风道，热量不能排放，或转子与定子摩擦，引起绕组温度升高起火。

⑧ 接线端了接触电阻过大产生高温，或接头松动产生电火花起火。

（2）电动机的防火措施

① 根据电动机的工作环境，对电动机进行防潮、防腐、防尘、防爆处理，安装时要符合防火要求。

② 电动机周围不得堆放杂物，电动机及其启动装置与可燃物之间应保持适当距离，以免引起火灾。

③ 检修后及停电超过 7 天以上的电动机，启动前应测量其绝缘电阻是否合格，以防投入运行后，因绝缘受潮发生相间短路或对地绝缘击穿而烧坏电动机。

④ 电动机启动应严格执行规定的启动次数和启动间隔时间，尽量少启动，避免频繁启动，以免使定子绕组热积累，过热起火。

⑤ 加强运行监视。电动机运行时，应监视电动机的电流、电压不超过允许范围；监视电动机的温度、声音、振动、轴窜动是否正常，有无焦臭味；电动机冷却系统是否正常，防止上述因素不正常引起电动机运行起火。

⑥ 发现缺相运行，应立即切断电源，防止电动机缺相运行而过载发热起火。

⑦ 电动机一旦起火，应立即切断电源，用电气设备专用灭火器进行灭火，如用二氧化碳、四氯化碳、"1211"灭火器或蒸汽灭

火。一般不用干粉灭火器灭火。若使用干粉灭火器时，应注意不使粉尘落入轴承内，必要时可用消防水喷射成雾状灭火，禁止将大股水注入电动机内。

四、高压断路器的防火防爆

（1）高压断路器发生爆炸起火的原因

① 断流容量不满足要求。由于设计不周，断路器的断流容量太小；由于电网的发展，系统短路容量增大，原有断路器的断流容量不能满足要求；断路器制造质量低劣，不能满足产品铭牌参数要求。基于上述情况，当发生短路时，断路器不能切断短路电流，引起断路器爆炸起火。

② 检修质量不满足要求。如检修中随意改变分、合闸速度，随意改变断路器的燃弧距离（灭弧室至静触头间的距离），均会使断路器的断流容量降低。

③ 运行操作及维护不当。如断路器多次切断短路电流后，未按规定及时安排检修；断路器自动跳闸后，运行人员不准确地多次强送电，使断路器多次受短路电流冲击。这些均使断路器断流能力降低，并由此造成断路器爆炸起火。

④ 运行油位过高。油断路器运行油位过高，使断路器油面以上的缓冲空间减小。当断路器断开短路电流时，由于缓冲空间减小，切断电弧产生的高压油气混合气体可能冲出缓冲空间，形成断路器喷油，甚至引起火灾。另外，由于缓冲空间减小，高压油气混合气体排入缓冲空间后，使缓冲空间的压力增大，如果此压力超过缓冲空间容器的极限强度，断路器就可能发生爆炸。

⑤ 运行油位过低。油断路器运行油位过低，影响其灭弧能力。当切断电弧时，由于油位过低，冷却电弧的油道路径变短，对电弧的冷却效果变差，致使断弧时间延长或电弧难以熄灭，可能使电弧冲出油面进入缓冲空间，油被电弧分解出的可燃气体也进入缓冲空间与空气混合，混合气体在电弧作用下可能发生燃烧和爆炸。如果油位过低，则断路器的触头可能未浸泡在油中，触头断开时未能熄

灭电弧，这也会发生燃烧和爆炸。

⑥ 绝缘油不纯。油断路器的油大量游离炭化、老化、油内进水，使断路器内部发生闪络并导致爆炸。

⑦ 液压或气压太低。采用液压操作机构的油断路器、气体灭弧（空气、SF_6）断路器，由于操作机构的液压太低，断路器分、合闸时，会造成慢分、慢合，使触头间产生的电弧不易熄灭而引起断路器爆炸。当空气断路器、SF_6断路器的气体灭弧介质压力太低时，断路器的灭弧能力降低，甚至不能熄灭电弧，从而引起断路器爆炸。所以，采用液压操作机构的油断路器、气体灭弧断路器装有液压和气体压力闭锁装置，当液压、气压过度降低时，都会将断路器闭锁在原来的位置上。

（2）断路器的防火防爆措施

① 断流容量必须满足要求。断路器的断流容量应大于通断回路的短路容量，当主电网中的断路器因主电网容量的增大而使断流容量不能满足要求时，应将新建电厂接入更高一级电压的主电网。

② 严格执行安装前的检查。安装前对断路器应进行严格的检查，其性能指标应符合技术要求。

③ 加强运行维护与管理。断路器运行时，应做好巡视检查工作，严密监视油断路器的油色、油位、油温，必要时进行补、放油和取油样化验；严密监视液压操作机构的液压和气体灭弧介质的气压，监视闭锁行程开关的状况，发现异常及时处理；做好断路器正常操作和故障跳闸次数的统计，以便安排检修时间。

④ 定期检修，保证检修质量。根据断路器运行缺陷记录和正常操作次数、切断故障电流次数，定期或临时安排检修，以保证断路器正常运行。检修时应严格检修工艺，保证检修质量，对发现的缺陷一一处理。如检查触头烧伤、灭弧室烧伤情况，油箱和套管的渗、漏油，绝缘套管裂纹的处理，套管的清洁等。

⑤ 定期做绝缘试验。对断路器的绝缘油、气体介质定期取样化验和做绝缘试验，定期对断路器本体做耐压、泄漏试验及操作试验，特别是雷雨季节前的预防性试验。

⑥ 做好断路器防潮、防漏、防污染工作。由前面分析可知，断路器进水是断路器爆炸的重要原因之一。因此，应加强断路器的密封，加装防雨帽，防止潮气和水分进入。断路器漏油也会导致断路器爆炸，所以应加强密封圈的检查，注意密封圈的老化、变形，使用合格密封圈。应经常保持绝缘套管的清洁，清除灰尘和油垢，防止套管因污染而放电爆炸。

五、电力电缆的防火防爆

发电厂、变电站及工矿企业都大量使用电力电缆，一旦电缆起火爆炸，将会引起严重火灾和停电事故。此外，电缆燃烧时产生大量浓烟和毒气，不仅污染环境，而且危及人的生命安全。为此，应注意电力电缆的防火。

（1）电缆爆炸起火的原因 电力电缆的绝缘层是由纸、油、麻、橡胶、塑料、沥青等各种可燃物质组成的，因此，电缆具有起火爆炸的可能性。电缆起火爆炸的原因是：

① 绝缘损坏引起短路故障。电力电缆的保护铅皮在敷设时损坏或在运行中电缆绝缘受机械损伤，引起电缆相间或铅皮间的绝缘击穿，产生的电弧使绝缘材料及电缆外保护层材料燃烧起火。

② 电缆长时间过载运行。长时间过载运行，电缆绝缘材料的运行温度超过正常发热的最高允许值，使电缆的绝缘老化干裂。这种绝缘老化干裂的现象，通常发生在整个电缆线路上。由于电缆绝缘老化干裂，绝缘材料失去或降低绝缘性能和机械性能，因而容易发生击穿着火燃烧，甚至沿电缆整个长度多处同时发生燃烧起火。

③ 油浸电缆因高差发生滴、漏油。当油浸电缆敷设高差较大时，可能发生电缆滴油现象。滴油使电缆上部由于油的流失而干裂，这部分电缆的热阻增加，使绝缘焦化而提前击穿。另外，由于上部的油向下滴，在上部电缆头处出现空间并产生负压力，使电缆易于吸收潮气而使端部受潮。电缆下部由于油的积聚而产生很大的静压力，促使电缆头漏油。电缆受潮及漏油都增大了发生故障起火的概率。

④ 中间接头盒绝缘击穿。电缆接头盒的中间接头因压接不紧、焊接不牢或接头材料选择不当，运行中接头氧化、发热、流胶；在制作电缆中间接头时，灌注在中间接头盒内的绝缘剂质量不符合要求；灌注绝缘剂时，盒内存有气孔及电缆盒密封不严、损坏而漏入潮气，以上因素均能引起绝缘击穿，形成短路，使电缆爆炸起火。

⑤ 电缆头燃烧。由于电缆头表面受潮积污，电缆头瓷套管破裂及引出线相间距离过小，导致闪络着火，引起电缆头表层绝缘和引出线绝缘燃烧。

⑥ 外界火源和热源导致电缆火灾。如油系统的火灾蔓延，油断路器爆炸火灾的蔓延，锅炉制粉系统或输煤系统煤粉自燃，高温蒸汽管道的烘烤，酸碱的化学腐蚀，电焊火花及其他火种，都可使电缆发生火灾。

（2）电缆火灾的扑灭方法　电缆一旦着火，应采用下列方式扑灭：

① 切断起火电缆电源。电缆着火燃烧，无论由何原因引起，都应立即切断电源，然后根据电缆所经过的路径和特征，认真检查，找出电缆的故障点，同时迅速组织人员进行扑救。

② 电缆沟内起火，非故障电缆电源的切断。当电缆沟中的电缆起火燃烧时，如果与其同沟并排敷设的电缆有明显的着火可能性，则应将这些电缆的电源切断。电缆若是分层排列，则首先将起火电缆上面的电缆电源切断，然后将与起火电缆并排的电缆电源切断，最后将起火电缆下面的电缆电源切断。

③ 关闭电缆沟隔火门或堵死电缆沟两端。当电缆沟内的电缆起火时，为了避免空气流通，以利于迅速灭火，应将电缆沟的隔火门关闭或将两端堵死，采用窒息的方法灭火。

④ 做好扑灭电缆火灾时的人身防护。由于电缆起火燃烧会产生大量的浓烟和毒气，扑灭电缆火灾时，扑救人员应戴防毒面具。为防止扑救过程中的人身触电，扑救人员还应戴橡胶手套和穿绝缘靴。若发现高压电缆一相接地，扑救人员应遵守：室内不得进入距

故障点 4m 以内，室外不得进入距故障点 8m 以内，以免跨步电压及接触电压伤人。救护受伤人员不在此限，但应采取防护措施。

⑤ 扑灭电缆火灾采用的灭火器材。扑灭电缆火灾，应采用灭火机灭火，如干粉灭火机、"1211"灭火机、二氧化碳灭火机等，也可使用干砂或黄土覆盖。如果用水灭火，最好使用喷雾水枪。若火势猛烈，又不可能采用其他方式扑救，待电源切断后，可向电缆沟内灌水，用水将故障封住灭火。

⑥ 扑救电缆火灾时，禁止用手直接触摸电缆钢铠和移动电缆。

（3）电缆防火措施　为了防止电缆火灾事故的发生，应采取以下预防措施：

① 选用满足热稳定要求的电缆。选用的电缆，在正常情况下，能满足长期额定负荷的发热要求；在短路情况下，能短时热稳定，避免电缆过热起火。

② 防止运行过负荷。电缆带负荷运行时，一般不超过额定负荷；若过负荷运行，应严格控制电缆的过负荷运行时间，以免过负荷运行发热使电缆起火。

③ 遵守电缆敷设的有关规定。电缆敷设时应尽量远离热源，避免与蒸汽管道平行或交叉布置，若平行或交叉，应保持规定的距离，并采取隔热措施，禁止电缆全线平行敷设在热管道的上边或下边；在有热管道的隧道或沟内，一般避免敷设电缆，如需敷设，应采取隔热措施；架空敷设的电缆，尤其是塑料、橡胶电缆，应有防止热力管道等热影响的隔热措施；电缆敷设时，电缆之间，电缆与热管道及其他管道之间，电缆与道路、铁路、建筑物等之间平行或交叉的距离均应满足规程的规定。此外，电缆敷设应留有波形余度，以防冬季电缆收缩产生过大拉力而损坏电缆绝缘。电缆转弯应保证最小的曲率半径，以防过度弯曲而损坏电缆绝缘；电缆隧道中应避免有接头，因为电缆接头是电缆中绝缘最薄弱的地方，电缆接头处容易发生短路故障；当必须在隧道中安装中间接头时，应用耐火隔板将其与其他电缆隔开。以上电缆敷设有关规定对防止电缆过热、绝缘损伤起火均起有效作用。

④ 定期巡视检查。对电力电缆应定期巡视检查，定期测量电缆沟中的空气温度和电缆温度，特别是应做好大容量电力电缆和电缆接头盒温度的记录，通过检查及时发现并处理缺陷。

⑤ 严密封闭电缆孔、洞和设置防火门及隔墙。为了防止电缆火灾，必须将所有穿过墙壁、楼板、竖井、电缆沟而进入控制室、电缆夹层、控制柜、仪表柜、开关柜等处的电缆孔、洞进行严密封闭（封闭严密、平整、美观，使电缆勿受损伤）。对较长的电缆隧道及其分叉道口应设置防火隔墙及防火门。在正常情况下，电缆沟或洞上的门应关闭，这样，电缆一旦起火，可以隔离或限制燃烧范围，防止火势蔓延。

⑥ 剥去非直埋电缆外表黄麻保护层。直埋电缆外表有一层浸沥青之类的黄麻保护层，对直埋地中的电缆有保护作用，当直埋电缆进入电缆沟、隧道、竖井中时，其外表浸沥青之类的黄麻保护层应剥去，以减小火灾扩大的危险。同时，电缆沟上面的盖板应盖好，且盖板完整、坚固，电焊火渣不易掉入，减小发生电缆火灾的可能性。

⑦ 保持电缆隧道的清洁和适当通风。电缆隧道或沟道内应保持清洁，不许堆放垃圾和杂物，隧道及沟道内的积水和积油应及时清除；在正常运行的情况下，电缆隧道或沟道应有适当的通风。

⑧ 保持电缆隧道或沟道有良好照明。各电缆层、电缆隧道或沟道内的照明应保持良好状态，并在需要上下的隧道和沟道口备有专用梯子，以便于运行检查和电缆火灾的扑救。

⑨ 防止火种进入电缆沟内。在电缆附近进行明火作业时，应采取措施，防止火种进入沟内。

⑩ 定期进行检查和试验。按规程规定及电缆运行实际情况，对电缆应定期进行检修和试验，以便及时处理缺陷和发现潜伏故障，保证电缆安全运行和避免电缆火灾的发生。当进入电缆隧道或沟道内进行检修、试验工作时，应遵守《电力安全工作规程》的有关规定。

六、蓄电池室防火防爆

酸性蓄电池充电时，其电解液会分解出大量的氢气，正常运行时也会产生一些氢气。酸性蓄电池电解液分解出的氢气与空气中的氧气混合，当氢氧混合物浓度达到爆炸极限时，一旦遇明火或火星就会发生爆炸。因此，装有铅酸蓄电池组的发电厂和变电站，应注意铅酸蓄电池的防火防爆。

由于铅酸蓄电池氢气的排出又带出一部分硫酸蒸气和飞沫，硫酸蒸气和飞沫具有很强的腐蚀性，不仅影响工作人员的身体健康，当沉积在室内的墙壁、天花板、金属结构、支架、窗户及门上时，将造成腐蚀。因此，铅酸蓄电池室还应采取相应的防腐蚀措施。

铅酸蓄电池室防火防爆及防腐蚀的措施如下：

(1) 加强铅酸蓄电池室的通风　为了防止蓄电池室内积存有爆炸性危险的氢气和有害的硫酸蒸气，在室内应设置足够的通风设施，使蓄电池室内氢气含量不致达到爆炸危险的程度，酸气的含量也不至于对工作人员的健康产生有害影响。通风装置应能将上述气体抽出，同时，能补充干净的空气。通风机的体积流量（m³/h）可按下式计算：

$$V = 0.07IN$$

(2) 防止蓄电池死角的有害气体未排出　硫酸蒸气密度比空气大，大部分聚集在室内靠近地面处，氢气密度比空气小，大都聚集在室内天花板下面。因此，抽气通风系统应能同时从室内的上部和下部抽气；蓄电池室的天花板应不透气，当天花板被楼板的大梁分成数段空档时，在梁与梁间的空档处易积存氢气，因此，每档都要有通风机，以便排除空档上部积存的氢气。

(3) 蓄电池通风筒应独立且高出屋顶　为了防止腐蚀及爆炸，蓄电池室排出的气体应通过独立的风筒排到大气中，不应与锅炉、烟道或烟囱相连。通风筒应高出建筑物屋顶 1.5m 以上，以防硫酸沉积和腐蚀屋顶。此外，通风筒还应装设防雨、防雪设备。

(4) 室内采用防爆电器　为了防止电火花引起爆炸，蓄电池室内应采用防爆电器，如电气开关、插销、插座、熔断器等均采用不产生电火花的防爆电器。蓄电池室内的照明，应使用防爆灯，其结构应保证在灯泡破碎或灯具内产生电火花时，碎片和电火花只局限在外层密闭的玻璃保护罩内。照明灯线应采用铅皮线，并且暗敷设。

（5）其他措施　蓄电池室内应保持干净明亮；室内窗户使用毛玻璃或玻璃上涂上白漆，以防阳光直射引起蓄电池发热；蓄电池室的大门上及室内应挂"禁止烟火"的警告标识；室内设有水龙头及冲洗设施等。

第五章

雷电防护安全技术

雷电是雷雨云之间或在云地之间产生的放电现象，雷雨云是产生雷电的先决条件。雷雨云是对流云发展的成熟阶段，它往往是从积云发展起来的，是发展完整的对流云。雷雨云由一大团翻腾、波动的水、冰晶和空气组成。当云团里的冰晶在强烈气流中上下翻滚时，水分会在冰晶的表面凝结成一层层冰，形成冰雹。这些被强烈气流反复撕扯、撞击的冰晶和水滴充满了静电。其中较轻、带正电的堆积在云层上方；较重、带负电的聚集在云层下方。至于地面则受云层底部大量负电的感应带正电。当正负两种电荷的差异极大时，就会以闪电的形式把能量释放出来。

1. 形成过程

雷雨云是对流云发展的成熟阶段，它往往是从积云发展起来的。发展完整的对流云，其生命史可以分为以下三个阶段：

（1）形成阶段　这一阶段主要是从淡积云向浓积云发展。云的垂直尺度有较大的增长，云顶轮廓逐渐清楚，呈圆弧状或菜花形，云体耸立呈塔状。这样的云我们在盛夏常常看到。在形成阶段，云中全部为比较规则的上升气流，在云的中、上部为最大上升气流区。上升气流的垂直廓线呈抛物线形，一般不会产生雷电。在其形成阶段，淡积云向浓积云发展。在这一阶段，云中全部为比较规则的上升气流，云的中上部是最大气流上升区。此阶段经历的时间大约为15min，一般不会产生雷电和降水。

（2）成熟阶段　从浓积云发展成积雨云，就伴随雷电活动和降水，这是成熟阶段的征象。在成熟阶段，云除了有规则的上升气流外，同时也有系统性的下沉气流。上升气流通常在云的移动方向的前部。往往在云的右前侧观测到最强的上升气流。上升气流一般在云的中、上部达到最大值，其速度可以达 $25\sim60\mathrm{m/s}$，甚至更高。下沉气流是一支从云的中下部倾斜地穿出来的气流，它对雷雨云的发展成熟不单纯起消极作用，还与上升气流一起构成云中的环流。对流云的厚度与其水平尺度具有同一数量级。这是对流云与其他种类云最重要的差异之一。

（3）消散阶段 一阵电闪雷鸣、狂风暴雨之后，雷雨云就进入了消散阶段。这时，云中已为有规则的下沉气流所控制。云体逐渐崩溃，云上部很快演变成中、高云系，云底有时还有一些碎积云或碎层云。

2. 带电原因

雷雨云中的电荷，主要是云中水滴、冰晶和霰（俗称雪子）在重力和强烈上升气流共同作用下，不断发生碰撞摩擦而产生的。当冰晶和霰相碰时，短暂的摩擦作用使霰表面局部温度比冰晶高，结果使霰表面带上负电，冰晶带上正电，这就是所谓的温差效应。当冰晶与霰分开时，正负电荷也分开了。当水滴在霰表面冻结时，水滴里外温度也不一致，水滴外层温度低先冻结呈正电性，里面温度高呈负电性。一旦内部水冻结，体积迅速膨胀，外层冰壳破裂，冰屑带着正电荷飞散出去，而留下的冻水滴上仍带着负电荷。这样正负电荷也发生了分离，冰屑较轻，被上升气流带到云层顶部，所以雷雨云上面带正电荷。强烈上升的气流也会将云中大水滴冲破，形成许多带负电的小水珠和带正电的较大水珠。带正电的较大水珠下沉，直至被上升气流支持在云层底部的局部区域。前面所述带负电的小水珠和霰等逐渐扩散到雷雨云下部广大区域。

雷电放电是由带电荷的雷雨云引起的。雷雨云带电原因的解释很多，但还没有获得比较满意的一致认识。一般认为雷雨云是在有利的大气条件下，由强大的潮湿的热气流不断上升进入稀薄的大气层冷凝的结果。强烈的上升气流穿过云层，水滴被撞分裂带电。轻微的水沫带负电，被风吹得较高，形成大块的带负电的雷雨云；大滴水珠带正电，凝聚成雨下降，或悬浮在云中，形成一些局部带正电的区域。实测表明，在 5～10km 的高度主要是带正电荷的云层，在 1～5km 的高度主要是带负电荷的云层，但在云层的底部也有一块正电荷聚集的不大区域。雷雨云中的电荷分布很不均匀，往往形成多个电荷中心。每个电荷中心的电荷约为 0.1～10C(库仑)，而一大块雷雨云同极性的总电荷则可达数百库仑。这样，在带有大量不同极性或不同数量电荷的雷雨云之间，或雷雨云和大地之间就形成了强大的电场。随着雷雨云的发展和运动，一旦空间电场强度超过大气游离放电的临界电场强度（大气中的电场强度约为 30kV/cm，有水滴存在时约为 10kV/cm）时，就会发生云间或对地的火花放电，放出几十乃至几百千安的电流，产生强烈的光和热（放电通道温度高达 15000～20000℃），使空气急剧膨胀震动，发生霹雳轰鸣。这就是闪电伴随雷鸣叫作雷电的缘故。

3. 起电机理

一块成熟的雷雨云，其顶部温度可以延伸到 −40℃，高度约 10000m 以上。由于云体在垂直方向上跨过了这么宽的温度范围，云中水汽凝结物的相态就很不一样。在云中有水滴、过冷却水滴、雪晶、冰晶等。我们把雷雨云按温度高低来分层：在温度高于 0℃ 的"暖层"的云中，全部是水滴（包括云滴）；在温度 −8～0℃ 的云层中，既有较多的过冷却水滴（温度低于 0℃ 的水滴），也有一些雪晶、冰晶；在温度低于 −20℃ 的云层中，由于过冷却水滴自然冻结的概率大为增加，云中冰晶的天然成冰核作用更为显著，故云中基本上都是雪晶和冰晶了。在成熟阶段的雷雨云中，发生着非常复杂的微物理过程，在云的"暖层"，有水滴之间由于大小不同而发生的重力碰撞，也有湍流碰撞和电、声碰撞过程。同时，有大水滴在气流作用下发生变形、破碎而产生"连锁反应"，还有由云的"冷层"中掉到"暖层"中的大雪花、霰等的融化等。在温度 −20～0℃ 的云层中，水汽由液态往固态转移十分活跃，冰、雪晶的粘连，大冰晶破碎等也很频繁。在低于 −20℃ 的云层中，也还有冰晶之间的粘连和大冰晶的破碎过程发生。在雷雨云中发生的所有这些微物理过程，都可以导致云中水汽凝结物电学状态的改变，对于雷雨云的起电有十分重要的贡献。

雷雨云起电的机理主要有四种理论：

（1）水滴破裂效应　云中水滴在高速气流中做激烈运动，分裂成一些带负电的较大颗粒和带正电的较小颗粒，后者同时被上升气流携带到高空，前者落在低空，这样正负两种电荷便在云层中被分离，这也就是90％的云层下部带负电的原因。

（2）吸电荷效应　由于宇宙射线或其他电离作用，大气中存在正负离子，又因为空间存在电场，在电场力的作用下正负离子在云的上下层分别积累，从而使雷雨云带电，又称感应起电。

（3）水滴冻冰效应　水滴在结冰过程中会产生电荷，冰晶带正电荷，水带负电荷，当上升气流把冰晶上的水分带走时，就会导致电荷的分离而使雷雨云带电。

（4）温差起电效应　实验证明，在冰块中存在着正离子（H^+）和负离子（OH^-），在温度发生变化时，离子发生扩散运动并相互分离。积雨云中的冰晶和雹粒在对流碰撞和摩擦运动中会形成温度差异，并因温差起电，带电的离子又因重力和气候作用而分离扩散，最后达到一定的动态平衡。

当地面含水蒸气的空气受到灼热的地面烘烤受热而上升，或者较暖和的潮湿空气与冷空气相遇而被垫高都会产生向上的气流。这些含水蒸气的空气上升时温度逐渐下降形成雨滴、冰雹（称为水成物），这些水成物在地球静电场的作用下被极化。它们在重力作用下落下的速度比云滴和冰晶（这二者称为云粒子）要大，因此，极化水成物在下落过程中要与云粒子发生碰撞。碰撞的结果是其中一部分云粒子被水成物所捕获，增大了水成物的体积，另一部分未被捕获的被反弹回去。而反弹回去的云粒子带走水成物前端的部分正电荷，使水成物带上负电荷。由于水成物下降的速度快，而云粒子下降的速度慢，因此带正负两种电荷的微粒逐渐分离（这叫重力分离作用），如果遇到上升气流，云粒子不断上升，分离的作用更加明显。最后带正电的云粒子在云的上部，而带负电的水成物在云的下部，或者带负电荷的水成物以雨或雹的形式下降到地面。当上面所讲的带电云层一经形成，就形成雷雨云空间电场，空间电场的方向和地面与电离层之间的电场方向是一致的，都是上正下负，因而加强了大气的电场强度，使大气中水成物的极化更厉害，在上升气流存在情况下更加剧重力分离作用，使雷雨云发展得更快。

根据科学工作者大量直接观测的结果，典型的雷雨云中的电荷分布大体如图 5-1 所示。

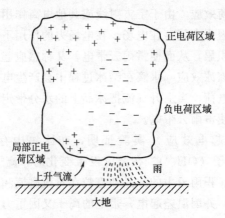

图 5-1　雷雨云中电荷的分布

科学工作者的测试结果表明，大地被雷击时，多数是负电荷从雷雨云向大地放电，少数是雷雨云上的正电荷向大地放电；在一块雷雨云发生的多次雷击中，最后一次雷击往往是雷雨云上的正电荷向大地放电。观测证明，正电荷向大地放电时的雷击显得特别猛烈。

第一节　雷电及其危害

一、雷电放电及其特点

雷电放电在本质上与一般电容器放电现象相同，是两个带异性电荷的极板发生电荷的中和，所不同的是作为雷电放电的两个极板大多是两块并不是良导体的雷雨云，或一块雷雨云与大地；同时，极板间的距离要比电容器极板间的距离大得多，通常可达几公里至几十公里。因此，雷电放电可以说是一种特殊的电容器放电现象。

1. 雷电流的特性

雷电破坏作用与峰值电流及其波形有最密切的关系。雷击的发生、雷电流大小与许多因素有关，其中主要的有地理位置、地质条件、季节和气象。其中，气象有很大的随机性，因此研究雷电流大多数采取大量观测记录，用统计的方法寻找出它的概率分布。资料表明，各次雷击闪电电流大小和波形差别很大，尤其是不同种类放电差别更大。为此，有必要做如下说明：

由典型的雷雨云电荷分布可知，雷雨云下部带负电，而上部带正电。根据云层带电极性来定义雷电流的极性时，云层带正电荷对地放电称为正闪电，而云层带负电荷对地放电称为负闪电。正闪电时正电荷由云到地，为正值；负闪电时负电荷由云到地，故为负值。云层对地是否发生闪电，取决于云体的电荷量及对地高度或者说云地间的电场强度。

云地间放电形成的先导是从云层内的电荷中心伸向地面，这叫作向下先导。其最大电场强度出现在云体的下边缘或地上高耸的物体顶端。雷电先导也可能是从接地体向云层推进的向上先导。因此，只沿着先导方向发生电荷中和的闪电叫无回击闪电；当发生先导放电之后还出现逆先导方向放电的现象，称为有回击闪电。一次雷击大多数分成三四次放电，一般是第一次放电的电流最大，正闪电的电流比负闪电的电流大。

电流上升率数据对避雷保护问题极其重要，最大电流上升率出现在紧靠峰值电流之前。习惯上用电流波形起始时刻至幅值下降为半幅值的时间间隔来表征雷电流脉冲部分的波长。雷电流的大小与许多因素有关，各地区有很大区别，一般平原地区比山地雷电流大，正闪电比负闪电大，第一闪击比随后闪击大。

雷雨云向大地或雷雨云之间剧烈放电的现象称为闪击（这里以讨论前者为主），带负电荷的雷雨云向大地放电为负闪击，带正电荷的雷雨云向大地放电为正闪击。雷雨云对大地放电多为负闪击，其电流峰值以 20～50kA 居多。正闪击比负闪击猛烈，其电流幅值往往在 100kA 以上。

2. 闪电电荷量

闪电电荷量是指一次闪电中正电荷与负电荷中和的数量。这个数量直接反映一次闪电放出的能量，也就是一次闪电的破坏力。闪电电荷量的多少是由雷雨云带电情况决定的，所以它又与地理条件和气象情况有关，也存在很大的随机性。大量观测数据表明，一次闪电放电电荷量 Q 可从零点几库仑到 1000 多库仑。然而在一次雷击中，在同一地区它们的数量分布符合正态分布。第一次负闪击的放电量在 10 多库仑者居多。

一朵雷雨云是否会向大地发生闪击，由几个基本因素决定：其一是云层带电荷多少。其二是把云层与大地之间形成的电容模拟为平板电容时，它对大地的电容是多少。当然这个模拟电容两极之间的电压就是由电容和带电量决定的。当这个模拟电容内的电位梯度 dU/dl 达到闪击值时就会发生闪击。闪击一旦发生，云地之间即发生急剧的电荷中和。

雷电之所以破坏性很强，主要是因为它把雷雨云蕴藏的能量在短短的几十微秒时间内放出来，从瞬间功率来讲，它是巨大的。但据有关资料计算，每次闪击发出的能量只相当于燃烧几千克石油所放出的能量而已。

3. 雷电波的频谱分析

雷电波频谱是研究避雷的重要依据。从雷电波频谱结构可以获悉雷电波电压、电流的能量在各频段的分布，根据这些数据可以估算通信系统频带范围内雷电冲击的幅度和能量大小，进而确定避雷措施；在电力系统中，雷电波频谱分析应用于避雷工程中，也可以根据其分析结果，用最小的投资，达到足够安全的效果。

虽然各种雷电波总体的轮廓相似，但是每一次雷电闪击的电流（电压）波形仍然存在很大的随机性。

二、雷电的危害及方式

1. 雷电的危害

雷电灾害是一种自然灾害,是联合国公布的干旱、洪水、地震、风暴、瘟疫、森林火灾、火山、海啸、雷电、泥石流等 10 种危害中十分严重的灾害。首先,雷电发生的频率高,所造成的危害十分严重,而且年年发生。据估计,全球每年大约要发生 10 亿次雷暴,平均每小时就有 20000 次,平均每分钟发生 300 多次雷暴,就地球的表面而言,落地闪电每秒钟就有 30~100 次之多。其次,雷电活动比较集中,往往某一时刻主要集中在某一局部地区。有时某个地区顷刻间就可能同时发生数千个甚至上万个的对地闪电。再次,雷电的能量虽然不大,但通常在瞬间集中释放。虽然一个中等的雷电所释放的能量仅仅相当于 1000W 的灯泡照明 10 天左右,但是一旦发生对地放电,短则数十微秒,长则 1s 内能量基本释放完毕,产生数千安甚至上百千安的对地放电电流。由于放电的持续时间太短,放电如此之快以至其瞬时功率能达到 10 亿千瓦以上,远远超过世界上任何一个发电厂的输出功率。

雷电一般产生于对流发展旺盛的积雨云中,因此常伴有强烈的阵风和暴雨,有时还伴有冰雹和龙卷风。积雨云顶部一般较高,可达 20km,云的上部常有冰晶。水滴的破碎以及空气对流等过程,使云中产生电荷。云中电荷的分布较复杂,但总体而言,云的上部以正电荷为主,下部以负电荷为主。因此,云的上、下部之间形成一个电位差。当电位差达到一定程度后,就会产生放电,这就是我们常见的闪电现象。

雷电的危害一般分为两类:一是雷直接击在建筑物上发生热效应作用和电动力作用;二是雷电的二次作用,即雷电流产生的静电感应和电磁感应。雷电的具体危害表现如下:

① 雷电流高压效应会产生高达数万伏甚至数十万伏的冲击电压,如此巨大的电压瞬间冲击电气设备,足以击穿绝缘使设备发生短路,导致燃烧、爆炸等直接灾害。

② 雷电流高热效应会放出几十至上千安的强大电流，并产生大量热能，在雷击点的热量会很高，可导致金属熔化，引发火灾和爆炸。

③ 雷电流机械效应主要表现为被雷击物体发生爆炸、扭曲、崩溃、撕裂等现象，导致财产损失和人员伤亡。

④ 雷电流静电感应可使被击物导体感生出与雷电性质相反的大量电荷，当雷电消失来不及流散时，即会产生很高电压发生放电现象从而导致火灾。

⑤ 雷电流电磁感应会在雷击点周围产生强大的交变电磁场，其感生出的电流可引起变电器局部过热而导致火灾。

⑥ 雷电波的侵入和防雷装置上的高电压对建筑物的反击作用也会引起配电装置或电气线路断路而燃烧导致火灾。

在我们知道了雷电的相关知识后，避雷防雷也就了如指掌了。在雷雨到来的前期和中期，人们尽量躲避，等待大雨滂沱、空气湿度增加和雷电放电过程完毕后再去做自己的事情。不然的话，极有可能遭受雷击。

（1）直击雷的危害　带电的云层对大地上的某一点发生猛烈的放电现象，称为直击雷。它的破坏力十分巨大，若不能迅速将其泄放入大地，将导致放电通道内的物体、建筑物、设施、人畜遭受严重的破坏或损害，发生火灾，电子电气系统被摧毁，甚至危及人畜的生命安全。

（2）雷电波侵入的危害　雷电不直接放电在建筑和设备本身，而是对布放在建筑物外部的线缆放电。线缆上的雷电波或过电压几乎以光速沿着电缆线路扩散，侵入并危及室内电子设备和自动化控制等各个系统。因此，往往在听到雷声之前，我们的电子设备、控制系统等可能已经损坏。

（3）感应过电压的危害　雷击在设备设施或线路的附近发生，或闪电不直接对地放电，只在云层与云层之间发生放电现象，闪电释放电荷，并在电源和数据传输线路及金属管道、支架上感应生成过电压。

雷击放电于具有避雷设施的建筑物时，雷电波沿着建筑物顶部接闪器（避雷带、避雷线、避雷网或避雷针）、引下线泄放到大地的过程中，会在引下线周围形成强大的瞬变磁场，轻则造成电子设备受到干扰，数据丢失，产生误动作或暂时瘫痪，严重时可引起元器件击穿及电路板烧毁，使整个系统陷于瘫痪。

（4）地电位反击的危害　如果雷电直接击中具有避雷装置的建筑物或设施，接地网的地电位会在数微秒之内被抬高数万伏或数十万伏。高度破坏性的雷电流将从各种装置的接地部分流向供电系统或各种网络信号系统，或者击穿大地绝缘而流向另一设施的供电系统或各种网络信号系统，从而反击破坏或损害电子设备。同时，在未实行等电位连接的导线回路中，可能诱发高电位而产生火花放电的危险。

2. 雷击的危害方式

（1）电效应　数十万伏至数百万伏的冲击电压可击毁电气设备的绝缘，烧断电线或劈裂电杆，造成大规模的停电。绝缘设备损坏还可能引起短路，导致火灾或爆炸事故。巨大的雷电流流经防雷装置时会造成防雷装置电位升高，这样的高电位同样可以作用在电气线路、电气设备或其他金属管道上，它们之间产生放电。在雷电流周围空间里会产生强大的磁场，处于电磁场中间的导体产生很大的感应电流引起发热及其他设施破坏。当雷电流流入大地时，在地面上可以引起跨步电压，造成人身伤亡事故。

（2）机械效应　当巨大的雷电流通过被击物时，由于雷电流的温度很高，一般在 $6000\sim20000℃$，甚至高达数万摄氏度，被击物缝隙中的气体剧烈膨胀，缝隙中的水分也急剧蒸发为气体，因而在被击物内部出现强大的机械压力，致使被击物遭受严重破坏，发生爆炸。

（3）热效应　巨大的雷电流通过导体，在极短的时间内转换成大量的热能。雷击点的发热量为 $500\sim2000J$，造成易爆物品燃烧或金属熔化、飞溅，引起火灾或爆炸事故。

（4）冲击波效应　由于雷击时空气急剧膨胀，其附近的空气被压缩，形成"激波"，"激波"到达的地方，空气的密度、压力和温度都会突然增加。当雷电冲击波能量为70hPa，就是雷电在50m范围内发生时，可以震碎玻璃；若离建筑5m雷电波能量为380hPa时，可推倒20cm厚的砖墙。

（5）静电效应　由于雷雨云的作用，附近的导体上会感应出与雷雨云符号相反的电荷。雷雨云下的静电感应见图5-2。雷雨云放电时，先导通道中的电荷迅速中和。其他导体上的感应电荷由于失去了电场的约束得到释放，如没有被中和或不就近泄入地中就会产生很高的电位，在高压架空线路可达300～400kV，一般低压架空线路可达100kV，电信线路可达40～60kV。这些过电压会使设备损坏，甚至着火。同样，过电压也会危及建筑物内的人员。

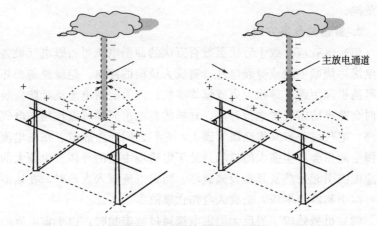

图5-2　雷雨云下的静电感应

（6）雷电对人的危害　雷击电流迅速通过人体，可立即使呼吸中枢麻痹，心室纤颤或心搏骤停，以致脑组织及一些主要器官受到严重损害，出现休克或忽然死亡；雷击时产生的电火花，还可使人遭到不同程度的烧伤。

（7）电磁感应　由于雷电流的迅速变化，在它的周围有强大的瞬变的电磁场，处在这个电磁场中的导体就会感应出较大的电动势。如果附近存在闭合的电路，电路上的感生电动势会使开口处放电，产生火花，使附近的可燃物燃烧，引发火灾。

（8）雷电反击或闪络 雷电反击或闪络是指防雷装置如引下线对设备、人或物等闪络放电。我们都知道雷雨时不能躲在树下避雨，就是为了避免反击。还有一种是地电位反击，两个地网之间，由于没有足够的安全距离，其中一个地网接受了雷电流，产生高电位，向没有接受雷击的地网产生反击，使得该接地系统上带有危险的电压。

第二节 电力系统的防雷保护

电力系统的安全、稳定运行，是给人们提供稳定的电力资源，进而实现各行各业的积极运转、经营等的保证。电力系统的安全运行对于我们的日常生活、工作至关重要，尤其是在计算机技术迅速发展的今天。但不可否认的是，电力系统在运行中，除了机械故障、系统故障外，还有其他不可抗力因素对其安全运行会造成严重影响，其中就包括雷电这一自然灾害因素。雷击是除其他自然灾害和外力破坏之外影响电网安全运行的首要因素，世界各国都投入很大的人力、物力开展有关研究以应对雷电对电力系统的影响。

一、绘制雷害风险分布图

应根据各地的实际情况积极绘制本地区雷害风险分布图，为提高本地区电网输电线路防雷技术管理水平提供可靠依据。国家电网公司下发《关于印发架空输电线路差异化防雷工作指导意见的通知》中，对雷电监测及雷害统计分析、雷区分布图绘制等工作提出具体要求，进一步规范架空输电线路差异化防雷工作，提高输电线路防雷技术管理水平。各地应该积极组织生产技术部、技术中心等技术力量，成立专项工作组，根据文件要求开展本地区雷害风险分布图绘制工作。

雷害风险分布图绘制工作专业性强、工作量大，为深入掌握雷击故障时空分布规律和特点，需要专业技术人员连续奋战，统计历年来本地区雷击线路故障的每一条详细记录，并且对这些雷电数据进行具体分析，这样才能摸清本地区雷电分布的统计规律，并结合地形地貌、电网特征、绝缘配置及运行经验，按要求完成雷害风险分布图绘制。

雷害风险分布图的绘制，对全面开展架空输电线路差异化防雷工作，实现不同区域、不同电压等级、不同重要线路防雷水平和防雷措施的差异化配置具有关键性指导意义，将显著提高骨干网架、战略性输电通道和重要负荷供电线路的防雷水平，减少雷害造成的电网和设备故障，保障大电网安全可靠运行。

二、避雷针

避雷针，又名防雷针，是用来保护建筑物、高大树木等避免雷击的装置。在被保护物顶端安装一根接闪器，用符合规格导线与埋在地下的泄流地网连接起来。避雷针规格必须符合国家标准，每一个防雷类别需要的避雷针高度、规格都不一样。避雷针由三部分组成：雷电接收器、接地引下线和接地装置。

当雷雨云放电接近地面时它使地面电场发生畸变。在避雷针的顶端，形成局部电场集中的空间，以影响雷电先导放电的发展方向，引导雷电向避雷针放电，再通过接地引下线和接地装置将雷电流引入大地，从而使被保护物免遭雷击。避雷针实物见图 5-3。简单避雷针结构见图 5-4。

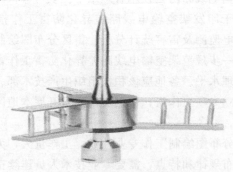

图 5-3　避雷针实物图示

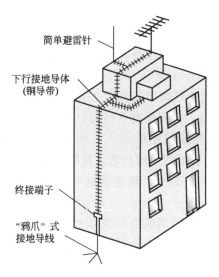

简单避雷针

下行接地导体
（铜导带）

终接端子

"鸦爪"式
接地导线

图 5-4　简单避雷针结构

1. 雷电接收器

雷电接收器也叫接闪器，是指避雷针耸立天空的"针"的部分，装在整套装置的最上面，用以引雷放电。接闪器一般由镀锌或镀铬的圆钢或钢管制成，长 1～2m，圆钢的直径不小于 16mm，钢管的直径不小于 25mm，壁厚不小于 2.75mm。

2. 接地引下线

接地引下线是避雷针的中间部分，指连接接闪器与接地装置的金属导体，其作用是将雷电流引到地下。接地引下线应满足机械强度、耐腐蚀和热稳定的要求。

（1）接地引下线一般采用圆钢或扁钢，其尺寸和防腐蚀要求与避雷网、避雷带相同。用钢绞线作引下线，其截面积不得小于 25mm^2；用有色金属导线作引下线时，应采用截面积不小于 16mm^2 的铜导线。

（2）接地引下线应沿建筑物外墙敷设，并应避免弯曲，经最短途径接地。

（3）采用多条接地引下线时，为了便于接地电阻和检查引下线、接地线的连接，宜在各接地引下线距地面高约 1.8m 处设断接卡。

（4）采用多条接地引下线时，第一类防雷建筑物和第二类防雷建筑物至少应有两条接地引下线，其间距离分别不得大于 12m 和 18m；第三类防雷建筑物周长超过 25m 或高度超过 40m 时，也应有两条接地引下线，其间距离不得大于 25m。

（5）在易受机械损伤的地方，地面以下 0.3m 至地面以上 1.7m 的一段接地引下线应加竹管、角钢或钢管保护。采用角钢或钢管保护时，应与接地引下线连接起来，以减小通过雷电流时的电抗。

（6）接地引下线截面锈蚀 30％以上者应予以更换。

（7）防直击雷的专设接地引下线距建筑物出入口或者人行道边沿不宜小于 3m。

（8）为了减小阻抗，接地引下线应选择最短的路径敷设，敷设时应避免转角或尖锐的弯曲，使接地引下线到接地体之间形成一条平坦的通道。若中间必须弯曲时，应减小弯曲半径；否则，将使接地引下线阻抗增大，雷电流流过时，产生大的压降，造成反击事故。

3. 接地装置

接地装置也称接地一体化装置，是把电气设备或其他物件和地之间构成电气连接的设备。接地装置由接地极（板）、接地母线（户内、户外）、接地极引线（接地跨接线）、接地构架组成。与大地直接接触实现电气连接的金属物体为接地极。它可以是人工接地极，也可以是自然接地极。对此可赋予接地极某种电气功能，例如用作系统接地、保护接地或信号接地。接地母线是建筑物电气装置的参考电位点，通过它将电气装置内需接地的部分与接地极相连接。它还起另一作用，即通过它将电气装置内诸等电位连接线互相连通，从而实现一个建筑物内大件导电部分间的总等电位连接。接地极与接地母线之间的连接线称为接地极引线。

接地装置是避雷针的最底下部分。接地装置的作用不仅是将雷电流安全地导入地中，而且还要进一步将雷电流均匀地散开，不至于在接地体上产生过高的压降。因此，避雷针的接地装置所用材料的最小尺寸应稍大于其他接地装置所用材料的最小尺寸，以得到较小的接地电阻。

　　避雷针的接地采用人工接地体，一般用直径为 40～50mm 的钢管，40mm×4mm 或 50mm×5mm 的角钢、圆钢、扁钢等制成。接地体可垂直埋设或水平埋设，垂直埋设的接地体一般以两根以上 2.5m 长左右的角钢或钢管打入地下，并在上端用扁钢或圆钢将它们连在一起。接地体可以成排放置，也可以环形布置。水平埋设的接地体一般在多岩地区使用，可呈放射形，也可以环形布置。

　　在一定的高度的避雷针下面，有一个安全区，在这个区域中能基本保证物体不受雷击，这个安全区即避雷针的保护范围。避雷针与被保护设备及其接地装置的距离不能太近，以防避雷针落雷时对设备造成反击。

　　如图 5-5 所示，避雷针的接地装置与发电厂、变电所接地装置的最小地中距离 S_d 以及避雷针与被保护配电装置、设备、构架之间的最小距离 S_K 应满足下列要求：

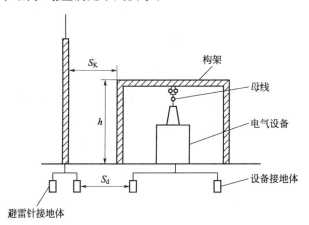

图 5-5　独立避雷针与配电构架的距离

$$S_d \geqslant 0.3R_{ch}$$

$$S_K \geq 0.3R_{ch} + 0.1h$$

式中　S_d——地中距离；

　　　S_K——避雷针与被保护装置的距离；

　　　R_{ch}——独立避雷针的冲击接地电阻；

　　　h——被保护装置的高度。

4. 安装安全技术要求

建筑物如果安装了接闪器，但是没有接地或者接地效果不好的话，在接闪时反倒会对建筑物或其中的人员造成更大的损害，相比没有安装接闪器的建筑物反倒更加不安全。2007 年发生在重庆开县的雷击事故，就是因为该教室屋顶是由钢筋水泥板构成，其中的钢筋没有良好接地，在打雷时发生接闪，无处泄放，从而通过教室的屋顶和墙壁对室内人员进行放电，造成教室里的小学生 7 人死亡，数十人受伤的惨烈事故。

根据《建筑物防雷设计规范》（GB 50057—2010）的要求，接闪器可以用铜、镀锡铜、铝、铝合金、热浸镀锌钢、不锈钢、外表面镀铜的钢等各种材料制成，只要满足其最小截面积和厚度的要求即可。也就是说，只要不是那么容易锈蚀，不至于因风吹雨打而轻易损坏，大多数常见的金属材料都可以用来制作接闪器。以最常见的铁质接闪杆为例，GB 50057—2010 要求其直径不能小于 8mm。

从这个意义上来说，市场上绝大多数建筑钢筋，只要其直径大于 8mm，都可以用来制作避雷针，只需在安装上去以后在其表面涂刷 1～2 层防锈漆即可，其价格非常低廉。从这个意义上来说，避雷针是没有品牌的，因为避雷针只是接闪器中的一个小类，而任何金属构件都可以用来做接闪器。只强调避雷针的作用，强调著名品牌的避雷针，而忽视了其他接闪器的共同接闪作用，忽视了接闪器脱离了引下线和接地装置就不能发挥作用的客观事实，这种观念是错误的，需要加以纠正。

所谓滚球法，是假设以一定半径（根据建筑物防护等级的不同，100m、60m、45m、30m 不等）的球体，沿建筑物的外表面滚动，当球体只触及接闪器和地面，而不触及需要保护的部位时，该部位就得到接闪器的保护。通俗地说，这个球体能够接触到的地方就是雷能够打到的地方，球体接触不到的地方就处于接闪器的保护范围之内。

在 GB 50057—2010 的附录 D "滚球法确定接闪器的保护范围"中列出了计算单支接闪杆（避雷针）、两支等高接闪杆、两支不等高接闪杆、矩形布置的四支等高接闪杆、单根接闪线（接闪带、避雷带）、两根等高接闪线的保护范围的计算方法，并绘制了相关示意图。

对于广大的雷电防护行业的技术人员，按照 GB 50057—2010 给出的方法，可以用手工的方式对一些简单的情况进行计算。但是在日常工作中，经常遇到远比规范上列出的案例复杂得多的现场情况，比如多支不等高的且不以规则方式布置的接闪杆、不等高的接闪线、接闪杆和接闪线的联合保护范围，对这些复杂情况的计算，以手工方式是根本无法进行的，GB 50057—2010 也没有给出具体的计算方法。这个问题是雷电防护行业中一个经常会遇到的技术难题。

三、避雷线

为了保护设备，避免雷击而安装的引雷入地的导线称避雷线。避雷线由架空地线、接地引下线和接地体组成。架空地线是悬挂在空中的接地导体，其作用和避雷针一样，对被保护物起屏蔽作用，将雷电流引向自身，通过引下线安全地泄入地下。因此，装设避雷线也是防止直击雷的主要措施之一。

1. 原理

雷电是客观的自然现象，是无法防止的。避雷线实际上叫作引雷线可能更合理。避雷线是约定俗成的称呼。它的工作原理和避雷针是一样的，它是架设在通信线路上方的金属导线，并接地良好。避雷线又称为架空地线，能有效地将雷电的放电引入大地。图 5-6 显示了两根等高避雷线的保护范围。

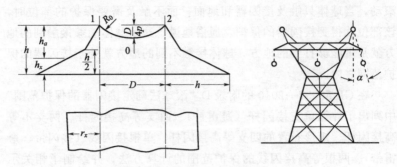

图 5-6　两根等高避雷线的保护范围

当通信线缆着雷时，可能打在线缆上，也可能打在电杆上。雷击线缆时，在线缆上将产生远高于线路电压的所谓"过电压"。而避雷线可以保护通信线缆，使雷尽量落在避雷线上，并通过电杆上的金属部分和埋设在地下的接地装置，使雷电流流入大地。

2. 安装

在易于遭受雷击的地点以及修复比较困难的通信电杆上，安装避雷线能够起到较好的雷电防护作用。避雷线一般都是铁线制成的，通过卡钉固定在电杆上，避雷线的下部埋在土壤中，这样就可以保护电杆免受直击雷的"攻击"了。

但对于电杆之间的线缆，还需要安装架空地线。架空地线的安装需要高出电杆顶端一定的高度，用镀锌的铁线架设，并在每根电杆上焊接一条引线，沿着电杆接地。这样架空地线就安装好了，而且它对感应雷也会起到一定的屏蔽作用。

3. 注意事项

避雷线的保护效果还同它下方的导线与它所成的角度有关，角度较小时，保护效果较好。在架有两根避雷线的情况下，容易获得较小的保护角，线路运行时的雷击跳闸故障也较少，但建设投资较大。我国近年来新建的 220kV 以下线路，多采用一根避雷线。

在雷击不严重的 110kV 及较低电压的线路上，通常仅在靠近变电所两公里左右范围内装设避雷线，作为变电所进线的防雷措施。

避雷线一般使用镀锌钢绞线架设，常用的截面积是 25mm^2、35mm^2、50mm^2、70mm^2。导线的截面积越大，使用的避雷线截面积也越大。

避雷线也会因风吹而振动，常易发生振动的地方通常装有防振锤。

近年来，国外超高压线路有采用良导线作架空地线的趋势，主要采用铝包钢线，它具有强度较高、不生锈、有适当的电导率的优点。一般用绝缘子使之与杆塔相互绝缘，利用间隙引导雷电流入地，这样，可利用架空地线作为载波通道并减少电能感应损耗。

四、避雷器

避雷器是用于保护电气设备免受雷击时高瞬态过电压危害，并限制续流时间，也常限制续流赋值的一种电器。避雷器有时也称为过电压保护器、过电压限制器。避雷器是电力系统广泛使用的防雷设备。避雷器与被保护设备并联，当系统中出现过电压时，避雷器在过电压的作用下间隙击穿，将雷电流通过避雷器、接地装置引入大地，降低了入侵波的幅值和陡度。过电压之后，避雷器迅速截断在工频电压作用下的电弧电流及工频续波而恢复正常。

电力系统所使用的避雷器主要有管型避雷器、阀型避雷器和氧化锌避雷器三种。

1. 管型避雷器

管型避雷器实际是一种具有较高熄弧能力的保护间隙，它由两个串联间隙组成：一个间隙在大气中，称为外间隙，其作用就是隔离工作电压，避免产气管被流经管子的工频泄漏电流所烧坏；另一个间隙装设在气管内，称为内间隙或者灭弧间隙。管型避雷器的灭弧能力与工频续流的大小有关。其结构见图 5-7。

在交流避雷器中，排气型避雷器是依靠其内腔产生的高压气体来熄灭电弧的，避雷器动作时喷射出大量灼热的气体，因而称为排气型。这类避雷器的典型代表是管型避雷器，它能切断较大的电流，适合安装在变电站的进线段以及线路上某些绝缘薄弱的地点。

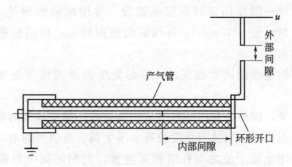

图 5-7　管型避雷器的结构

无续流管型避雷器是在前者的基础上设计的，它的内间隙由紧密压在一起的两块产气材料之间的细缝构成，因而产气材料可在雷电流通过避雷器的最初瞬间产生压力很大的气体，立即将幅值还很小的工频续流切断，形成所谓无续流开断。

如图 5-7 所示，管型避雷器其电极一端为棒形，另一端为环形，管由纤维、塑料或橡胶等产气材料制成。雷击时内外间隙同时击穿，雷电流经间隙流入大地，过电压消失后，内外间隙的击穿状态由导线上的工作电压所维持，此时流经间隙的工频电弧电流称为工频续流，其值为管型避雷器安装处的短路电流，工频续流电弧的高温使管内产气材料分解出大量气体，管内压力升高，气体在高压力作用下由环形电极的开口孔喷出形成强烈的纵吹作用，从而使工频续流在第一次经过零值时就被熄灭。管型避雷器的熄弧能力与工频续流大小有关，续流太大产气过多，管内气压太高将造成管子炸裂；续流太小产气过少，管内气压太低不足以熄弧，故管型避雷器熄灭工频续流有上下限的规定，通常在型号中标明。

管型避雷器的熄弧能力还与管子材料、内径和内间隙大小有关。

使用时必须核算安装处在各种运行情况下短路电流的最大值与最小值，管型避雷器的熄弧电流上下限应分别大于和小于短路电流的最大值和最小值。

管型避雷器的主要缺点为：

① 伏秒特性较陡且放电性较大，而一般变压器和其他设备绝缘的冲击放电伏秒特性较平，二者不能很好配合。

② 管型避雷器动作后，工作母线直接接地形成截波，对变压器纵绝缘不利（保护间隙也有上述缺点）。此外，其放电特性受大气条件影响较大。

因此，管型避雷器目前只用于线路保护（如大跨越和交叉档距以及变电所、变电所的进线段保护）。

2. 阀型避雷器

阀型避雷器是用来保护发、变电设备的主要元件。在有较高幅值的雷电波侵入被保护装置时，避雷器中的间隙首先放电，限制了电气设备上的过电压幅值。在泄放雷电流的过程中，碳化硅阀片的非线性电阻值大大减小，使避雷器上的残压限制在设备绝缘水平下。雷电波过后，放电间隙恢复，碳化硅阀片非线性电阻值又大大增加，自动将工频电流切断，保护了电气设备。

在正常电压下，非线性电阻阻值很大，而在过电压时，其阻值又很小，避雷器正是利用非线性电阻这一特性而防雷的。在雷电波侵入时，由于电压很高（即产生过电压），间隙被击穿，而非线性电阻阻值很小，雷电流便迅速进入大地，从而防止雷电波的侵入；当过电压消失之后，非线性电阻阻值很大，间隙又恢复为断路状态，随时准备阻止雷电波的入侵。

阀型避雷器内部由火花间隙和碳化硅制造的非线性电阻片组成。阀型避雷器分为普通阀型避雷器和瓷吹式避雷器两种，前者的火花间隙形状简单，电阻片采用约320℃的低温烧成工艺制作；后者则利用电磁力驱动电弧，借以提高其熄弧和通流能力的瓷吹间隙，它的电阻片在约1320℃的温度下高温焙烧而成，释放过电压能量大，因此，这种避雷器的性能比普通阀型避雷器更加优越，尤其适于用作高压电站的过电压保护装置。

阀型避雷器的基本元件为间隙和非线性电阻，间隙元件由多个统一规格的单个间隙串联而成。同样，非线性电阻也由多个非线性阀片电阻串联而成，间隙与非线性电阻元件串联如图5-8所示。

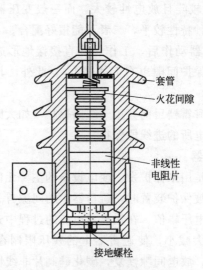

套管

火花间隙

非线性
电阻片

接地螺栓

图 5-8　阀型避雷器的结构

　　阀片的电阻值与流过的电流有关，电流愈大电阻愈小；反之，电流愈小电阻愈大。阀型避雷器的基本原理如下：在系统正常工作时，间隙将电阻阀片与工作线路隔离，以免工作电压在阀片电阻中产生的电流使阀片烧坏。由于采用电场比较均匀的间隙，因此其伏秒特性较平、分散性较小，能与变压器绝缘的冲击放电特性很好地配合。当系统中出现过电压且幅值超过间隙放电电压时，间隙先击穿，设备得到保护，冲击电流通过阀片流入大地。由于阀片的非线性特性，其电阻在过大的冲击电流时变得很小，故在阀片上产生的压降（称为残压）将得到限制，使其低于被保护设备的冲击耐压，设备就得到了保护。当过电压消失后，间隙中由工作电压产生的工频电弧电流（称为工频续流）仍将继续流过避雷器，此续流受到阀片电阻的限制远较冲击电流小，故阀片电阻值变得很大，进一步限制了工频续流的数值，使间隙能在工频续流第一次经过零值时就将电弧切断。以后，间隙的绝缘强度能够耐受电网恢复电压的作用而不会发生重燃。这样，避雷器从间隙击穿到工频续流的切断不超过半个周期，而且工频续流数值也不大，继电保护来不及动作系统就已恢复正常。

3. 氧化锌避雷器

氧化锌避雷器是具有良好保护性能的避雷器。氧化锌良好的非线性伏安特性，使在正常工作电压时流过避雷器的电流极小（微安或毫安级）；当过电压作用时，电阻急剧下降，泄放过电压的能量，达到保护的效果。这种避雷器和传统的避雷器的差异是它没有放电间隙，利用氧化锌的非线性特性起到泄流和开断的作用。氧化锌避雷器见图 5-9。

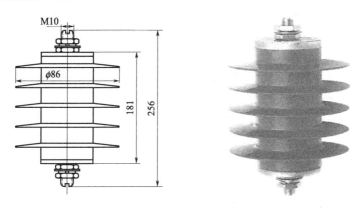

图 5-9　HY5WS-17/50 型氧化锌避雷器（单位：mm）

（1）注意事项　氧化锌避雷器均装设了在线泄漏电流表，以此来监视避雷器的运行状况。在线泄漏电流表反映的是通过瓷套外绝缘和避雷器阀片的电流和通过避雷器阀片的电流。避雷器的在线泄漏电流表读数异常增大是其内部受潮引起的，内部受潮主要是由密封不良引起的。潮气的来源有：

① 在避雷器生产过程中，安装环境湿度超标。

② 阀片及内部零部件烘干不彻底，有部分潮气滞留。

③ 装配时将密封圈漏放、放偏，或在密封圈与瓷套密封面之间夹有杂物。

④ 运行一段时期后密封部件损坏造成进潮。

（2）主要作用　每种避雷器有各自的优点和特点，需要针对不同的环境进行使用，才能起到良好的绝缘效果。避雷器在额定电压下相当于绝缘体，不会有任何的动作产生。当出现危机或者高电压的情况下，避雷器就会产生作用，将电流导入大地，有效保护电力设备。

（3）选型标准

① 以往只考虑操作过电压和雷电过电压水平的避雷器选型及弊端。国家标准规定，系统供电端电压应略高于系统的标称电压（或额定电压）U_n 的 K 倍，即 $K = U_m/U_n$（U_m 是系统最高电压）。电气设备的绝缘应能在 U_n 下长期运行。220kV 及以下系统的 K 为 1.15，330kV 及以上系统的 K 为 1.1。避雷器设计的初期也遵守上述原则。

氧化锌避雷器之前是 SiC 避雷器。10kV 及以下 SiC 避雷器的灭弧电压设计是定在系统最高运行电压的 1.1 倍；35kV SiC 避雷器的灭弧电压等于系统最高电压；110kV 及以上 SiC 避雷器的灭弧电压为系统最高电压的 80%。对应以上的倍数分别有 110% 避雷器、100% 避雷器和 80% 避雷器。

我国使用氧化锌避雷器初期，其额定电压是以 SiC 避雷器的灭弧电压为参考设计的。早期的 6kV、10kV 和 35kV 避雷器均遵守上述原则，如：Y5WR-7.6/26、Y5WR-12.7/45、Y5WR-41/130。而最大长期工频工作电压为系统最高相电压，如 Y5WR-12.7/45。

② 保证在单相接地过电压下运行且电力系统安全情况下的避雷器选型及必要性。从安全运行角度考虑，避雷器的额定电压的选择还应遵守如下原则：

a. 氧化锌避雷器的额定电压应高于其在安装处可能出现的工频暂态电压。在 110kV 及以上的中性点接地系统中是可以按上述方法选择的。

b. 在 110kV 及以下的中性点非直接接地系统中，电力规程规定，在单相接地情况下允许运行 2h，有时甚至在断续产生弧光接地过电压情况下运行 2h 以上才能发现故障，这类系统的运行特点对氧化锌避雷器在额定电压下安全运行 10s 构成严重威胁。且氧化锌避雷器与 SiC 避雷器结构、设计不同（后者有间隙灭弧，前者没有间隙或者只有隔流间隙），使得实践中氧化锌避雷器出现热崩溃甚至严重的爆炸事故。面对这种情况，许多供电公司、电力设计院根据各地的电网条件提出了许多类型的额定电压值（如 14.4kV、14.7kV 等）。而在多次国标讨论稿中，动作负载试验中耐受 10s 的额定电压规定提高至 1.2～1.3 倍，使氧化锌避雷器对中性点非直接接地系统工况的适应能力有所提高。

氧化锌避雷器的额定电压选择过低，会使避雷器在单相接地过电压甚至许多暂态过电压下工作时出现安全事故。

第三节　雷电触电的人身防护

雷暴时，发电厂、变电所、输电线路等电力系统的电气设备及建筑物、构筑物等，都安装了尽可能完善的防雷保护，使雷电对电气设备及工作人员的威胁大大减小。考虑电力系统运行特点，工作人员及人们的正常生活的特殊性，根据雷电触电事故分析的经验，还必须注意雷电触电的防护问题，以保证人身安全。

一、一般触电防护要求

（1）雷暴时，发电厂变电所的工作人员应尽量避免接近容易遭到雷击的户外配电装置。在进行巡回检查时，应按规定的路线进行。在巡视高压屋外配电装置时，应穿绝缘鞋，并不得靠近避雷针和避雷器。

（2）雷电时，禁止在室外和室内的架空引入线上进行检修和试验工作，若正在做此类工作，应立即停止，并撤离现场。

（3）雷电时，应禁止室外高空检修、试验工作，禁止户外高空带电作业及等电位工作。

（4）雷电时，严禁输配电线路的运行和维护人员进行倒闸操作和更换保险的工作。

（5）雷暴时，非工作人员应尽量减少外出。如果外出工作遇到雷暴时，应停止高压线路上的工作，并就近进入下列场所暂避：

① 有防雷设备、有宽大金属架的场所或宽大的建筑物内等。

② 有金属顶盖和金属车身的汽车、封闭的金属容器内等。

③ 依靠建筑物屏蔽的街道，或有高大树木屏蔽的公路。

进入上述场所后，切不要紧靠墙壁、车身和树干。

（6）雷暴时，应尽量不到或离开下列场所和设施：

① 小丘、小山、沿河小道。

② 河、湖、海滨和游泳池。

③ 孤立突出的树木、旗杆、宝塔、烟囱和铁丝网等处。

④ 输电线路铁塔，装有避雷针和避雷线的木杆等处。

⑤ 没有保护装置的车棚、牲畜棚和帐篷等小建筑物和没有接地装置的金属顶凉亭。

⑥ 帆布篷的吉普车，非金属顶或敞篷的汽车和马车。

（7）在旷野中遇到雷暴时，应注意：

① 铁锹、长工具、步枪等不要仰上扛在肩上，要用手提着。

② 不要将有金属的伞撑开打着，要提着。

③ 人多时不要挤在一起，要尽量分散隐蔽。

④ 遇球雷时，切记不要跑动，以免球雷顺着气流追赶。

（8）雷暴时室内人员应注意：

① 应尽量远离电灯线、电话线、有线广播线、收音机一类的电源线、电视天线和电视机电源等。

② 不工作时少打电话，不要戴耳机看电视。

③ 在无保护装置的房屋内，尽量远离梁柱、金属管道、窗户和带烟囱的炉灶。

④ 要关闭门窗，防止球雷随穿堂风而入。

二、直接触电保护和间接触电保护

1. 直接触电保护

（1）绝缘　采用绝缘物有效地将带电体全部包裹起来，以防止人员与带电体的接触。绝缘物的绝缘水平必须符合电气设备电压等级的要求，并能耐受运行中容易受到的电、化学、机械和热应力的作用。

绝缘材料的主要作用是对带电的或不带电的导体进行隔离，其导电能力很小，但并非绝对不导电，工程上应用的绝缘材料的电阻率一般在 $10 \times 10^7 \Omega \cdot m$ 以上。绝缘材料品种很多，一般分为气体绝缘材料、液体绝缘材料、固体绝缘材料。

（2）屏护和障碍　屏护是采用屏护装置控制不安全因素，即采用遮拦、护罩、护盖等把危险的带电体同外界隔离开来，以防止人体触及或接近带电体所引起的触电事故。

（3）阻断人体电流通路　如果因技术和操作方面的原因，无法对带电体进行隔离和绝缘时，可设置绝缘台（垫），穿绝缘鞋，使用绝缘工具等将操作人员与大地隔离或与带电体隔离，限制通过人体的电流。

（4）漏电保护　漏电保护又叫残余电流保护，当有人触电或设备绝缘损坏，出现对地漏电流时，保护装置产生动作切断供电电路，实现保护作用。采用额定电流不超过 30mA 的漏电保护装置，在正常运行中其他保护措施失效时有良好的效果，对使用电器疏忽时的附加电击也有不错的保护作用。漏电保护装置必须和以上某一项保护措施配合使用，而不能单独应用。

2. 间接触电保护

（1）自动切断供电电源　电气设备发生接地短路故障时，外露可导电部分对地放电，可能造成间接触电。如果保护装置能迅速切断故障设备电源，就减少了触电的机会，即使当时恰巧有人触碰故障设备外壳，因电流被迅速切断，人体通电时间极短，电流伤害程度也会大大下降。保护措施需与供电系统接地形式相结合，要求保护装置在被保护的那部分电气装置发生故障后，能自动迅速切断电源，以保证保护范围内任何一点的接触电压存在时间不超过表 5-1 的规定。

表 5-1　预期接触电压及最大切断时间

预期接触电压/V	交流	<50	50	75	90	110	150	220	280
	直流	<120	120	140	160	175	200	250	30
最大切断时间/s		—	5	1	0.5	0.2	0.1	0.05	0.03

　　（2）使用加强绝缘保护　这个措施用以防止电气设备能触及部分在基本绝缘发生故障时出现危险电压。加强绝缘保护指在低压电器制造和安装过程中设置双重绝缘或加强绝缘，或采用具有总体绝缘的成套低压开关设备和控制设备（该设备用符号"回"加以识别）。双重绝缘指设备除具有保证正常工作所需的基本绝缘外，还有防止基本绝缘损坏后出现危险电压的保护绝缘，如图 5-10 所示。如果由于设备结构特征妨碍双重绝缘使用，可用单一的加强绝缘，其绝缘水平应与双重绝缘相当。

图 5-10　双重绝缘结构示意图

1—带电体；2—基本绝缘；3—保护绝缘；4—金属外壳

　　对于未采用加强绝缘措施的低压电器，人员经常触碰的手柄等外露可导电部分，应采用绝缘外护物封闭。绝缘外护物的电气强度及耐受机械、电动力或热应力的能力应满足要求。一般不应以油漆及类似物料的涂层作为绝缘外护物。凡采用加强绝缘保护措施的电气设备，外露可导电部分严禁与保护线或系统零线相接。

　　（3）降低预期接触电压　采取措施降低故障时可能出现的接触电压，使其不超过安全电压值，从而避免触电事故的发生。

　　（4）用于非导电场所的保护　如果用电场所地板和墙均为绝缘

材料，即使电气装置的绝缘损坏后，虽然外露可导电部分会出现危险电压，但人员对地绝缘则可避免触电事故。

（5）用不接地的局部等电位连接保护　将所有能同时触及的外露可导电部分相互连接，形成等电位区，阻止接触电压的形成以达到保护的目的。

第六章

静电防护安全技术

第一节　静电的产生与消除

一、概念

1. 静电

所谓静电，就是一种处于静止状态的电荷或者说不流动的电荷（流动的电荷就形成了电流）。当电荷聚集在某个物体上或表面时就形成了静电，而电荷分为正电荷和负电荷两种，也就是说，静电现象也分为两种，即正静电和负静电。当正电荷聚集在某个物体上时就形成了正静电，当负电荷聚集在某个物体上时就形成了负静电。无论是正静电还是负静电，当带静电物体接触零电位物体（接地物体）或与其有电位差的物体时都会发生电荷转移，就是我们日常见到的火花放电现象。例如北方冬天天气干燥，人体容易带上静电，当接触他人或金属导电体时就会出现放电现象。放电时，人会有触电的针刺感，夜间能看到火花，这是由于化纤（化学纤维）衣物与人体摩擦使人体带上了静电。

2. 人体静电

人体静电是由于人的身体上的衣物等相互摩擦产生的附着于人体上的静电。人体本就是导体，经常摩擦会产生静电。在电流不是很大的情况下，静电不会对人体造成伤害。

3. 诱发电位

施加一个刺激（声、光或体感刺激）所引起的人脑的微弱电变化。由于脑膜、头骨和头皮的影响，诱发电位比自发电位小得多，因而诱发电位便被淹没于自发电位的噪声背景中难以察觉。为排除噪声的干扰，需用数据处理仪或叠加仪，将几十次刺激得到的电信号叠加、平均，使那些在时间和方向上不一致的自发电位相互抵消，而使在时间和方向上一致的诱发电位增大，从而能够加以辨认。诱发电位又叫叠加诱发电位或平均诱发电位。

诱发电位技术是观测人脑功能的一种有效的无伤性手段，为感觉生理、临床神经生理和心理学的研究开辟了新的途径。在研究上，诱发电位比自发电位更有意义。诱发电位包含潜伏期、极性、幅度和持续时间等十几个可准确测量的参数。它们显示了诱发的神经活动，也显示了被试者对刺激性质的感知和对刺激意义的理解。

4. 静电感应

一个带电的物体靠近另一个导体时，两个物体的电荷分布发生明显的变化，物理学中把这种现象叫作静电感应。如果电场中存在导体，在电场力的作用下出现静电感应现象，使原来中和的正、负电荷分离，出现在导体表面上。这些电荷称为感应电荷。总的电场是感应电荷与自由电荷共同作用的结果。达到平衡时，导体内部的场强处处为零，导体是一个等势体，导体表面是等势面，感应电荷都分布在导体外表面，导体表面的电场强度方向处处与导体表面垂直。静电感应现象有一些应用，但也可能造成危害。

5. 静电场

静电场指的是与电荷相对静止时所观察到的电场。它是电荷周围空间存在的一种特殊形态的物质，其基本特征是对置于其中的静止电荷有力的作用，库仑定律描述了这个力。

二、静电产生的原因

1. 静电产生原因

任何物质都是由原子组成的，而原子的基本结构为质子、中子及电子。质子带正电，中子不带电，电子带负电。在正常状况下，一个原子的质子数与电子数相等，正负电平衡，所以对外表现出不带电。外界作用，如摩擦或各种形式能量（如动能、位能、热能、化学能等）的作用会使原子的正负电不平衡。在日常生活中所说的摩擦实质上就是一种不断接触与分离的过程。有些情况下不摩擦也能产生静电，如感应静电起电、热电和压电起电、喷射起电等。任何两个不同材质的物体接触后再分离，即可产生静电，而产生静电的普遍方法，就是摩擦生电。材料的绝缘性越好，越容易产生静电。空气也是由原子组成的，所以可以这么说，在人们生活的任何时间、任何地点都有可能产生静电。要完全消除静电几乎不可能，但可以采取一些措施控制静电使其不产生危害。

总之，静电是通过摩擦引起电荷的重新分布而形成的，也有的是由于电荷的相互吸引引起电荷的重新分布形成的。一般情况下原子核的正电荷与电子的负电荷相等，正负电荷平衡，所以不显电性。但是如果电子受外力而脱离轨道，造成正负电荷不平衡，比如摩擦起电实质上就是一种造成正负电荷不平衡的过程。当两个不同的物体相互接触并且相互摩擦时，一个物体的电子转移到另一个物体上，就因为缺少电子而带正电，而另一个物体得到一些多余电子而带负电，物体带上了静电。

2. 人体静电产生的原因

人体静电是由于人的身体上的衣物等相互摩擦产生的附着于人体上的静电。静电的产生是由于原子核对外层电子的吸引力不够，从而在摩擦或其他因素的作用下失去电子，于是造成摩擦物带负电荷（获得电子的带负电荷，失去电子的带正电荷）。在摩擦物绝缘性能比较好的情况下，这些电荷无法流失，就会聚集起来。并且由于绝缘物的电容性极差，从而造成虽然电荷量不大但电压很高的状况。

穿化学纤维制成的衣物就比较容易产生静电，而棉制衣物产生的静电就较少。而且干燥的环境更有利于电荷的转移和积累，所以冬天人们会觉得身上的静电较大。

在不同湿度条件下，人体活动产生的静电电位有所不同。在干燥的季节，人体静电可达几千伏甚至几万伏。实验证明，静电电压为 5 万伏时人体没有不适感觉，带上 12 万伏高压静电时也没有生命危险。不过，静电放电也会在其周围产生电磁场，虽然持续时间较短，但强度很大。科研人员正在研究静电电磁场对人体的影响。

3. 常见人体带电过程

（1）人从椅子上站起来，或擦拭墙壁等过程。最初的电荷分离发生在衣物或其他相关物体外表面，然后人体感应带电。

（2）人在高电阻率材料制成的地毯等绝缘地板上走动。最初的电荷分离发生在鞋和地板之间，对于导电性鞋，人体由电荷传递而带电；对于绝缘鞋，人体是因感应而带电。

（3）脱下外衣时的静电。这是发生在外层衣物与内层衣物之间的接触起电，人体则经过电荷传递或感应而带电。

（4）液体或粉体从人拿着的容器内倒出。该液体或粉体把一种极性的电荷带走，将等量异性的电荷留在人体上。

（5）与带电材料接触。如对高度带电粉体取样时的带电。当存在连续起电过程时，电荷泄漏和放电，使得人体最高电位被限制在约 50kV 以下。

第二节　静电的危害

一、概述

静电的危害很多，它的第一种危害来源于带电体的互相作用。飞机机体与空气、水汽、灰尘等微粒摩擦时会使飞机带电，如果不采取措施，将会严重干扰飞机无线电设备的正常工作，使飞机与外界失去联系；在印刷厂里，纸页之间的静电会使纸页黏合在一起，难以分开，给印刷带来麻烦；在制药厂里，由于静电吸引尘埃，会使药品达不到标准的纯度；电视工作时，显示器表面的静电容易吸附灰尘和油污，形成一层尘埃薄膜，使图像的清晰程度和亮度降低；在混纺衣服上常见而又不易拍掉的灰尘，也是静电形成的。静电的第二种危害，是有可能因静电火花点燃某些易燃物体而发生爆炸。漆黑的夜晚，人们脱尼龙、毛料衣服时，会发出火花和"叽叽"的响声，这对人体基本无害。但在手术台上，电火花会引起麻醉剂的爆炸，伤害医生和患者；在煤矿，静电火花则会引起瓦斯爆炸，会导致工人死伤，矿井报废。静电危害中最严重的是静电放电引起可燃物的起火和爆炸。人们常说，防患于未然，防止静电产生的措施一般都是降低流速和流量，改进起电强烈的工艺环节，采用起电较少的设备、材料等。最简单又最可靠的办法是用导线把设备接地，这样可以把电荷引入大地，避免静电积累。细心的乘客大概会发现，在飞机的两侧翼尖及飞机的尾部都装有放电刷；飞机着陆时，为了防止乘客下飞机时被电击，起落架上大都使用特制的接地轮胎或接地线，以泄放掉飞机在空中所产生的静电荷。我们还经常看到油罐车的尾部拖一条铁链，这就是车的接地线。适当增加工作环境的湿度，让电荷随时放出，也可以有效地消除静电。潮湿的天气里不容易做好静电实验，就是这个道理。科研人员研究的抗静电剂，则能很好地消除绝缘体内部的静电。然而，任何事物都有两面性，对于静电这个隐蔽的"捣蛋鬼"，只要摸透了它的脾气，扬长避短，也能让它为人类服务。比如，静电印花、静电喷涂、静电植绒、静电除尘和静电分选技术等，已在工业生产和生活中得到广泛应用。静电也开始在海水淡化、喷洒农药、人工降雨、低温冷冻等许多方面大显身手，甚至在宇宙飞船上也安装有静电加料器等静电装置。物体因接触和分离产生静电的原理，见图6-1。

　　静电的累积不可避免。静电严重时会灼伤人的皮肤，各种电器电磁波和有害射线超量时会干扰人的内分泌系统。随着人们生活水平的提高，以及环保防护意识的增强，防静电布的应用范围也日益扩大，防静电布的服装如职业装、工装、防护服日见普及，防静电布也因此异军突起，成为面料市场上的明星产品。最新市场动态显示，许多发达国家的防静电布已经用于家纺用品领域，例如床上盖

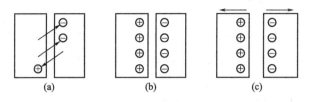

图 6-1　物体因接触和分离产生静电的原理示意图
(a) 电荷转移；(b) 界面上形成偶电层；(c) 分离后两物体带电

的、铺的、垫的都用上了防静电布。其需求量十分庞大，订单不断。但是，生产厂家要满足二个条件：第一，产品要达到进口商的指标要求；第二，后处理要过关；第三，要在宽幅织机上织造。以日本、欧洲的订单居多，国内北方市场也有了一定销量。毫无疑问，防静电布的市场前景十分广阔。

二、人体静电危害

（1）诱发心律失常　当瞬间电压过大时，人会有一种燥热感，并有烦躁、头痛的感觉。在冬季，约 1/3 的心血管疾病与静电有关。老年人更容易受静电的影响，尤其本来就有各种心血管疾病的老年人，静电会使病情加重，或诱发期前收缩、心律失常。

（2）导致血钙流失　持久的静电还可使血的 pH 值升高，血清中钙含量减少，尿中钙排泄量增加。

（3）引发皮肤炎症　静电吸附的大量尘埃中含有多种病毒、细菌与有害物质，尤其是尼龙、涤纶、聚丙烯腈纤维和醋酯纤维这些化纤材料制成的衣服，最容易引起皮肤炎症。

（4）影响中枢神经　过多的静电在人体内的积累，会引起脑神经细胞膜电流传导异常，影响中枢神经，使人出现头晕、头痛、烦躁、失眠、食欲不振、焦躁不安、精神恍惚等症状。

（5）影响孕激素水平　静电对孕妇的健康危害最大，可致孕妇体内孕激素水平下降，容易感到疲劳、烦躁和头痛等。

三、静电放电危害

（1）引发火灾和爆炸事故　爆炸和火灾是静电最大的危害。静电放电形成点火源并引发燃烧和爆炸事故，需要同时具备下述三个条件：

① 发生静电放电并产生放电火花。

② 在静电放电火花间隙中有可燃气体或可燃粉尘与空气所形成的混合物，并在爆炸浓度极限范围之内。

③ 静电放电量大于或等于爆炸性混合物的最小点火能量。

只要上述三个条件同时具备，就存在引发燃烧和爆炸的可能性。因而从安全防护的角度来看，不允许这样的条件同时出现。

静电放电引发爆炸事故的概率取决于放电能量。在火花放电、刷形放电、表面放电和电晕放电四种静电放电形式中，以火花放电最危险。

在可燃液体、气体的输送和储存，面粉、锯末、煤粉、纺织等作业的场所都有静电产生，而这些场所空气中常有气体、蒸气爆炸混合物或有粉尘、纤维爆炸混合物，火花放电最有可能导致火灾甚至爆炸。

（2）造成人体电击　虽然在通常的生产工艺过程中产生的静电量很小，静电所引起的电击一般尚不能致人于死，但却可能发生指尖受伤或手指麻木等机能性损伤或引起恐怖情绪等，更重要的是可能会因此而引起坠落、摔倒等第二次事故。电击还可能使工作人员精神紧张引起操作事故。

（3）造成产品损坏　静电放电对产品造成的危害，包括加工工艺过程中的危害（降低成品率）和产品性能危害（降低性能或工作可靠性）。

静电放电造成产品损坏，主要是对易于遭受静电放电损害的敏感电子产品，特别是对半导体集成电路和半导体分立器件的损害。其他行业的产品，例如照相胶片，也会因静电放电而引起斑痕损伤。

（4）造成对电子设备正常运行的工作干扰　静电放电时，可产生频带从几百千赫兹到几千兆赫兹、幅值高达几十毫伏的宽带电磁脉冲干扰。这种干扰可以通过多种途径耦合到电子计算机及其他电子设备中，导致电路发生反转效应，出现误动作。静电放电造成的杂波干扰无论是以电容性或电感性耦合，或通过有关信号通道直接进入设备和仪器的接收回路，除了使电器发生误动作外，还可能造成间歇式或干扰式失效、信息丢失或功能暂时遭到破坏，但可能对硬件无明显损伤。一旦静电放电结束和干扰停止，仪器设备的工作有可能恢复正常，重新输入新的工作信号仍能重新启动并继续工作。但是，在电子设备和仪器发生干扰失效后，由于潜在损伤，在以后的工作过程中随时可能因静电放电或其他原因使电子元器件过载，并最终引起致命失效。这种失效无规律可循。

强能量电子脉冲干扰使静电敏感元器件遭到破坏的事件不乏其例。例如，1971 年 11 月 15 日，欧洲发射的"欧-2"火箭，静电放电产生的电磁脉冲导致计算机误动作，使发射失败。

四、静电库仑力作用危害

（1）静电力　两个静止带电体之间的静电力就是那些电荷之间相互作用力的矢量和。静电力是以电场为媒介传递的，即带电体在其周围产生电场，电场对置于其中的另一带电体施以作用力，且两个带电体受到的静电力相等。

库仑定律表明，静电力做功与路径无关，是保守力，所以静电场是保守场，也称势场、非旋场，其电力线是不闭合的，可以引入电势（标量）来描述它。

在化学中，静电力是一种分子间的作用力。极性分子有偶极矩，偶极分子之间存在静电相互作用，这种分子间的相互作用称为静电力。所以静电力只存在于极性分子之间。

（2）**库仑力** 库仑定律是库仑通过扭秤实验总结出来的。扭秤的结构如下：在细金属丝下悬挂一根秤杆，它的一端有一平衡小球，另一端有平衡体，在小球旁还有另一与它一样大小的固定金属小球。为了研究带电体之间的作用力，先使平衡小球和金属小球各带一定的电荷，这时秤杆会因平衡小球端受力而偏转。转动悬丝上端的旋钮，使小球回到原来位置。这时悬丝的扭力矩等于施于小球上电力的力矩。如果悬丝的扭力矩与扭转角度之间的关系已事先校准、标定，则由旋钮上指针转过的角度读数和已知的秤杆长度，可以得知在此距离下平衡小球和金属小球之间的作用力，见图 6-2。

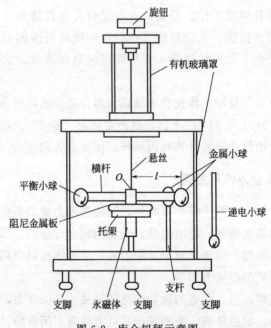

图 6-2 库仑扭秤示意图

库仑扭秤巧妙利用了对称性原理，按实验的需要对电量进行了改变。库仑让这个可移动球和固定的球带上同量的同种电荷，并改变它们之间的距离。通过实验数据可知，斥力的大小与距离的平方成反比。但是对于异种电荷之间的引力，用扭秤来测量就碰到了麻烦。经过反复思考，库仑借鉴动力学实验加以解决。库仑设想：假如异种电荷之间的引力也是与它们之间的距离平方成反比，那么只要设计出一种电摆就可进行实验。

通过电摆实验，库仑认为："异性电流体之间的作用力，与同性电流体的相互作用一样，都与距离的平方成反比。"库仑利用与单摆相类似的方法测定了异种电荷之间的引力也与它们的距离的平方成反比，不是通过扭力与静电力的平衡得到的。可见，库仑在确定电荷之间相互作用力与距离的关系时使用了两种方法，对于同性电荷，使用的是静电力学的方法；对于异性电荷，使用的是动力学的方法。正是这种库仑力的吸附，对不同行业和不同生产环境与条件以及不同产品，构成了各种各样的危害。

① 纺织行业中的化纤及棉纱，在梳棉、纺纱、整理和漂染等工艺过程中，因摩擦产生静电，其库仑力的作用，可造成根丝飘动、纱线松散、缠花断头、招灰等，既影响纺织品质量，又可造成纱线纠结、缠辊、布品收卷不齐等，影响生产的正常进行。

② 在造纸行业中，由于纸张传递速度快，与金属辊筒摩擦产生静电，往往造成收卷困难，吸污量增大而降低质量。印刷业中，纸张与油墨、机器接触摩擦而带静电，造成纸张"黏结"或数张不齐，套印不准，影响印刷质量。

③ 橡胶工业中的合成橡胶从苯槽中出来时，静电电位可高达250kV，压延机压出产品静电电位高达80kV，涂胶机静电电位达30kV，由于静电库仑力作用可造成吸污，使产品质量下降。

④ 水泥加工中，利用钢球研磨机将物料研细，由于干燥的水泥粉和钢球带有异性电荷，粉末吸附于钢球表面，降低了生产效率并使水泥成品粉粒粗细不均，影响质量。

⑤ 电子工业中制造半导体器件过程中，广泛使用石英及高分子物质制造的器具和材料，由于它们具有高绝缘性，在生产过程中可积聚大量电荷而产生强的静电。如此高的静电其力学作用会使车间空气中浮游尘埃吸附于半导体芯片上。芯片上元件密度极高和线

宽极小，即使尺寸很小的尘埃粒子或纤维束也会造成产品极间短路而使成品率下降。同时，吸附尘埃的存在和它们的可游动性，还是导致潜在失效的一种不稳定因素。

五、静电感应危险

在静电带电体周围，在其电场力作用所及的范围内，将使处在此区域中孤立的（即与地绝缘）导体与半导体表面上产生感应电荷，其中与带电体接近的表面带上与带电体符号相反的电荷，另一端则带上与带电体符号相同的电荷。由于整个物体与地绝缘，电荷不消散，其所带正负电荷由于带电体电场的作用而维持平衡状态，总电量为零。但是，物体表面正负电荷完全分离的这种存在状态，使物体充分具有静电带电本性。显然，其电位的幅值取决于原带电体所形成的电场强度。

静电感应是使物体带电的一种方式。因此，感应带电体既可产生库仑力吸附，又可与其他邻近的物体发生静电放电，并造成这两类模式的各种危险。例如，电子元器件在加工制造过程中，因各种原因产生的静电还可能在器件引线、加工工具、包装容器上感应出较高的静电电压，并由此引起半成品和成品的静电损害。

第三节　静电参数

静电学属于一门边缘科学，它在电学基础上衍生，并借鉴了电学、电子学、物理学、化学、材料学和管理工程学等多门学科的理论而发展起来。因此，上述学科中的许多概念、公式及参数在静电学中仍然适用。

为了解生产过程中静电起电情况，判断生产过程中静电的影响程度，检验静电防护用品、设施、工具和磁疗的静电性能，需要对静电性能参数进行了解和掌握。对这些静电性能参数的测量将起到积极的作用，也是静电防护工作中不可缺少的重要一环。

应当指出，有些静电参数在理论上虽然可以计算，但由于实际条件往往比较复杂，单靠理论计算难以获得工程需要的满意结果，必须依赖于测量。

常见静电参数如下：

一、静电电位

静电电位（电压）是静电场的标量函数，静电场中某点的静电电位值等于把单位正电荷从该点移至无限远处，静电场所做的功。它亦等于单位正电荷在该点的位能。理论上常常把无限远处作为电位零点，实际上则常取地球表面为电位零点。用符号 U 表示静电电位，单位为 V。静电电位、电荷量、静电电容之间的关系为：$U = Q/C$。在均匀电场中，电场强度等于单位距离的电位差。电位差测量技术比电场强度测量技术成熟且简便，故往往采用"电位"作为描写电场的物理量。

静电电位是带电体表面某点的静电位和某一指定参考点（通常是"地"）电位之间的差值。通常将地电位取为零，故带电体表面的静电电位值即代表了该处的静电压水平。

电位是与电荷成正比的物理量，电位的高低相对反映出物体带电的程度，所以可用测量电压（电位）的方式来了解电量的大小。

二、电阻与电阻率

电阻是物体阻碍电流通过的能力的一种表征。电荷在导体中运动时，会受到分子和原子等其他粒子的碰撞与摩擦，碰撞和摩擦形成了导体对电流的阻碍，这种阻碍作用最明显的特征是导体消耗电能而发热（或发光）。物体对电流的这种阻碍作用，称为该物体的电阻。电阻器在日常生活中一般直接称为电阻，是一种限流元件，将其接在电路中阻值是固定的，一般有两个引脚，电阻可限制通过它所连支路的电流大小。阻值不能改变的称为固定电阻器；阻值可变的称为电位器或可变电阻器。理想的电阻器是线性的，即通过电阻器的瞬时电流与外加瞬时电压成正比。用于分压的可变电阻器，在裸露的电阻体上，紧压着 1～2 个可移金属触点，根据触点位置确定电阻体任一端与触点间的阻值。

电阻的端电压与电流有确定的函数关系，是体现电能转化为其他形式能量的二端器件，用字母 R 来表示，单位为欧姆（Ω）。实际器件如灯泡、电热丝、电阻器等均可表示为电阻器元件。

电阻元件的电阻值大小一般与温度、材料、长度、横截面积有关。衡量电阻受温度影响大小的物理量是温度系数，其定义为温度每升高 1℃时电阻值发生变化的百分数。电阻的主要物理特征是变电能为热能，也可说它是一个耗能元件，电流经过它就产生内能。电阻在电路中通常起分压、分流的作用。对信号来说，交流与直流信号都可以通过电阻。

电阻率是用来表示各种物质电阻特性的物理量。某种物质所制成的元件，在常温（20℃）下的电阻与横截面积的乘积与长度的比值叫作这种物质的电阻率。电阻率与导体的长度、横截面积等因素无关，是导体材料本身的电学性质，由导体的材料决定，且与温度有关。

电阻率在国际单位制中的单位是 Ω·m（欧姆·米或欧·米）。常用单位为 Ω·cm（欧姆·厘米）。

物质的电阻率在数值上等于用该种物质做的长 1m、截面积为 1mm² 的导线在温度为 20℃时的电阻值。

在静电防护领域，涉及的物体电阻包括体积电阻和表面电阻，它们都是与静电泄漏密切相关的物理特征参数。体积电阻定义为施加于被测样品的两个相对表面上的电极之间的直流电压与流经这两个电极的稳态电流的比值。表面电阻定义为施加于被测样品表面的两个电极之间的直流电压与流经这两个电极之间的稳态电流的比值。

同样，电阻率也分为体积电阻率和表面电阻率。体积电阻率是表征物体电荷移动和电流流动难易程度的物理量，它定义为材料内直流电场强度与稳态电流密度的比值。体积电阻率与体积电阻之间存在下列关系：

$$R_v = \rho_v \frac{b}{S} \quad 或 \quad \rho_v = R_v \frac{S}{b}$$

式中　R_v——体积电阻，Ω；

ρ_v——体积电阻率，$\Omega \cdot m$；

b——材料厚度，m；

S——电极相对面积，m^2。

表面电阻率定义为在材料表层内直流电场强度与线电流密度的比值。实际上，它等于在两个相对电极内每平方毫米面积上的表面电阻值。在国际单位制中，表面电阻率的单位是 Ω（欧姆）。根据定义，可以导出表面电阻率和表面电阻之间存在下列关系：

$$\rho_s = R_s \frac{l}{d}$$

式中　R_s——表面电阻，Ω；

l——电极长度，mm；

d——两电极之间的距离，mm。

物体因摩擦和接触、分离都可在其表面上产生静电荷。对于高电阻率的物体，其上静电荷中和或泄漏的时间很长，因而使物体长时间带电；对于低电阻率的物体，其上静电荷会很快泄漏中和，使物体不易带电。因此，研究静电防护时，测量物质的电阻率，对于静电的控制很重要。

三、接地电阻

接地电阻是电流由接地装置流入大地再经大地流向另一接地体或向远处扩散所遇到的电阻。接地电阻值体现电气装置与"地"接触的良好程度和反映接地网的规模。

接地在静电防护技术上，具有特别重要的作用，它是实现静电防护的重要措施之一。因此，对接地电阻参数的测定是定量评价、考核、监控接地系统运行状态的唯一手段。

接地电阻就是用来衡量接地状态是否良好的一个重要参数，它包括接地线和接地体本身的电阻、接地体与大地之间的接触电阻，以及两接地体之间大地的电阻或接地体到无限远处大地的电阻。接地电阻大小直接体现了电气装置与"地"接触的良好程度，也反映了接地网的规模。接地电阻的概念只适用于小型接地网。随着接地网占地面积的加大以及土壤电阻率的降低，接地阻抗中感性分量的作用越来越大。大型接地网应采用接地阻抗设计。

四、静电半衰期

静电半衰期是静电电压衰减到原始数值的一半所需要的时间，对于静电电荷衰减又称为电荷散失时间常数，主要受材料表面比电阻、纤维尖端放电等影响。

LFY-401 静电半衰期测试仪在实验室条件下，适用于测定纤维、纱线、织物、地毯、装饰织物和其他各品种织物或各种板状制成品的静电性能。仪器主机由电晕放电装置和探头检测器组成。利用给定的高压电场，对织物定时间放电，使织物感应静电，从而进行静电电量大小、静电压衰减的半衰期、静电残留量的检测，以显示被测织物的带静电性能。

对于像塑料、橡胶、化纤织物等高分子材料来说，其泄漏电荷的能力通常用静电半衰期表征。静电半衰期 $t_{1/2}$ 与材料自身物理特性的关系如下：

$$t_{1/2} = 0.69\varepsilon\rho = 0.69RC$$

式中　R——试样的对地泄漏电阻；

　　　C——试样的对地分布电容；

　　　ε——材料的介电常数；

　　　ρ——材料的电阻率。

显然，各种材料由于其物理特性不同，$t_{1/2}$ 值差异很大，导电性能好的材料可能只有几秒甚至几毫秒，而绝缘材料则可能长达数小时甚至数天。

五、静电电量

静电电量是反映物体带电情况最基本的物理量之一。若带电体为一个导体，则所带电荷全部集中于物体表面上，而且表面上各点的电位相等。所以，对于导体带电时电量的测量，可通过接触式静电电压表，然后按照基本关系式 $Q = CU$ 计算出带电量 Q。

EST103 静电计介绍：

该仪表是在 FS3 型静电计和 B21 型静电电压表的基础上改进后的新型静电计。

1. 特点

（1）具有极高的输入阻抗（$>1 \times 10^{14} \Omega = 100T\Omega$），几乎不消耗被测量物体任何电。

（2）运用灵活，可测量高电压（50kV 以上）、微电流（0.001pA）以及高电阻等。

（3）符合国家标准 GB/T 11210《硫化橡胶或热塑性橡胶抗静电和导电制品 电阻的测定》的要求。

（4）符合国际标准 ISO 1853《硫化或热塑性的导电和耗散橡胶电阻率（系数）的测定方法》的要求。

（5）符合国家标准 GB/T 2439《硫化橡胶或热塑性橡胶 导电性能和耗散性能电阻率的测定》的要求。

（6）符合国家标准 GB 12014《防护服装 防静电服》或日本 JIS-T-8118《防静电工作服》的要求。

（7）符合国家标准 GB/T 12703《纺织品静电测试方法》的要求。

2. 技术指标

（1）测量范围：DC $\pm 0.0001 \sim \pm 200$V。

（2）准确度：$\pm$（0.5％读数＋2 字）。

（3）输入阻抗：$1 \times 10^{14} \Omega$（100TΩ）。

（4）漂移：时间漂移小于 0.1％/24h；温度漂移小于 0.01％/℃。

（5）电源：220V、AC、50Hz、10W。

（6）质量：2kg。

（7）尺寸：220mm×230mm×80mm。

六、静电荷消除能力

静电荷是一种处于静止状态的电荷。物质都是由分子构成的，分子是由原子构成的，原子中有带负电荷的电子和带正电荷的质子。在正常状况下，一个原子的质子数与电子数相同，正负电荷平衡，所以对外表现出不带电的现象。但是电子环绕于原子核周围，经外力作用即脱离轨道，离开原来的原子 A 而侵入原子 B，原子 A 因失去电子而带有正电，称为阳离子；原子 B 因得到电子而带负电，称为阴离子。

对于绝缘物质带电，或被绝缘了的导体带电，由于不可能依靠向大地泄漏电荷的方法消除静电，故利用离子风静电消除器发出的正的或负的离子去中和带电体上的电荷，便成了消除这些带电体上的静电荷的主要手段。于是，电荷中和能力是评价电离器的主要参数。

七、表面电荷密度

从宏观效果来看，带电体上的电荷可以认为是连续分布的。电荷分布的疏密程度可用电荷密度来度量。体分布的电荷用电荷体密度来度量，面分布和线分布的电荷分别用电荷面密度和电荷线密度来度量。表面电荷密度表示电荷分布疏密程度。电荷分布在物体内部时，单位体积内的电量称为体电荷密度；分布在物体表面时，单位面积上的电量称为面电荷密度；分布在线体上时，单位长度上的电量称为线电荷密度。固体带电时，电荷分布在表面，固体尖端处面电荷密度最大。流动液体的电荷混杂在液体之中。粉体带电状况随粉体的分散、悬浮、沉积而随机变化。气体带电是气体中悬浮的粉体状颗粒（如水分、杂质）带电。

表面电荷密度 σ 是表征纺织品材料表面静电起电性能的主要参数。制作工作服及座椅套等的材料随时会受到人体动作的牵动、摩擦、接触、分离等物理作用而产生静电。σ 值表征了这类材料在受到动作后的静电发生水平。所以，要对人体静电进行防护，需对 σ

值进行测试，以利控制。

八、液体介质电导率

电导率为物理学概念。在介质中，电导率与电场强度 E 之积等于传导电流密度 J。电导率的单位是西门子/米（S/m）。

液体静电的产生和液-固交界面的偶电层厚度关系很大，即偶电层厚度 δ 与液体弛豫时间常数 τ 的 $1/2$ 次方成正比。由于 $\tau = \varepsilon/\sigma$，所以，液体弛豫时间常数的大小主要由电导率 σ 决定，对大多数液体介质来说，介电常数 ε 的差别很大。

当电导率增大时，时间常数和偶电层厚度将减小，静电的产生将减少。所以，液体介质的电导率 σ 不仅是标志液体绝缘程度好坏的一个物理参数，也是直接反映液体存在静电危险程度的重要参数。

九、粉体静电性能参数

粉体是固体物质的一种特殊形态，其导电性能与固体物质有显著的不同，存在不均匀性、不稳定性。产生这种不同的原因是粉体存在状态的不均匀性和弥散性及粒子之间的无序排列。

另外，一般粉状物质都具有较大的吸湿性，故电性能测量受湿度的影响较大。粉体电性能测量时，温度和气压有时也有相当影响。所有这些，造成了粉体静电性能参数测量的复现性较差。

在气流加工和管路输送过程中，由于频繁地发生物料与管壁、容器壁之间以及粉状物料粒子彼此之间的接触和分离，所以呈现明显的带电过程。一些粉状物料，例如硝铵炸药和 TNT 炸药等火工产品，其体积比电阻多在 $10^{11} \sim 10^{15}\,\Omega \cdot cm$ 之间，属于易于积累静电的危险物质。为此，更增加了人们对粉体静电防护的关注。尽管粉体静电性能参数测量复现性差，但也能够提供一些定量描述和可供比较的数据，所以，研究粉体静电性能参数测量仍具有一定的现实意义。

十、人体静电参数

静电场中的操作者或其他相关工作者的身体是一种危险的静电源，并且因人体的活动性而使危险加大。从静电的角度看，在通常情况下，人体相当于具有一定电阻值的导体（据国外资料介绍的实测统计结果，人体电阻值在 $1000\sim5000\Omega$ 范围内。人体电阻的变化主要受皮肤表面上的水分、盐分和油的残留物，以及皮肤与电极的接触面积和接触压力等因素的影响，但大多数人体电阻为 1500Ω 左右），所以，人体不会积蓄电荷。但是，如果人体被衣履绝缘于大地而形成孤立导体，则可积累静电荷，并引起十分可观的高电位。这种人体带电既可能成为静电火灾、爆炸等安全事故的诱发原因，又可能导致静电敏感产品功能失效。因此，控制人体带电始终是静电防护工作中不可忽视的内容之一，而有关人体静电参数的测量，则属于人体静电控制工作的重要组成部分。

人体静电参数包括以下几个。

（1）人体对地电容　人体既然表现为一个导体，那么由于衣履的隔绝作用，必然对地产生一定的电容。大地相当于以人体作为电容器的一个极板，以衣履作为电介质，使人体与大地之间构成一个电容器。显然，这个电容器容量的大小除与衣履特性（介电常数和尺寸等）有关外，还受人体特征、身材、姿势、动作等影响。鉴于电容 C、电量 Q 和电压 U 三者之间的基本关系 $U=Q/C$ 的存在，人体对地电容的变化不定，将导致人体对地电压的变化不定。

（2）人体静电位　通常认为大地电位为零，故人体静电位即人体对地电压。人体对地电压 U 由人体静电电荷 Q 和人体对地电容 C 来决定。由于人体对地电容 C 值通常很小，人体电位有时会高达几十千伏的数量级。人体电位属于造成静电危害的直接参数，故常被作为控制指标来对待。例如，确定防静电腕带串接电阻上限值时，是以保持人体皮肤上的静电位小于 100V 为条件的。

（3）人体对地电阻　就静电防护而言，研究人体自身电阻意义不是很大，但讨论人体对地电阻非常有现实意义。人体对地电阻指人体在正常穿戴静电防护衣履和腕带情况下的对地泄漏电阻值。该值下限的确定对于静电防护无关紧要，主要受人体安全因素制约，在非正常情况下，当人体触及 $200\sim380V$ 工频电压时，应确保流过人体的电流小于 $5mA$（经计算，对地电阻需大于 $1\times10^5\Omega$）。确定人体对地泄漏电阻的上限时，则以考虑泄漏电荷的能力为依据。例如，从确保电子敏感产品免受静电损伤考虑，要求人体电位应在 $100V$ 以下，而且要求从静电起电初始电压下降至 $100V$ 的时间不超过 $0.1s$。否则，难保证电子敏感产品不受损坏。如果假定人体的初始电压 $U_0=5000V$，人体对地电容 $C=200pF$，安全电压上限 $U=100V$，过渡时间 $t=0.1s$，则按照公式 $U(t)=U_0e^{-1/RC}$，可计算求得人体泄漏电阻为 $1.28\times10^8\Omega$，此值即为人体接地电阻的上限。工程上兼顾人体安全和静电泄漏的需要，将人体对地电阻控制在 $1M\Omega$ 左右。

不难看出，人体带电（人体起电情况和人体放电情况）受人体对地电阻和人体对地电容制约，符合公式 $U=U_0e^{-1/RC}$ 的综合结果。因而，控制人体对地电阻是控制人体带电的重要手段。

第四节　静电的消除

通过前面的介绍，我们已经知道任何两个物体的接触和分离都会产生静电，即使是同一类物体，由于表面状态（如表面污染、腐蚀和粗糙度）不同，在发生接触、分离时也会因表面逸出功的差异而产生静电。此外，通过静电感应或静电极化作用，可以使原来不带电的物体成为带电体。这种物质静电带电现象，可以表现于固体，也可以表现于液体、气体和粉体。因此，静电的产生是一种很普遍的自然现象。

当静电的存在超过一定的限度时可以场强、电位或存储能量的形式体现，应控制其在可以接受的程度，应尽可能地减小危害。工程中适用的静电防护措施尽管五花八门，但其基本思路总是紧密围绕下列几点：

① 尽量减少静电荷的产生。

② 对已产生的静电尽快予以消除，包括加速其泄漏、中和及降低其强度。

③ 最大限度地减小静电危害。

④ 严格静电防护管理，以保证各项措施的有效执行。

一、控制静电场合的危险程度

在静电放电时，它的周围必须有可燃物存在才是酿成静电火灾和爆炸事故的最基本条件。因此控制或清除放电场合的可燃物，就成为防静电灾害的重要措施。

1. 用非可燃物取代易燃介质

在石油化工等行业的生产工艺过程中，都要大量使用有机溶剂和易燃液体（比如煤油、汽油和甲苯等），这样就给工业生产带来了很大的危险性。这些闪点很低的液体很容易在常温常压条件下，形成爆炸混合物，易发生火灾或爆炸事故。如果在生产工艺中，用非可燃物取代易燃介质，就会大大减小静电危害的可能性。

2. 降低爆炸性混合物的浓度

当可燃液体的蒸气与空气混合，达到爆炸极限浓度范围时，遇到引火源就会发生火灾和爆炸事故。同时发现，爆炸温度也有上限和下限之分。也就是当温度在此上、下限范围内时，可燃物液体蒸气与空气混合物的浓度也恰好在爆炸极限的范围内。这样我们就可利用控制爆炸温度来限制可燃物的爆炸浓度。例如，灯用煤油爆炸温度是 $40\sim86℃$；酒精是 $11\sim40℃$；乙醚是 $-45\sim13℃$ 等。

3. 减少氧含量或采取强制通风措施

限制或减少空气中的氧含量，显然可使可燃物达不到爆炸极限浓度。减少空气中的氧含量可使用惰性气体，一般来说，氧含量不超过 8％时就不会引起可燃物燃烧和爆炸。一旦可燃物接近爆炸浓度，采用强制通风的办法，抽走可燃物，补充新空气，则不会引起事故。

比较常见的是充填氮气或二氧化碳，降低混合物中的氧含量。国外 10 万吨级以上的油轮和 5 万吨级以上的混合货轮都要求安装填充氮气等惰性气体的系统。对于镁、铝等金属粉尘与空气形成的爆炸性混合物，必须充填氮、氩等惰性气体。

二、减少静电荷的产生

静电荷大量产生并积累至事故电量，这是静电事故的基础条件。如果能控制和减少静电荷的产生，就可以认为不存在点火源，就根本谈不上静电事故了。

1. 正确选择材料

（1）选择不容易起电的材料　当物体的电阻率达到 $10^{10}\,\Omega\cdot m$ 以上时，物体经过很简单摩擦就会带上几千伏以上的静电高压，因此，在工艺和生产过程中，可选择电阻率在 $10^9\,\Omega\cdot m$ 以下的固体材料，以减少摩擦带电。如煤矿中煤的输送带的托辊是塑料制品，换成金属或导电塑料可避免静电荷的产生和积累。

（2）按带电序列选用不同材料　不同物体之间相互摩擦，物体上所带电荷的极性与它在带电序列中的位置有关，一般在带电序列前面的相互摩擦带正电，而后面的则带负电。于是可根据这个特性，在工艺过程中选择不同材料，与前者摩擦带正电荷，而与后者摩擦带负电荷，最后使物料上所形成的静电荷互相抵消，从而达到消除静电的效果。根据静电序列适当地选用不同的材料而消除静电的方法称为正、负相消法。

（3）选用吸湿性材料　吸湿性是纤维的物理性能的指标之一，指材料在空气中能吸收水分的性质，通常把纤维材料从气态环境中吸收水分的能力称为吸湿性。这种性质和材料的化学组成与结构有关。对于无机非金属材料，除了和材料的表面化学性质有关外，还和材料形成的微结构有关，如果是毛细孔，其吸湿能力就比较强。除此之外，还和毛细孔的直径与结构相关，对于有机高分子材料也是如此。金属表面也有吸附水分子的性质，和金属元素的性质以及表面结构状态相关。

根据生产工艺要求必须选用绝缘材料时，可以选用吸湿性塑料，或将塑料上的静电荷沿表面泄漏掉。

2. 改进工艺过程

① 改进工艺中的操作方法可减少静电的产生。例如在橡胶制品生产中使用汽油作有机溶剂，由于橡胶是绝缘材料，在摩擦过程中容易产生静电，汽油在常温下又容易挥发，所以使操作部位形成有爆炸危险的混合物，这样就产生了双重危害性。应改进工艺过程，避免或减少静电的产生。又如在制造雨衣时，上胶以后要用刮刀进行刮胶，刮胶工序中刮刀（金属）与橡胶瞬间快速分离，不仅产生上万伏静电，同时还易产生静电火花。因此，这个工序经常发生静电火灾事故。为了减少静电事故，将刮胶改为金属滚碾胶，这样就大大减少了工艺中的静电现象，也消除了刮胶过程的静电火灾。

② 改变工艺操作程序可降低静电的危险性。例如在搅拌作业过程中，如适当安排加料顺序，则可降低静电的危险性。又如某一工艺过程中最后加入汽油，浆液表面的静电电位高达 $11\sim13kV$。改进工艺，先加入部分汽油与氧化锌和氧化铁进行搅拌，再加入石棉填料和不足部分的汽油，就会使这种浆液的表面电位降至 $400V$ 以下。

3. 降低摩擦速度或流速

① 降低摩擦速度。测量结果显示，增加物体之间的摩擦速度，可使物体所产生的静电量成几倍几十倍增大。反之，降低摩擦速度，产生的静电大大减少。例如，在制造电影胶片时，底片快速缠绕在转轴上，底片的静电电位可高达 $100kV$，并于空间放电，会在胶片上留下"静电斑痕"。又如，印刷机辊筒的转速达 $40m/min$ 时，纸张可带电 $65kV$，它足以将油墨引燃。因此，降低摩擦速度对减少静电的产生是大有益处的。

② 降低流速。在油品营运过程中，包括装车、装罐和管道运

输等，油品的静电起电与液流流速的 1.75～2 次方成正比，故一旦增大流速就会形成静电火灾和爆炸事故，这是在油品事故中较为普遍的一种火灾原因。为此，必须限制燃油的流速。

为了限制在管道中静电荷的产生，必须降低流速，按表 6-1 中的推荐值执行。但当油罐或管道中存在可燃气体时，起始流速应控制在 1m/s 的范围内，当油管被油品淹没时，才能使流速逐渐达到推荐流速。

表 6-1　不同流量、管径和油品的流速　单位：m/s

装卸量/(t/h)	管径/mm	汽油 0.71	苯 0.88	灯油 0.8	柴油 0.88	内燃机燃油 0.9
0.25	75	2.2	1.7	1.92	1.8	1.7
	100	1.25	1.0	1.1	1.1	1.0
50	75	4.4	3.4	3.84	3.6	3.4
	100	2.5	2.0	2.2	2.1	2.0
	150	1.1	0.86	0.96	0.92	0.84
100	75	8.8	6.8	7.68	7.2	6.8
	100	5.0	4.0	4.4	4.2	4.0
	150	2.2	1.7	1.92	1.8	1.7
150	100	7.5	6.0	6.6	6.4	6.0
	150	3.3	2.75	2.9	2.76	2.5
	200	1.9	1.5	1.55	1.6	1.5
200	100	10.0	8.0	8.8	8.4	8.0
	150	4.4	3.4	3.84	3.6	3.4
	200	2.5	2.0	2.2	2.2	2.0
250	100	12.5	10.0	17.0	10.5	10.0
	150	5.5	4.3	4.8	4.6	4.2
	200	3.1	2.5	2.7	2.6	2.5

（表头：油品／密度/(g/cm³)）

续表

装卸量/(t/h) 管径/mm		油品 密度 /(g/cm³)	汽油 0.71	苯 0.88	灯油 0.8	柴油 0.88	内燃机燃油 0.9
300	150		6.6	5.2	5.8	5.5	5.0
	200		3.8	3.0	3.3	3.2	3.0
350	150		7.7	6.0	6.7	6.4	5.9
	200		4.4	3.5	3.9	3.8	3.5

允许流速是液体带电达到允许最大带电量时的流速,因此,此限定值与它的起电能力大小有关。例如,当电阻率不超过 $10^5\Omega\cdot m$ 时,允许流速不超过 10m/s;当电阻率在 $10^5\sim10^9\Omega\cdot m$ 时,允许流速不超过 5m/s;当电阻率超过 $10^9\Omega\cdot m$ 时,允许流速取决于液体的性质、管道的直径、管道内光滑程度等条件,不能一概而论,但 1.2m/s 的流速是允许的。

粉体在管道内输送,带电情况大约与气流流速的 1.8 次方成正比。由于粉体的静电起电非常复杂,很难用一个允许参数值来表达,所以一般都按经验得出允许的工艺参数和气流允许流速。

4. 减少特殊操作中的静电

① 控制注油和调油方式。研究结果表明,在顶部注油时,由于油品在空气中喷射和飞溅将在空气中形成电荷云,经过喷射后的液滴将带着大量的气泡、杂质和水分,发生搅拌、沉浮和流动,这样在油品中会产生大量的静电并累积成引火源。例如,在进行顶部装油时,如果空气呈小泡混入油品,开始流动的瞬间与油品的管内流动相比,起火效应增大约 100 倍。所以,调油方式以采用泵循环、机械搅拌和管道调和为好。注油方式以底部进油为宜。

② 采用密封装车。密封装车是将金属鹤管伸到车底,用金属鹤管保持良好的导电性。选择较好的分装配头,使油流平稳上升,从而减小摩擦和油流在罐内翻腾。同时,密封装车避免了油品的蒸

发和损耗。试验证明，飞溅式装车，油品电位可高达 $10\sim30\mathrm{kV}$；而密封装车油品电位约在 $7\mathrm{kV}$ 以内，保证了油品安全。一般密封装车时，车体内保持 $2\times10^4\mathrm{Pa}$ 的正压，外部空气无法进入罐车内，从而使罐体内的蒸气不能与空气形成爆炸性混合物，从根本上保证了装车安全。

三、减少静电荷的积累

1. 静电接地

接地技术是任何电气和电子设备与设施在工程设计及施工中的一项重要技术，也是产品、设施（特别是处于有燃烧、爆炸可能性的危险环境中时）静电防护的一项重要技术。接地是静电防护中最有效和最基本的技术措施之一。良好的接地是保证静电电荷迅速泄漏，从而避免静电危害发生的有效手段。

① 接地类型。静电接地类型包括下述三种：

a. 直接接地，即将金属导体与大地进行导电性连接，从而使金属导体的电位接近于大地电位。

b. 间接接地，即使金属导体外部的静电导体和静电亚导体表面与接地的金属导体紧密相连，将此金属导体作为接地电极。

c. 跨接接地，即通过机械和化学方法把金属物体进行结构固定，从而使两个或两个以上互相绝缘的金属导体进行导电性连接，以建立一个供电流流动的低阻抗通路，然后再接地。

② 接地对象。接地对象有下列几种：

a. 凡用来加工、储存、运输各种易燃液体、可燃气体和可燃粉体的设备和管道，如油罐、储气罐、油品运输管道装置、过滤器、吸附器等均需接地。

b. 注油漏斗、工作台、磅秤、金属检尺等辅助设备均应予接地，并与工作管路互相跨接起来。

c. 在可能产生静电和累积静电的固体和粉体作业中，所有金属设备或装置的金属部分如托辊、磨、筛及混合、风力输送等装置均应接地。

d. 采用绝缘管输送物料时，为防止静电产生，管道外部应采用屏蔽接地，管道内应衬有金属螺旋软管并接地。

e. 人体是良好的静电导体，在危险的操作场合，为防止人体带电，对人体必须采取良好的接地。

f. 在爆炸危险区域和火灾危险场所内，凡金属导体有可能产生静电和带电时，不论其大小如何，必须进行静电接地。

g. 对非导电材料可以采用涂导电涂料接地。

③ 接地要求。一般来说，如果带电体对地绝缘电阻约在 $10^6\ \Omega$ 以下时，电荷泄漏很快，单是为了消除静电，接地电阻在 $10^6\ \Omega$ 以下就足够了，可是为了防止电气漏电或雷击的危险，接地电阻必须在 10Ω 或数欧姆以下。同时，消除静电接地也可与电力设备装置或避雷保护装置的接地共用。

防静电的接地装置与电气设备接地共用接地网时，其接地电阻值应符合电气设备接地的规定；防静电的接地装置采用专用接地网时，每一处接地体的接地电阻不应小于 100Ω。

设备、机组、储罐、管道等的防静电接地线，应单独与接地体或接地干线相连，不能相互串联接地。

容量大于 $50\mathrm{m^3}$ 的储罐，其接地点不应少于两处，且接地点的间距不应大于 $30\mathrm{m}$。并应在罐体底部周围对称地与接地体连接，接地体应连接成环形的接地网。

室外储罐如无防雷接地，则需单独进行静电接地，其静电接地电阻不得大于 100Ω，且有两个接地点，其间隙仍然不得大于 $30\mathrm{m}$。

易燃或可燃液体的浮动式储罐，其罐顶与罐体之间，应用截面积不小于 $25\mathrm{mm^2}$ 的钢软绞线或铜软线跨接，且其浮动式电气装置的电缆，应在引入储罐处将钢铠、金属包皮可靠地与罐体相连接。

露天敷设的可燃气体、易燃或可燃液体的金属管道，当做防静电接地时，管道每隔 $20\sim25\mathrm{m}$ 有一处接地，每处的接地电阻不应大于 10Ω。

2. 增加空气的相对湿度

对于吸湿性材料，如果增大空气的相对湿度，绝缘材料表面就会形成一薄层水膜，水膜厚度约 10^{-9} cm。由于水雾中含有杂质或金属离子，所以使物体表面形成良好的导电层，将所积累的静电荷从表面泄漏掉。例如，可以使用各种适宜的加湿器、喷雾装置，还可采用湿拖布擦地面或洒水等方法以提高带电体附近或环境的湿度，在允许的情况下尽量选用吸湿性材料。

3. 采用抗静电添加剂

抗静电添加剂是一种表面活性剂，在绝缘材料中掺杂少量的抗静电添加剂就会增大该种材料的导电性和亲水性，使绝缘性能受到破坏，体表电阻率下降，促进绝缘材料上的静电荷被导走。

在非导体材料、器具的表面通过喷、涂、镀、敷、印、贴等方式附加上一层物质，可增加表面电导率，加速电荷的泄漏与释放。

在塑料、橡胶、防腐涂料等非导电材料中掺加金属粉末、导电纤维、炭黑粉等物质，可增加其导电性。

在布匹、地毯等织物中混入导电性合成纤维或金属丝，可改善织物的抗静电性能。

在易产生静电的液体（如汽油、航空煤油等）中加入化学药品作为抗静电添加剂，可改善液体材料的电导率。

4. 采用静电消除器消除静电

静电消除器又称为静电消电器或静电中和器。它是借助于空气电离或电晕放电使带电体上的静电荷被中和，即利用极性相反的电荷中和的方法，达到消除静电的目的。

静电消除器按工作原理不同，可分为感应式静电消除器、附加高压静电消除器、脉冲直流静电消除器和同位素静电消除器。

① 感应式静电消除器。它是利用带电体的电荷与被感应放电针之间发生电晕放电使空气被电离的方法来中和静电。

② 附加高压静电消除器。为达到快速消除静电的效果，可在放电针上加交、直流高压，使放电针与接地体之间形成强电场，这样就加强了电晕放电，增强了空气电离，达到中和静电的效果。

③ 脉冲直流静电消除器。脉冲直流静电消除器是一种新型、高效的静电中和装置，特别适合电子和洁净厂房。由于正、负离子

的数量和比例可调节，更适合无静电机房的需求。该静电消除器的特点是有正、负两套可控的直流高压电源，它们以 4～6s 的周期轮流交替地接通、关断，从而交替地产生正、负离子。

④ 同位素静电消除器。它主要是利用同位素射线使周围空气电离成正、负离子，中和积累在生产物料上的静电荷。同位素射线材料中尤其以 α 射线放射比活度高，对空气电离效果极佳，因此消除静电的效果很好。

各种静电消电器的特性和使用范围见表 6-2，请参照选择使用。

表 6-2　静电消电器的种类、特征及消电对象

类型		特征	消电对象
附加高压静电消除器	标准型	消电能力强，机种丰富	薄膜、纸、布
	送风型	鼓风机型、喷嘴型等	配管内、局部场所
	防爆型	不会成为引火源，但机种受限制	可燃性液体
	直流型	消电能力强，但有时产生反带电	单极性薄膜
感应式静电消除器	导电纤维、导电橡胶、导电布	使用简单，不易成为引火源，但初级电位低，消电能力弱，在 2～3kV 以下不能消电	薄膜、纸、布、橡胶、粉体等
脉冲直流静电消除器	正、负直流脉冲电压	消电能力很强，防火性好，可控制正、负离子比例	电子、洁净厂房
同位素静电消除器	静电放射源	不会成为引火源，但要进行放射线管理，消电能力最弱	密闭空间内

5. 人体静电防护措施

从静电学的角度看，人是特殊的导体。人的特殊性主要表现为人的活动性。因此，人与各种物体之间发生的接触、分离和人体自身活动，都会导致静电的产生，并蕴藏着大量的不确定因素，例如接触面积、压力、表面状况、着装和鞋子状况等。人体的导体性质

表现为人体对于通过的电流具有一定的阻值范围。因此，人既可发生接触带电，也可发生感应带电。另外，人因与地面接触情况的差异，可表现为不同的人体对地电容值。如果穿上绝缘鞋就构成一个储能电容器，其电容值大约在 $150\sim300pF$；人穿上胶鞋在铺有橡胶的地面上走路时，鞋子与地面摩擦，可带上 $5000\sim15000V$ 的静电高压。人体带电如超过 $10000V$ 高压时，人体放电能量可达 $5mJ$ 以上，足以使可燃液体、可燃气体与空气的混合物发生燃烧和爆炸。

① 人体静电的产生

a. 摩擦起电。人在操作中的动作和肢体活动，由于所穿衣服、鞋子与其他物体、地面发生摩擦，从而使衣服和鞋子带电，再通过传导和感应，最终使人体各部分呈带电状态。人在操作中，将使所穿的衣服、帽子、手套等相互之间发生摩擦而产生静电。人在脱衣服、鞋、袜、手套等时，由于这些物品与人体之间或物品与物品的快速剥离而带电，虽然起电时间很短，但起电速率很快，而累积电位较高，具体结果已列入表 6-3。

表 6-3　所穿鞋、袜与人体带电的关系

鞋	袜			
	赤脚	尼龙	薄尼龙袜	导电袜
	人体电位/kV			
橡胶底运动鞋	20.0	19.0	21.0	21.0
皮鞋(新)	5.0	8.5	7.0	4.0
静电鞋($10^7\Omega$)	4.0	5.5	5.0	6.0
静电鞋($10^6\Omega$)	2.0	4	3.5	3.0

b. 感应起电。当不带电人体与带电的物体靠近而进入带电体的静电场时，由于静电感应使人体感应起电。此时，如果人体与地之间绝缘，则成为静电场中的孤立带电导体。

c. 传导起电。人体直接接触带电物体时，或者与带电物体接近发生静电放电时，都可使带电体上的电荷发生转移而到达人体，并使人体和所穿衣物带电。

② 人在带有静电的微粒粉体和雾状液粒空间活动和工作时，带电的粉体、雾、灰尘或离子等吸附于人体之上，也可使人体及所穿衣物吸附带电。

③ 人体带电的消除方法。人体静电消除的主要目的包括：防止人体电击事故发生及由此产生二次事故；防止带电的人体放电，成为气体、粉体、液体的点火源；防止带电的人体放电造成静电敏感电子元器件的击穿损坏。

人体静电的防护要求，例如人体最高允许电位、人体对地电阻和对地电容、人体服装允许最大摩擦起电量等，因防护目的和人体所处静电环境的不同而差异很大。

a. 人体直接接地。在爆炸和火灾危险场合的操作人员，可使用导电性地面或导电性地毯、地垫，采用防静电手腕带和脚腕带与接地金属棒或接地电极直接连接起来，消除人体静电。

b. 人体间接接地。采用导电工作鞋及导电地面与大地连接起来，可防止人体在地面上进行作业时产生静电荷的积累。

c. 服装防护。人应穿戴防静电工作服、帽子、手套、指套等，其作用是减少静电的产生、增强静电的泄漏和防止静电荷的局部积累等。即使工作服里面穿的衣服，也应是纯棉制品或经过防静电处理过的，不能穿化纤衣服或普通毛料、丝绸衣物。

d. 环境保护。在可能条件下维持足够高的湿度，例如维持房间内湿度 65％以上；使用洁净技术，包括洁净厂房、洗空气浴、吹离子风等，以减小空气中和衣物上的含尘浓度，这些都是防止人体附着带电的有效措施。

6. 抑制静电放电和控制放电量

① 抑制静电放电。静电火灾和爆炸危害是由静电放电造成的。因此，只有产生静电放电，而放电能量等于或大于可燃物的最小点火能量时，才能引发静电火灾。如果没有放电现象，即使环境的静电电位再高、能量再大也照样不会形成静电灾害。

带电物体与接地导体或其他不接地体之间的电场强度达到或超

过空间的击穿场强时，就会发生放电。对空气而言，其被击穿的均匀场强是 33kV/cm，非均匀场强可降至均匀场强的 1/3。于是我们可使用静电场强计或静电电位计，监视周围空间静电荷累积情况，以防静电事故发生。

② 控制放电量。综上所述，发生静电火灾或爆炸事故的条件，一是存在放电，二是放电能量必须大于或等于可燃物的最小点火能量。于是可根据第二个引发静电事故的条件，采用控制放电量的方法，来避免产生静电事故。

第七章

带电作业安全技术

第一节　一般安全规定及安全技术

一、带电作业

带电作业是指在高压电气设备上不停电进行检修、测试的一种作业方法。电气设备在长期运行中需要经常测试、检查和维修。带电作业是避免检修停电，保证正常供电的有效措施。带电作业的内容可分为带电测试、带电检查和带电维修等几方面。带电作业的对象包括发电厂和变电所电气设备、架空输电线路、配电线路和配电设备。带电作业的主要项目有：带电更换线路杆塔绝缘子，清扫绝缘子，水冲洗绝缘子，压接修补导线和架空地线，检测不良绝缘子，测试更换隔离开关和避雷器，测试变压器温升及介质损耗值。带电作业根据人体与带电体之间的关系可分为三类：等电位作业、地电位作业和中间电位作业。

1. 分类

等电位作业时，人体直接接触高压带电部分。处在高压电场中的人体，会有危险电流流过，带电作业危及人身安全，因而所有进入高压电场的工作人员，都应穿全套合格的屏蔽服，包括衣裤、鞋袜、帽子和手套等。全套屏蔽服的各部件之间，须保证电气连接良好，最远端之间的电阻不能大于 20Ω，使人体外表形成等电位体。

地电位作业时，人体处于接地的杆塔或构架上，通过绝缘工具带电作业，因而又称绝缘工具法。在不同电压等级电气设备上带电作业时，必须保持空气间隙距离最小及绝缘工具长度最小。在确定安全距离及绝缘长度时，应考虑系统操作过电压及远方落雷时的雷电过电压。

中间电位作业系通过绝缘棒等工具进入高压电场中某一区域，但还未直接接触高压带电体，是前两种作业的中间状况。因此，前两种作业时的基本安全要求，在中间电位作业时均须考虑。

（1）通过人体的电流必须限制到安全电流 1mA 或以下。

（2）必须将高压电场限制到人身安全和健康无损害的数值内。

（3）工作人员与带电体间的距离应保证在电力系统中发生各种过电压时，不会发生闪络放电。在进行地电位作业时，人身与带电体间的安全距离不得小于《电力安全工作规程》中的规定。

（4）对于比较复杂、难度较大的带电作业，必须经过现场勘察，编制相应操作工艺方案和严格的操作程序，并采取可靠的安全技术措施。

（5）带电作业人员必须经过专项培训，持证上岗（带电作业证、安全工作证）。

（6）作业前召开班前会，工作负责人向工作班成员进行"三交代""三检查"，对工器具进行必要的检查和检测。

（7）严格履行工作许可手续，未经许可工作班成员不得进入施工作业现场。

（8）进入现场，工作班成员应根据作业项目穿戴相应的劳动防护用品（如工作服、安全帽、屏蔽服、绝缘服、防静电服），携带合格的工器具。工作班成员、工作负责人、专职监护人应佩戴标志。

（9）带电作业停用重合闸工作。按规程规定的中性点有效接地的系统中有可能引起单相接地的，中性点非有效接地系统中有可能引起相间短路的，工作票签发人或工作负责人认为需要停用重合闸的作业，必须停用重合闸，并不得强送电。

（10）杆上作业时正确使用安全带，站位准确，按规程要求与带电体保持足够的安全距离。

（11）带电检测绝缘子必须按规程规定进行操作。

（12）杆塔上有人工作，地面人员不得在下方逗留。在人口稠密、交通情况复杂地段作业，应设置围栏和警示，设专人看守和监护，上下传递工器具必须使用绝缘绳。

（13）带电作业必须设专人监护。高杆塔上的作业应增设塔上监护人，监护人不得直接操作。

（14）带电作业过程中如设备突然停电，作业人员应视设备仍然带电，工作负责人应尽快与调度取得联系。

（15）带电作业应按规定在良好的天气下进行。特殊情况或恶劣天气下进行事故抢修，应采取可靠的安全措施，经领导批准后方可进行。

（16）带电作业人员在作业中严禁用酒精、汽油等易燃物品擦拭零部件，防止起火。

（17）进行等电位（悬挂）作业，登高人员必须携带合格的保险绳。

（18）带电作业攀登软梯时，应设防止高处坠落的保护措施。

（19）在 10～35kV 电压等级的带电设备上进行作业时，为保证足够的安全距离，必须采取有效的绝缘遮蔽、绝缘隔离措施。夜间作业时，必须有足够的照明。

（20）在 10～220kV 电压等级的电气设备上进行带电短接、引流工作时，必须按相关规定选择设备材料，并按规程操作。

（21）使用绝缘斗臂车作业前，应检查各液压操作部件的完好状况，液压系统的油压应符合作业规定。更换液压油，必须做电气试验。

（22）绝缘斗臂车操作人员应经专项培训，持证上岗，严格按绝缘斗臂车的有关规定进行操作。

（23）工作结束后，认真清理杆塔上的遗留物，并将工器具装入专门使用的工具袋或工具箱，防止受潮、碰撞和损伤。工作负责人向调度汇报，办理工作终结手续。

2. 带电作业的技术条件

① 流经人体的电流不超过人体感知水平（5mA）；

② 人体体表场强不超过人的感知水平（2.4kV/cm）；

③ 保证可能导致对人身放电的空间距离。

3. 绝缘用品

（1）绝缘帽　普通安全帽的绝缘特性很不稳定，一般不能在带电作业中使用，带电作业用绝缘安全帽，采用高密度复合聚酯材料制作，除具有符合安全帽检测标准的机械强度，还完全符合相关配电带电作业电气检测标准，其介电强度通过20kV检测试验。

（2）防护眼镜　10kV带电作业通常以空中作业为主，因此眼部的保护十分重要，正确使用安全防护眼镜能够避免阳光刺激及有效地预防铁屑、灰沙等物飞溅而击伤眼部的危险，还可防烟雾、化学物质对眼部的刺激，能防止水蒸气的凝聚而对视线的影响。

（3）绝缘衣

① 采用EVA（乙烯-乙酸乙烯酯）材料，绝缘性能好，机械强度适中；

② 柔软轻便，穿着舒适；

③ 每件产品出厂前均经过严格测试；

④ 提供全面的绝缘保护。

（4）绝缘手套　绝缘手套是带电作业中作业人员最重要的人身防护用具，只要接触带电体，不论其是否在带电状态，均必须戴好手套后作业。绝缘手套应该兼备高性能的电气绝缘强度和机械强度，同时具备良好的弹性和耐久性，柔软的服务性能，将手部的不适应感和疲劳降低到最低限度。

（5）保护手套　柔软的皮革手套只作为绝缘手套的机械保护，防止绝缘手套被割伤、撕裂或刺穿，不可单独用作防止电击的保护。皮革手套需用专用皮革制作，在提供足够机械强度保护的同时，具备良好的服务性能，尺寸与绝缘手套相符，其开口顶端与橡胶绝缘手套的开口顶端保持最小清除距离。

（6）绝缘裤

① 采用EVA材料，绝缘性能好，机械强度适中；

② 柔软轻便，穿着舒适；

③ 每件产品出厂前均经过严格测试；

④ 背带式设计。

（7）绝缘靴 绝缘靴（鞋）是 10kV 配电网带电作业时使用的辅助绝缘安全用具，除具备良好的电气绝缘性外，还必须具有一定的物理机械强度，防止刺穿或磨损。

长筒绝缘靴配合绝缘裤使用，可提供全面的人身绝缘安全保护，由天然脱蛋白弹性橡胶制成，具有穿着舒适、穿脱容易的优点。

二、带电作业一般安全规定

（1）必须经过严格的工艺培训，并考试合格后才能参加带电作业。

（2）带电作业工作票签发人和工作负责人应具有带电作业实践经验，熟悉带电作业现场和作业工具，对某些不熟悉的带电作业场所，能组织现场勘察，做出判断和确定作业方法及应采取的措施。工作票签发人必须经厂领导批准担任，工作负责人可经工区领导人批准担任。

（3）带电作业必须设专人监护，监护人应由有带电作业实践经验的人员担任，监护人不得直接操作，监护的范围不得超过一个作业点，高杆塔上的作业应增设塔上监护人。

（4）进行带电作业新项目和使用新工具时，必须经过科学试验，确认安全可靠，编制操作工艺方案和安全措施，并经厂主管生产领导批准后方可使用。

（5）带电作业应在良好天气下进行。如遇雷、雨、雪、雾等天气，不得进行带电作业；风力大于 5 级时，一般不宜进行带电作业。

雷电时，直击雷和感应雷都会产生雷电过电压，该过电压可能使设备绝缘和带电作业工具遭到破坏，给作业人员带来严重危险，危及作业人员安全；雨、雾天气，绝缘工具长时间在露天中会受潮，使绝缘强度明显下降；高温天气时，作业人员在杆塔、导线上工作时间过长会中暑；严寒风雪天气，导线弛度减小，应力增加，此时作业会加大导线荷载，甚至发生导线断线；当风力大于 5 级时，空中作业人员会受较大的侧向力，工作稳定度差，给作业造成困难，监护能见度差，易引起事故。

若必须在恶劣天气下进行带电作业时，应组织有关人员充分讨论，采取必要可靠的安全措施，并经厂主管生产的领导批准后方可进行。

（6）带电作业必须经调度同意批准。带电作业工作负责人在带电作业工作开始之前，应与调度联系，得到调度的同意后方可进行，工作结束后应向调度汇报。

（7）带电作业时停用重合闸。带电作业有下列情况之一者应停用重合闸，并不得强送电：

① 中性点有效接地（直接接地）的系统中有可能引起单相接地的作业。

② 中性点非有效接地（中性点不接地或经消弧线圈接地）的系统中有可能引起相间短路的作业。

③ 工作票签发人或工作负责人认为需要停用重合闸的作业。

严禁约时停用或恢复重合闸。

（8）带电作业过程中设备突然停电不得强送电。如果在带电作业过程中设备突然停电，则作业人员仍视设备为带电设备。此时，应对工具和自身安全措施进行检查，以防出现意外过电压，工作负责人应尽快与调度联系，调度未与工作负责人取得联系前不得强送电。

以上规定适用于在海拔 1000m 及以下交流电 10～500kV 的高压架空线、发电厂和变电站电气设备上采用等电位、中间电位和地电位方式进行的带电作业及低压带电作业。

三、带电作业一般安全技术

（1）保持人身与带电体间的安全距离。作业人员与带电体间的距离，应保证在电力系统中出现最大内外过电压幅值时不发生闪络放电。所以，在进行地电位带电作业时，人身与带电体间的安全距离（带电作业的最小安全距离）不得小于表 7-1 所列的安全距离。否则，必须采取可靠的绝缘隔离措施。

表 7-1 人体与带电体的安全距离

电压等级/kV	10	35	63(66)	110	220	330	500
安全距离/m	0.4	0.6	0.7	1.0	1.8(1.6)[1]	2.6	3.6[2]

① 因受设备限制达不到 1.8m 时，经企业主管生产领导（总工程师）批准，并采取必要的措施后，可采用括号内（1.6m）的数据。

② 由于 500kV 带电作业经验不多，此数据为暂定数据。

（2）将高压电场场强限制到对人体无损害的程度。如果作业人员身体表面的电场强度短时不超过 220kV/m，则是安全可靠的。如果超过上述值，则应采取必要的安全技术措施，如对人体加以屏蔽。

（3）制定带电作业技术方案。带电作业应事先编写技术方案，技术方案应包括操作工艺方案和严格的操作程序，并采取可靠的安全技术措施。

（4）带电作业时，良好绝缘子片数应不少于规定数。带电作业更换绝缘子或在绝缘子串上作业时，良好绝缘子片数不得少于表 7-2 的规定。

表 7-2 良好绝缘子最少片数

电压等级/kV	35	63(66)	110	220	330	500
片数	2	3	5	9	9	23

如 110kV 架空线路，直线杆塔绝缘子一般为 7 片，其中良好绝缘子不得少于 5 片。在绝缘子串上带电作业或更换绝缘子时，

必然要短接 1～3 片绝缘子。由此引起绝缘子串上分布电容的变化，其电压分布也随之改变，短接部位不同时，电压改变也不同，特别是绝缘子两端引起的电压变化更为悬殊。由于每片绝缘子耐压能力的限制，为保证短接后剩余绝缘子串能可靠承受最大过电压并保持有效安全距离，各电压级线路良好绝缘子片数不得少于规定值。

（5）带电更换绝缘子时应防止导线脱落。更换直线绝缘子串或移动导线的作业，当采用单吊线装置时，应采取防止导线脱落的后备保护措施。

更换绝缘子串或移动导线均需吊线作业，此时大多数使用吊线杆、紧线拉杆、平衡式卡线器、托瓶架等专用卡紧装置。在工作过程中，当松开线夹或摘开绝缘子串的挂环时，导线即与杆塔脱开，此时导线仅通过装置控位，若装置机械部分缺陷，导线与装置脱开，则会发生严重的飞线事故。因此，为防止导线脱开应采取后备保护措施，如采用两套绝缘紧线拉杆或结实的绝缘绳，预先将导线紧固在杆塔上适当位置，以免作业时导线脱开。

（6）采用专用短接线（或穿屏蔽服）拆、装靠近横担的第一片绝缘子。在绝缘子串未脱离导线前，拆、装靠近杆塔横担的第一片绝缘子时，必须采用专用短接线（或穿屏蔽服），方可直接进行操作。

在拆、装靠近横担的第一片绝缘子时，会引起整串绝缘子电容电流回路的通断。由于绝缘子串电压呈非线性分布，通常第一片绝缘子上的等效电容相对较大。作业人员如果直接用手操作，人体虽有电阻，但仍有较大电流瞬时流过人体而产生刺激，出现动作失常而发生危险。接触靠近横担的第一片绝缘子，还有一稳定电流流过人体，电流大小由绝缘子串表面电阻、分布电容及绝缘子脏污程度决定，严重时可达数毫安，对人体造成危害。所以，在导线未脱离之前，应采用专用短接线可靠地短接第一片绝缘子放电，或穿屏蔽服转移流经人体的暂稳态电容电流。

（7）带电作业时应设置围栏。在市区或人口稠密的地区进行带电作业时，带电作业工作现场应设置围栏，严禁非工作人员入内。

第二节　等电位作业

一、基本原理及适用范围

1. 等电位作业

等电位作业是作业人员通过电气连接，使自己身体的电位上升至带电部件电位，且与周围不同电位适当隔离，直接对带电部分进行的作业。这时人体与带电体的关系是：带电体-人体-绝缘体-大地。在高压带电设备上有很多缺陷时，采用间接作业法很难处理。作业人员进入带电设备的静电场直接操作，这时人体与带电体的电位差必须等于零，称等电位作业。

2. 意义

带电作业主要指在 10kV 及以上设备上的不停电作业。在带有自动保护装置的电气设备上带电作业，是技术较为复杂而操作方便、安全可靠的方法，是带电作业最高的作业方式。等电位作业广泛地在带电作业中应用，是人们对等电位作业认识加深的结果。等电位作业真正应用于生产和实践，提高了带电作业的安全水平，提高了带电作业解决问题的能力，在生产中带来更高经济效益和实用价值。

3. 发现

等电位作业来源于飞鸟的启示，鸟类接近或休息在带电导线上，就是一种等电位现象。鸟之所以能够自由地停留在带电的导线上，是因为它处在一个绝缘良好的空间，尽管鸟体充电到导线的电位，但它与导线之间没有电位差，不能成为流过线路电流通路，所以鸟就可以在带电导线上自由安全地站落了。从飞鸟在带电导线上的启示和科学家法拉第进行人体充电试验来看，是否可以认为人和鸟一样可以自由地等电位？问题不是那么简单，人和鸟不一样，人体比鸟的体积大得多，因此电容有很大差别，体质结构不同，电阻率差别也不同。人的神经系统对电流敏感得多，通过各种试验证明，能使人感觉到最小稳定状态的电流起始量大约为 1mA（1000μA），较长时间通过人体的电流可以允许在 100μA 以下，根据人体对电流的敏感性，限制通过人体的电流。

二、屏蔽服及其使用

1. 分类

带电作业屏蔽服又叫等电位均压服，是采用均匀的导体材料和纤维材料制成的服装。其作用是在穿用后，使处于高压电场中的人体外表面各部位形成一个等电位屏蔽面，从而防护人体免受高压电场及电磁波的危害。成套的屏蔽服应包括上衣、裤子、帽子、袜子、手套、鞋及其相应的连接线和连接头。国家带电作业标准化委员会规定屏蔽服有以下 3 种型号。

（1）A 型屏蔽服　用屏蔽效率较高、载流量小（布样熔断电流在 5A 以上）的衣料制成，适合于 110～500kV 电压等级的带电作业使用。

（2）B 型屏蔽服　具有屏蔽效率高、衣服载流量较大的特点，适合于 35kV 以下的电压等级，对地及极间距离窄小的配电线路和变电站带电作业时使用。

（3）C 型屏蔽服　具有通透性好、屏蔽效率较高及载流量较大的特点。

2. 技术要求

带电作业屏蔽服的衣料和成品质量技术应符合 GB 6568.1 的标准规定。

（1）A、C 型衣料屏蔽效率不得低于 40dB，B 型衣料屏蔽效率不得低于 30dB。

（2）新的衣料电阻不得大于 800mΩ；经过耐火花试验 2min 后，衣料炭化破坏面积不得大于 300mm^2。

（3）A 型衣料熔断电流不得小于 5A，B、C 型衣料熔断电流不得小于 30A。

（4）透过衣料的空气体积流量不得小于 35L/（m² · s）；经过 500 次摩擦试验后，衣料电阻不得大于 1Ω，A、C 型衣料屏蔽效率不得低于 30dB，B 型衣料屏蔽效率不得低于 28dB。

（5）导电纤维的经向断裂强度不得小于 343N，纬向断裂强度不得小于 294N，经、纬向断裂伸长率均不得小于 10%；导电涂层类衣料的经向断裂强度不得小于 245N，纬向断裂强度不得小于 245N，经、纬向断裂伸长率均不得小于 10%。

3. 注意事项

屏蔽服的原料是金属丝布。金属丝布的品种较多，国内用 0.025mm、0.03mm 或 0.05mm 细铜丝与超细玻璃纤维、聚四氟乙烯纤维、柞蚕丝或棉纤维拼捻成斜纹或平纹布。屏蔽服表面电阻从头到脚不大于 10Ω，单件衣物质量大约为 1kg。

（1）在使用前必须仔细检查外观质量，如有损坏即不能使用。所有屏蔽服的类型应适合作业的线路和设备的电压等级。根据季节不同，屏蔽服内均应有棉衣、夏布衣或按规定穿的阻燃内衣，冬季应将屏蔽服穿在棉衣外面。

（2）穿时必须将衣服、帽、手套、袜、鞋等各部分的多股金属连接线按照规定次序连接好，并且不能和皮肤直接接触，屏蔽服内应穿内衣。穿着屏蔽服时，应注意整套屏蔽服各部分之间连接可靠、接触良好，这是防止等电位作业人员麻电的根本措施，绝对不能忽视对任何部位的连接检查。若屏蔽服与手套之间连接不妥的话，电位过高时手腕易产生麻电；若不戴屏蔽帽或衣帽之间接触不良时，在电位转移过程中，作业人员未屏蔽的面部很容易产生麻电和电击。

（3）进行等电位作业时，应严格按照《电力安全工作规程》规定，严禁通过屏蔽服断、接接地电流或空载电路和耦合电容器的电容电流的方法来进行防护。

（4）屏蔽服使用后必须妥善保管，不与水汽和污染物质接触，以免损坏，影响电气性能。应将屏蔽服卷成圆筒形，存放在专门的箱子里，不得挤压，以免造成断丝。夏天使用后洗擦汗水时不得揉搓，可放在体积较大的容器中用 50℃ 左右的热水浸泡 15min，然后用足量清水漂洗晾干。

4. 洗涤保养

屏蔽服是有使用寿命的，洗护好就能用久一些。屏蔽服的洗涤保养分为如下几个方面：

（1）应尽量在通风干燥的地方存放。

（2）在不穿的时候尽量挂着，以防止功能性纤维断裂。

（3）不应与其他化学物品放置在一起。

（4）金属纤维和银纤维的电磁屏蔽服是可以洗涤的（金属化织物不建议洗涤）。

（5）洗涤时不可漂白，或使用含漂白成分的洗涤用品。

（6）洗涤时应该使用中性洗涤液，用软毛刷刷洗。

（7）洗涤用水不宜超过 40℃，使用自来水时最好先晾 15min 以上。

（8）不推荐机洗，不能用力拧、甩，自然晾干。

（9）不宜熨烫。

三、等电位作业的基本方式

（1）绝缘软梯（吊篮或飞车）等电位作业 借助导线、地线的张力，将绝缘软梯（吊篮或飞车）挂上，人处于绝缘软梯（吊篮或飞车）上进行作业，可沿导线、地线移动，灵活方便。

（2）立式绝缘升降梯等电位作业 利用绝缘硬梯使作业人员从地面进入电场进行作业，可载重荷，作业安全可靠，舒适方便。

（3）杆塔上转动梯、吊梯等电位作业 在杆塔上适当位置或横担上安装一转动梯或吊梯，梯子前端用绝缘绳控制，这种方式安全可靠，灵活方便。

（4）沿绝缘子串进入强电场等电位作业 以绝缘子串代替绝缘梯，利用绝缘子串的良好绝缘，作业人员沿着绝缘子串自由进、出强电场作业，这种方式只适用于 220kV 及以上的满足必要条件的绝缘子串上。

（5）高架绝缘斗臂车等电位作业　用液压吊车装配上绝缘斗臂，代替绝缘梯，能自由地升降和移动，作业人员处在绝缘斗内，可自由接触带电体进行作业，安全可靠，方便灵活。

（6）绝缘三角板等电位作业　适用于配电线路杆塔附近的等电位作业。

四、等电位作业安全技术措施

（1）等电位作业人员必须在衣服外面穿合格的全套屏蔽服，且各部分应连接好，屏蔽服内还应套阻燃内衣。严禁通过屏蔽服断、接接地电流的方法或是通过空载电路和耦合电容器的电容电流的方法来进行防护。由于在等电位沿绝缘梯或沿绝缘子串进入强电场的电位转移过程中会产生电容充放电，高压电场对人体各部位间会产生危险电位差，为保证人身安全，不仅应屏蔽身体，而且还必须屏蔽头部和四肢，所以作业人员应穿全套的屏蔽服。屏蔽服内的阻燃内衣是防止电容充放电时使人体所穿的衣服燃烧着火而设置的。

（2）等电位作业人员对邻相导线的距离不应小于表 7-3 的规定。

表 7-3　等电位作业人员对相邻导线的最小距离

电压等级/kV	10	35	63(66)	110	220	330	500
距离/m	0.6	0.8	0.9	1.4	2.5	3.5	5.0

（3）等电位作业人员在绝缘梯上作业或沿绝缘梯进入强电场时，其与接地体和带电体组合间隙不得小于表 7-4 的规定。

表 7-4　组合间隙规定

电压等级/kV	35	63(66)	110	220	330	500
距离/m	0.7	0.8	1.2	2.1	3.1	4.0

（4）等电位作业人员沿绝缘子串进入强电场的作业，只能在

220kV 及以上电压等级的绝缘子串上进行。良好绝缘子片数不得小于表 7-2 的规定，其组合间隙不得小于表 7-4 的规定。若组合间隙不满足表 7-4 的规定，应加装保护间隙。

等电位作业人员沿绝缘子串进入强电场，一般要短接 3 片绝缘子，还应考虑可能存在的零值绝缘子，最少以 1 片计。110kV 直线杆绝缘子串共 7 片，扣除 4 片之后少于表 7-2 规定的良好绝缘子片数；而 220kV 直线杆绝缘子串共 13 片，扣除 4 片后，满足最少良好绝缘子 9 片的规定。人体进入电场后，人体与导线和人体与接地的架构之间形成了组合间隙。用试验的方法将 9 片良好绝缘子串的工频放电电压与上述组合间隙的工频放电电压做比较，发现后者要比前者弱得多。因此，等电位沿绝缘子串进入强电场作业时的安全程度主要取决于该组合间隙的放电特性。据有关资料介绍，220kV 组合间隙两部分之和是固定值 1.35m，随人体在绝缘子串上短接的部位不同，工频放电电压特性曲线呈凹形，其最低值为 606kV，相当于 3 倍操作过电压幅值，比 1.35m 标准间隙的工频放电电压还低约 15%，可见达不到表 7-4 组合间隙最小距离 2.1m 的要求。所以，沿绝缘子串进入强电场的作业，要受限于 220kV 及以下电压等级的系统，良好绝缘子片数不仅要满足表 7-2 的规定，而且，组合间隙也应满足表 7-4 的规定。若组合间隙距离不满足表 7-4 的规定，则必须在作业地点附近适当的地方加装保护间隙。

（5）等电位作业人员在电位转移前，应得到工作负责人的许可，并系好安全带。转移电位时，人体裸露部分与带电体的距离不应小于表 7-5 的规定。

表 7-5　转移电位时人体裸露部分与带电体的最小距离

电压等级/kV	35～63(66)	110～220	330～500
距离/m	0.2	0.3	0.4

（6）等电位作业人员与地面作业人员传递工具和器材时，必须使用绝缘工具进行，其有效长度应不小于表 7-6 的规定。

表 7-6　绝缘工具最小有效绝缘长度

电压等级/kV	有效绝缘长度/m	
	绝缘操作杆	绝缘承力工具、绝缘绳索
10	0.7	0.4
35	0.9	0.6
63(66)	1.0	0.7
110	1.3	1.0
220	2.1	1.8
330	3.1	2.8
500	4.0	3.7

（7）沿导、地线上悬挂的软、硬梯或飞车进入强电场的作业应遵守下列规定：

① 在连续间距的导、地线上挂梯（或飞车）时，其导、地线的截面积不得小于：

a. 钢芯铝绞线 120mm²；

b. 铜绞线 70mm²；

c. 铝绞线 50mm²。

② 有下列情况之一者，应经验算合格，并经厂主管生产领导批准后才能进行：在孤立间距的导、地线上的作业；在有断股的导、地线上的作业；在有锈蚀的地线上的作业；在其他型号导、地线上的作业；二人以上在导、地线上的作业。

要保证在导、地线上挂梯或飞车作业的安全，必须使导、地线符合规定的综合抗拉强度。而孤立档距的两杆塔处承受力与直线杆塔有很大不同，需要对整体（含杆塔）承受的侧向力进行核算。导、地线有锈蚀或断股，会使原来的有效截面积减小，抗拉能力降低。《电力安全工作规程》未予指明的其他型号导、地线及载荷增加超重和一切变动的因素，非一般情况等，都必须验算导、地线强度并证明合格后，方可挂梯作业。

③ 在导、地线上悬挂梯子前，必须检查两端杆塔处导、地线的紧固情况。挂梯载荷后，地线及人体对导线的最小间距应比表7-1中的数值增大 0.5m，导线及人体对被跨越的电力线路、通信线路和其他建筑物的最小距离应比表7-1的安全距离增大 1m。

在导、地线上挂梯，由于集中载荷的作用，必使导线的弧度增大。另外，工作中人及梯子处于运动状态，考虑安全距离时应留有正常活动范围，人体进入强电场作业会引起作业地点周围电场分布发生变化，使空气绝缘的放电分散性增大。为保证工作时的人身安全，故做上述规定。

④ 在瓷横担线上严禁挂梯作业，在转动横担的线路上挂梯前应将横担固定。

（8）等电位作业人员在作业中严禁用酒精、汽油等易燃品擦拭带电体及绝缘部分，防止起火。

① 作业人员必须穿戴合格的均压服、均压袜、均压手套和均压帽，并保证其连接部位接触良好。穿戴均压服、帽起屏蔽作用。

② 挂绝缘软梯的等电位作业，绝缘软梯的绝缘与绝缘操作杆相同，使用前应检查其是否安全可靠、有无破损。所挂的导线、避雷线的截面积必须满足规定。

③ 等电位作业在断开或接通空负荷线路前，必须查证并验明线路确无接地，并将受电端变电所（室）的进线隔离开关拉开，才能操作，以免产生电弧。消弧工具必须与线路电容电流相适应，在连接或断开时，等电位作业人员必须离开 2m 以外，消弧工具的连接或断开由另外作业人员用绝缘操作杆进行。消弧工具接好后，等电位作业人员方可接近并进行搭接作业。断接引线时，必须选用有足够载流能力的分流线，并保证接触良好。严禁同时接触未接通或已解开的两个导线接头。

④ 使用绝缘高架斗臂车进行带电作业时，车必须保证具有足够的绝缘和机械强度。

⑤ 在 220~330kV 设备及线路上，沿绝缘子串进入强电场作业时，必须满足以下条件：

a. 除人体短接的碟式绝缘子片及零值绝缘电阻的绝缘子片外，绝缘良好的碟式绝缘子串 220kV 不少于 9 片，330kV 不少于 16 片。如果耐张绝缘子的片数少或质量好的片数不能满足要求，不得从事带电作业。

b. 应采取安全技术措施，一般常采用保护间隙。

⑥ 等电位作业时，必须停下该系统的重合闸装置。

五、等电位作业安全注意事项

1. 沿绝缘软梯和耐张绝缘子串进入电场

（1）沿绝缘软梯和耐张绝缘子串进入电场的方法直线塔、耐张塔均可使用，适用于 110kV 等级及以上输变电带电作业。

（2）所需工具：绝缘软梯及软梯架一套；绝缘操作杆一副；绝缘传递绳及跟斗滑车一套；绝缘绳一条。

（3）操作程序

① 塔上作业电工携带绝缘绳登塔至横担上，在地面辅助电工的配合下将绝缘操作杆传至塔上。

② 塔上作业电工使用绝缘操作杆将穿有绝缘绳的跟斗滑车挂到导线上，地面辅助电工使用绝缘跟斗滑车及绝缘传递绳将绝缘软梯提升至导线位置，并在横担作业电工的配合下将软梯挂好。

2. 等电位电工攀登软梯进入电场安全注意事项

（1）等电位电工攀登软梯过程中，应使用高空保护绳。进入等电位工作场所时，应系好安全带。

（2）绝缘软梯悬挂要可靠，应有防止软梯架脱挂的措施。

（3）横担上作业电工与带电体距离应满足《电力安全工作规程》规定的安全距离；所用绝缘操作杆的有效绝缘长度应满足《电力安全工作规程》规定的长度。

（4）沿耐张绝缘子串进入电场的方法适用于 220kV 及以上线路，一般多用于 330kV 及以上线路，220kV 线路受限制较多，主要需考虑组合间隙是否合格。

（5）所需工具：绝缘传递绳一条、绝缘操作杆及零值绝缘子检测仪一台。

（6）安全操作程序

① 等电位电工携带绝缘传递绳至横担上后，地面辅助人员将绝缘操作杆及零值绝缘子检测仪传至塔上。

② 等电位电工使用零值绝缘子检测仪检测绝缘子，检测结果应满足规程的要求，方能沿耐张绝缘子串进入电场。

③ 等电位电工系好高空保护绳，两脚踩在双串绝缘子的一串上，两手扶在另一串上。手脚并进，一片一片地在绝缘子串上移动，且左手和左脚与右手和右脚间只能跨接三片绝缘子。

（7）安全注意事项

① 沿绝缘子串进入电场前，必须对耐张瓷质绝缘子进行检测，检测结果应满足规程的要求。

② 等电位电工所穿屏蔽服必须经试验合格后方可使用，且各部位应可靠连接。

③ 由于沿耐张绝缘子串进入电场同样有组合间隙的要求，故该方法只适用于 220kV 以上电压等级输电线路的耐张绝缘子串上。

④ 等电位电工在移动过程中，必须始终使用高空保护绳。

3. 绝缘吊梯（篮）和绝缘平梯进入等电位电场

绝缘吊梯（篮）进入直线塔电场的方法适用于 500kV 及以上线路的直线塔进入电场（330kV 部分塔型可参照使用）。

（1）所需工具　绝缘吊梯（篮）及绝缘滑车组一套；高空保护绳一条；绝缘吊绳两条；电位转移杆一套；绝缘传递绳及绝缘单滑车一套。

（2）操作程序

① 塔上作业电工携带绝缘传递绳登塔至横担适当位置挂好传递绳，并在地面辅助电工的配合下将所用工具传至塔上。

② 等电位电工上塔后，在塔上作业电工的配合下，同时将承载绝缘吊梯（篮）的滑车组固定在横担上，量好绝缘吊绳的长度并

将吊点固定好。

③ 地面辅助电工使滑车组尾绳受力，待等电位电工系上保护绳进入吊梯（篮）并坐好后，在监护人的指挥下，缓缓放松滑车组尾绳，将等电位电工送至等电位工作场上。

④ 如果使用电位转移杆进入电位，则在放松滑车组尾绳时，应在等电位电工距导线 1.0m 左右的距离时暂停一下，申请进入电位，得到指令后，等电位电工将电位转移杆接好后再将其送至导线上。

（3）安全注意事项

① 杆塔上作业人员应穿试验合格的防静电服或屏蔽服，并始终保持与带电体有安全距离。

② 等电位电工进入电场的组合间隙必须满足 4.0m 以上的距离，所穿屏蔽服必须经试验合格后方能使用，且各部位应可靠连接。

4. 绝缘平梯进入等电位电场作业方法

此方法适用于进入 110kV 及以上线路的直线、耐张塔电场，尤其对 110～220kV 线路最为适用（330kV 部分塔型可参照使用）。

（1）所需工具　绝缘平梯；高空保护绳一条；绝缘吊绳一条；绝缘滑车绳套一条。

（2）操作程序

① 地电位电工得到许可后携带传递绳登到杆塔横担挂点处，选择适当位置系好安全带和防护绳，将传递绳滑车挂在横担适当位置。

② 等电位电工登塔至作业点，选择适当位置系好安全带和防护绳。

③ 地面辅助电工将绝缘平梯传至作业横担，由地电位电工和等电位电工配合将绝缘平梯端挂在导线侧的适当位置，另一侧固定在塔身适当位置。

④ 等电位电工系好安全后备保护绳，沿平梯行至距离金属带电部分 0.5m 处暂停，得到工作负责人许可后进入电场。

（3）安全注意事项

① 等电位电工进入等电位过程中，应保持规定的组合间隙安全距离。

② 等电位电工在移动过程中摆幅不宜过大。

③ 等电位电工在移动过程中，必须始终使用高空保护绳。

第三节　带电断、接引线安全技术

一、带电断、接引线的基本原则

（1）禁止带负荷断、接引线。

（2）禁止用断、接空载线路的方法使两电源解列或并列。

（3）带电断、接空载线路时，应确认后端所有断路器（开关）、隔离开关（刀闸）已断开，变压器、电压互感器已退出运行。

（4）带电断、接空载线路所接引线应适当，与周围接地构件、不同相带电体应有足够的安全距离，连接应牢固可靠。断、接时应有防止引线摆动的措施。

（5）带电接引线时未接通相的导线、带电断引线时已断开相的引线，应在采取防感应电措施后方可触及。

（6）带电断、接空载线路时，作业人员应戴护目镜，并采取消弧措施。消弧工具的断流能力应与被断、接的空载线路电压等级电容电流相适应。若使用消弧绳，则其断、接的空载线路的长度应小于 50km（10kV）、30km（20kV），且作业人员与断开点应保持 4m 以上的距离。

（7）带电断、接架空线路与空载电缆线路的连接引线应采用消弧措施，不得直接带电断、接。断、接电缆引线前应检查相序并做好标志。10kV 空载电缆长度不宜大于 3km。当空载电缆电容电流大于 0.1A 时，应使用消弧开关进行操作。

（8）带电断开架空线与空载电缆线路的连接引线之前，应检查电缆所连接的开关设备状态，确认电缆空载。

（9）带电接入架空线路与空载电缆线路的连接引线之前，应确认电缆线路试验合格，对侧电缆终端连接完好，接地已拆除，并与负荷设备断开。

二、带电短接设备的原则

（1）用绝缘分流线或旁路电缆短接设备时，短接前应核对相位，载流设备应处于正常通流或合闸位置。应取下断路器（开关）跳闸回路熔断器，锁死跳闸机构。

（2）短接开关设备的绝缘分流线截面积和两端线夹的截流容量，应满足最大负荷电流的要求。

（3）带负荷更换高压隔离开关（刀闸）、跌落式熔断器，安装绝缘分流线时应有防止高压隔离开关（刀闸）、跌落式熔断器意外断开的措施。

（4）绝缘分流线或旁路电缆两端连接完毕且遮蔽完好后，应检测通流情况正常。

（5）短接故障线路、设备前，应确认故障已隔离。

三、带电断、接其他电气设备的规定

（1）带电断、接耦合电容器时，应将其信号接地，接地刀闸合上后，应停用高频保护。被断开的电容器应立即对地放电。

如图 7-1 所示，在 220kV 及以下架空线路起端的一相导线上接有耦合电容器，该耦合电容器用于线路的高频保护和电力载波通信。耦合电容器的断、接影响线路高频保护信号通道的正常工作，对于某些类型的高频保护，当断开耦合电容器时，可能引起断电器误跳闸；对于某些类型的高频保护，在耦合电容器接上时，也可能发出异常冲击信号，引起保护误动作而跳闸。因此，运行带电断、接耦合电容器之前，应将高频保护停用，并将信号接地，合上耦合电容器的保护接地开关。耦合电容器引线断开后，其上有残余电压，应将其对地放电至电压为零，以免残余电压对人体造成触电伤害。

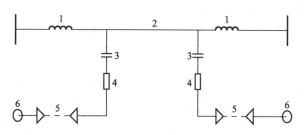

图 7-1　电力线路载波通信构成示意

1—线路阻波器；2—线路；3—耦合电容器；4—组合设备；

5—高频电路；6—载波终端设备

（2）带电断、接耦合电容器（包括空载线路、避雷器等）时，应采取防止引流线摆动的措施。

对引流线采取固定措施，防止摆动，可避免引流线摆动引起断路故障。

（3）严禁用断、接空载线路的方法使两电源解列或并列。电路的接通或断开、电源的解列或并列，都必须使用断路器，因为断路器能灭弧。两电源并列必须经同期并列，如果采用断、接空载线路的方法使两电源解列或并列，就会引起电弧短路和非同期并列的恶性事故。

第四节　带电水冲洗安全技术

带电水冲洗就是在高压设备正常运行的情况下，利用电阻率不低于 $1.5k\Omega \cdot cm$ 的水，在保持一定的水压和安全距离等条件下，使用专门的泵水机械装置，对有污秽的电气设备绝缘部分进行冲洗清污的作业方法。

因绝缘子脏污而发生绝缘子闪络（污闪）是电力系统中常见的一种事故。为防止绝缘子污闪，可以在不停电的情况下用压力水冲洗绝缘子，使其经常保持清洁。

一、带电水冲洗的一般规定

（1）带电水冲洗一般应在良好的天气时进行。风力大于 4 级，气温低于-3℃，雨天、雪天、雾天及雷雨天气不宜进行。

带电水冲洗对气候有一定的要求，当风力大于 4 级时，冲洗的水线在脏污处飞溅较厉害，污水在瓷裙沟里不易迅速下流。特别是北方沙尘大的地方，不待瓷瓶干燥，沙土可能又已落上，复又形成脏污。当气温低于-3℃时，水对脏物的溶解力已弱，绝缘子脏污本身黏着易僵固化，影响冲洗效果，甚至无法工作。在雨天和落雾天气，不仅设备绝缘明显下降，易发生对地闪络，而且给冲洗用绝缘工具的安全防护也带来困难。在雷电天气，若设备上落雷、雷电波传入或雷电感应过电压，则对设备及作业都将带来危害。

带电水冲洗作业前，应掌握绝缘子的脏污情况，当盐密度大于表 7-7 临界盐密度的规定时，一般不宜进行水冲洗，应用增大水电阻率的方法来补救。避雷器及密封不良的设备，不宜进行水冲洗。

表 7-7　带电水冲洗临界盐密度（仅适用于 220kV 及以上）

项目	发电厂及变电所支柱绝缘子爬电比距/(mm/kV)							
	14.8～16(普通型)				20～31(防污型)			
水电阻率/Ω·cm	1500	3000	10000	50000 及以上	1500	3000	10000	50000 及以上
临界盐密度/(mg/cm²)	0.02	0.04	0.08	0.12	0.08	0.12	0.16	0.2

注：1. 330kV 及 500kV 等级的临界盐密度尚不成熟，暂不列。

2. 爬电比距指电力设备外绝缘的爬电距离与设备最高工作电压之比。

污秽强度称盐密度，即受外部环境污染而附着在电气设备表面单位面积上的烟灰、水泥尘埃及化学物质等污物的质量，用以衡量绝缘的脏污程度，其单位为 mg/cm²。

电力生产实践及研究表明，污秽强度对污闪电压的影响比较大。绝缘子表面单位面积上的污秽量越大，其表面的电导也越大，发生污闪的危险性也越大。带电水冲洗是清除瓷质绝缘表面污秽有效和实用的办法。作业时必须切实保证人身和设备安全，要求作业过程中出现操作过电压时，分布在水粒、水管和操作杆上的电压不致对人身构成威胁，同时操作人员操作握柄处的泄漏电流不超过1mA。在这样的前提下进行水冲洗，当绝缘子按普通型和防污型区分，且两种类型爬电比距均为定值时，冲洗用水的电阻率必然随着绝缘子盐密度的增加而相应地增加。

临界盐密度是指当爬电比距一定，泄漏电流按规定不超过1mA，水电阻率分别为不同值时所能允许的盐密度的最大值。表 7-7 给出了爬电比距、水电阻率和临界盐密度之间的数量关系。进行带电水冲洗作业前，应掌握绝缘子的污秽状况，从水枪出口处取水样测量水电阻率，将结果与表 7-7 中数值比较。如果水电阻率达不到规定值，应设法增大所用水电阻率，否则泄漏电流可能超过标准。

（2）带电水冲洗用水的电阻率一般不得低于 1500Ω·cm，冲洗 220kV 变电设备时，水电阻率不应低于 3000Ω·cm，并应符合表 7-7 的要求。每次冲洗前都应用合格的仪器测量水电阻率，应在水枪出口处取水样进行测量。如用水车等盛水，对每车水都应测量水电阻率。

水电阻率的高低与保证作业人员的人身安全及设备安全都有很大关系。这种影响主要表现在对水柱的绝缘程度上，因而直接牵涉到水柱的工频放电电压。如图 7-2 所示，各种水柱长度（0.60m、1.0m、1.40m、1.80m）条件下，在水电阻率从较低值起始增加阶段，工频放电电压增长缓慢。所以，电阻率在低值一定范围内变化时，对工频放电电压有明显影响，故《电力安全工作规程》规定水电阻率一般不得低于 1500Ω·cm，对水冲洗用的水质必须严格掌握。由图 7-2 可知，当水电阻率达不到要求时，可增加水柱长度、提高水柱工频放电电压，从而弥补水电阻率降低对工频放电电压的影响。

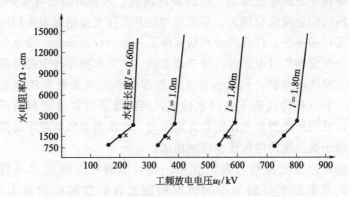

图 7-2　水电阻率与其工频放电电压的关系

（3）以水柱为主绝缘的大、中、小型水冲洗工具（喷嘴直径为 3mm 及以下者称为小水冲；直径为 4～8mm 者称中水冲；直径为 9mm 及以上者称大水冲），其水枪喷嘴与带电体之间的水柱长度不得小于表 7-8 的规定。大、中型水冲洗工具喷嘴均应可靠接地。

表 7-8　水枪喷嘴与带电体之间的水柱长度

电压等级/kV	喷嘴直径/mm			
	3 及以下	4～8	9～12	13～18
63(66)及以下	0.8	2	4	6
110	1.2	3	5	7
220	1.8	4	6	8

带电水冲洗工具以水柱作为主要绝缘，而引水管和绝缘操作杆作为辅助绝缘。水柱是承受电压的关键，但水柱的绝缘主要取决于水柱长度，同时，水枪喷嘴直径对绝缘也有较大影响。试验和实践证明，当水电阻率一定时，水柱放电电压随水柱长度的增加而增加，对于不同喷嘴直径的水枪，其水柱放电电压也随水柱长度的增

加而增加，但增加速度不同。对于喷嘴直径不大于 3mm 的小型水冲洗工具，当水柱长度大于 1m 至一定范围内，放电电压与水柱长度呈线性增加；而喷嘴直径大于 3mm 的中、大型水冲洗工具，其放电电压与水柱长度共同增加，放电电压增加速度相比水柱长度要低得多。当水柱长度、水电阻率为固定值时，水柱放电电压随喷嘴直径增大而降低，各种直径喷嘴的水柱放电电压下降的速度各有不同。大直径者比小直径者放电电压要低，由此可见，水柱长度对放电电压确定起主要作用。

为了保证带电水冲洗作业人员的人身安全，《电力安全工作规程》规定了喷嘴与带电体之间的水柱长度。表 7-8 的数值是按照系统中可能出现的操作过电压值（该过电压值在中性点非直接接地系统中为最高运行相电压的 4 倍，在中性点直接接地系统中为最高运行相电压的 3 倍）来确定的。在最高运行相电压状态下，满足表 7-8 中的水柱长度数值时，无论小型水冲洗工具喷嘴是否接地，流经作业人员的泄漏电流都不超过 1mA；而使用中、大型水冲洗工具时，即使水柱长度很长，流经人体的泄漏电流也存在大于 1mA 的情况。因此，作业人员应严格遵守安全规定，将大、中型水枪喷嘴可靠接地，要求该接地体的接地电阻不大于 10Ω。这样不仅可以有效地分流泄漏电流入地，而且在水冲洗过程中，若水柱被工作电压击穿时，可钳制高压电场，将故障电流对地短路泄放，保证作业人员的人身安全。

（4）由水柱、绝缘杆、引水管（指有效绝缘部分）组成的小型水冲洗工具，其组合绝缘应满足要求。

① 在工作状态下应能耐受"绝缘工具的试验项目及标准"规定的试验电压。

② 在最大工频过电压下流经操作人员的电流应不超过 1mA，试验时间不短于 5min。

（5）利用组合绝缘的小型水冲工具进行水冲时，冲洗工具严禁触及带电体。引水管的有效绝缘部分不得触及接地体。

操作杆的使用及保管均按带电作业工具的有关规定执行。水柱、操作杆及引水管在地面的有效绝缘部分分别为其组合绝缘的一部分，在进行水冲洗作业时，应采取相应措施，保持规定的水柱长度。严禁水冲洗工具接触带电体，引水管的有效绝缘部分不能与接地体接触，以防该绝缘被短接造成全部工作电压加在水柱和引水管上，瞬间的扰动会产生电压冲击，导致绝缘闪络而发生事故。

（6）带电水冲洗前应注意调整好水泵压强，使水柱射程远，且水流密集。当水压不足时，不得将水枪对准被冲洗的带电设备。冲洗用水泵应良好接地。

带电水冲洗时，水柱压强及水线状态会产生闪弧并对电压有明显影响。水柱冲到绝缘子表面的压强直接关系到污秽能否被迅速冲掉、绝缘能否迅速恢复及表面溅湿状况。因此冲洗作业前应调整水泵保持适当压强（可选择 1.47～1.77MPa），使水柱射程远，水流密集，水线状态集中。这样可以保证去污力强及冲洗效果好，而且提高了单位时间内的射流速度，水柱长度也相对有所增加。此时，沿水线上电压分布趋于均匀，因而冲闪电压高。当水压降低时，水线呈分散状态，空水线周围的空气间隙上电位分散，如果水线中空气泡过大，可能出现先导放电现象而导致绝缘闪络。因此，在带电水冲洗之前必须调整水压，使冲洗水柱呈最佳状态。

（7）带电水冲洗应注意选择合适的冲洗方法。直径较大的绝缘子宜采用双枪跟踪法或其他方法，并应防止被冲洗设备表面出现污水线。当被冲洗绝缘子未冲洗干净时，水枪切勿强行离开，以免造成闪络。

合适的带电水冲洗方法是根据客观条件和设备的运行情况决定的。一定电压等级的设备，相应地确定了该设备绝缘的有效长度和型号等。一定形式的带电水冲洗都要求水柱密集，冲闪电压高，绝缘溅湿面小，泄漏电流不超过 1mA。在这一前提下，水冲压强、水线长度、冲洗所适应的范围也是一定的。选择冲洗方法时，要注意从总体上进行技术论证，慎重考虑现场活动区域和场所，根据设备脏污程度、绝缘子盐密度大小、绝缘直径等因素比较确定。对于直径较大的设备绝缘采用单枪冲洗时，由于其弧形面积极大，其脏污溅湿面积相对较大，不待一个点冲洗干净，周围其他溅湿处已拉弧或冒烟，一支枪自顾不暇，脏水下流呈线状也不易被控制，沿面放电闪络就可能形成。因此，在实践中一般均采用双枪跟踪法，两支枪同时进行冲洗，其中一支为主冲，另一支辅助配合。这样既提高了冲洗速度，避免了污水线的出现，又解决了单枪冲洗时水枪离不开的问题。双枪跟踪法是高电压等级、大直径绝缘子冲洗的良好方法。

（8）带电水冲洗前，要确知设备的绝缘是否良好。有零值及低值的绝缘子及其瓷质裂纹时，一般不可冲洗，冲洗将引起绝缘子表面绝缘状态和沿面闪络电位梯度的改变。由于低、零值绝缘子及瓷质有裂纹的绝缘子的绝缘性能已经降低，且结构已出现变化，当水污浸湿时，强电场作用下瓷质裂纹处绝缘变化将更加显著。因此，在冲洗前应进行检测，确知设备绝缘状态是否良好。当发现绝缘子的绝缘性能降低时，应先更换后再考虑其他工作。如无可靠的技术鉴定手段，则不应对破损和低值绝缘子进行带电水冲洗。

（9）冲洗悬垂绝缘子串、瓷横担、耐张绝缘子串时，应从导线侧向横担侧一次冲洗。冲洗支柱绝缘子及绝缘瓷套时，应从下向上冲洗。

（10）冲洗绝缘子时应注意风向，必须先冲下风侧，后冲上风侧。对于上、下层布置的绝缘子应先冲下层，后冲上层，还要注意冲洗角度，严防邻近绝缘子在溅射的水雾中发生闪络。

不同的冲洗顺序将出现不同的绝缘表面状态，对闪络电压产生影响。一种是按顺序从下向上或从导线侧向外逐层洗净，冲洗溅湿面积最小，不使其他脏物层被淋湿。另一种是从上向下冲洗，不待上层脏物冲洗干净已将部分绝缘表面淋湿。如果 110kV 电流互感器（如 L-600 型）采用带电水冲清扫，污秽等级取样鉴定为最低级（0.039mg/cm²），冲洗顺序从上到下，结果不待第一层冲完，活水已从上至下贯穿。与此相反，绝缘清污顺序改为从下向上的方法，污水下流到冲洗过的绝缘表面，也未发生严重放电，直至完全

冲洗完毕。由此可见，带电作业冲洗必须严格遵守上述第（9）、
（10）条的规定按操作顺序进行。

二、带电水冲洗的方法

带电水冲洗绝缘子时，由于水并非纯绝缘介质，绝缘子上的带
电部分可以看成带电导体通过电阻接地，这与用绝缘杆进行带电操
作相似。不过，水冲洗的泄漏电流有两条回路：一条经水柱、喷
嘴、人体入地；另一条经绝缘子表面泄漏电阻入地。经人体入地的
回路要满足对人体安全的要求，经绝缘子表面入地的回路要满足对
设备安全的需要（不发生绝缘子表面闪络）。因此，通过人体的泄
漏电流主要取决于水柱的电阻值，即冲洗水的电阻。水柱长度除满
足前述规定外，还应满足表 7-9 的规定。

表 7-9　水柱长度与电压和喷嘴的关系　　　　单位：m

电压等级 /kV	喷嘴直径/mm						
	3 及以下	4～8		9～12		13～18	
	喷嘴接地方式						
	接地或不接地	接地	不接地	接地	不接地	接地	不接地
35～66	0.8	2	3	4	6	6	8
110	1.2	3	4	5	6	7	9
220	1.8	4	5	6	7	8	10

水冲洗使用的喷嘴和水龙带应装在有防雨罩的专用绝缘杆
上。在进行水冲洗时，人处在潮湿的环境中。为保证人身安全，
若使用大水流喷嘴，喷嘴与水泵均应有可靠的接地线；若使用小
水流喷嘴，喷嘴与带电体距离较小，主要靠绝缘操作杆来加强绝
缘，以保证安全。因此，操作绝缘杆的绝缘有效长度应满足：
60kV 以下时为 1.5m；220kV 时为 2.5m；110kV 时为 2.0m；
330kV 时为 3.5m。

此外，绝缘杆的手柄通常应接地。当采用不接地的绝缘杆时，水枪的水管接头与护环间的绝缘部分应满足以下要求：湿闪电压应大于 3 倍线电压（非接地电流系统）或 3 倍相电压（接地电流系统），持续时间 5min，泄漏电流不大于 1mA。不满足以上要求时，应在护环前接地。

绝缘子带电水冲洗的方法及注意事项如下：

① 冲洗角度。冲洗角度指水柱与所冲洗设备中心轴的夹角。冲洗角度最好保持 90°，如果条件不允许，可保持 60°，但角度不宜太小；冲洗耐张绝缘子串时，可采取 30°～40°的冲洗角度。

② 冲洗绝缘子的顺序。对于垂直安装的绝缘子串，应由下往上逐片进行冲洗；对于耐张绝缘子串，则应先冲洗带电体侧的绝缘子，然后逐片后移，最后冲洗接地端（杆塔横担）的绝缘子。

③ 在同一变电站内，不宜同时冲洗不同的两相，也不得使水柱跨接两相，以防短路。

④ 在冲洗中，由于电压分布的改变，电压高的地方可能产生火花，此时可将水柱直接对准火花冲洗，以使火花熄灭。

⑤ 水柱不得冲到设备上密封不良和有缺陷的部位，也不得将水柱对着隔离开关动、静触头处冲洗，以免冲开刀闸造成事故。

⑥ 风力大、空气湿度高和阴雨天气以及水与绝缘子的温差大时，都不宜进行水冲洗作业。

第五节　带电爆炸压接和感应电压防护

带电爆炸压接指在带电的情况下采用爆炸压接的方法压接导线接头。

一、雷管在电场中的自爆及预防措施

电雷管或火雷管发生自爆，除产品质量因素外，均因其能量积聚使雷管正装药（起爆药、引爆药）达到发火点温度。火雷管未经外部导火索点燃即发生自爆，是操作人员在等电位状态或绝缘梯上点火时，使带电导体和引爆系统中的雷管、导火索、拉火管及其元件，与穿屏蔽服的人员、绝缘梯至空气和大地之间形成了不利的电容泄漏，组成电流回路。另外，挂设在导线上的绝缘梯等作业工具的等效电容在强电场之中，必然也会产生电容电流入地。因此，如果引爆系统屏蔽不够完善，使雷管中流过的泄漏电流和电容电流达到一定的数值和作用时间，电流转化成足够的热能达到雷管炸药点燃温度（约180℃）时，即可发生自爆。

针对雷管自爆的原因，为防止雷管在电场中自爆，应采取以下严密措施：

（1）带电爆炸压接应使用工业 8 号纸壳火雷管。8 号纸壳火雷管所用炸药安定性好，爆炸稳定性高，除金属加强帽之外，无其他金属。

（2）为防止雷管在电场中自爆，引爆系统（包括雷管、导火索、拉火管）必须全部屏蔽。引爆系统采用锡箔纸包缠，以屏蔽电场的作用，并使得引爆系统各元件与带电体等电位。包缠锡箔纸时，应做到合格屏蔽，使泄漏电流不通过雷管本身。

（3）引爆方式可采用地面引爆和等电位引爆。当采用等电位引爆时，应做到引爆系统与导线连接牢固。安装引爆系统时，作业人员应始终与导线保持等电位。

（4）提前在地面上仔细检查火雷管与引爆系统的连接情况及其屏蔽措施，保证各部位可靠且屏蔽合格，防止间隙产生火花。

二、爆炸压接对空气绝缘的影响及安全措施

炸药爆炸压接导线时会造成空气绝缘能力降低，这是爆炸过程中的高温高压气流使周围空气介质被电离，爆炸系统的各纸、纤维质外皮被炭化成灰尘状导电微粒以及所用炸药的参数等多方面因素综合作用产生的结果。其中，主要的因素是空气状态的改变。炸药爆炸瞬间产生数千摄氏度的高温，必然会加快空气介质中质点的运动速度，引起气体分子的热游离。同时，高压电场中的电子在受到爆炸所产生的高压冲击波和强电场作用后，也会产生碰撞

游离和光游离。这些游离使得在爆炸压接头与邻相或与接地端之间的空气间隙中，电子崩得以形成和发展并成为正负离子混合的高电导通道区域，故而混合空气中瞬间的绝缘能力降得很低。此时，如果电子崩使游离继续向杆塔和接地端发展，就可能发生电击穿。由此可知，爆炸压接能使周围空气间隙压力瞬间猛然下降，造成空气击穿和断路器跳闸。为此，进行爆炸压接作业时，应遵守以下规定：

（1）爆炸压接时，爆炸点对地及相间的安全距离应满足表 7-10 的规定。

表 7-10　爆炸点对地及相间的安全距离

电压等级/kV	63(66)及以下	110	220	330	500
距离/m	2.0	2.5	3.0	3.5	5

（2）如果不能满足表 7-10 的规定，可在药皮外包食盐或聚氨酯泡沫塑料，以补偿爆炸时造成的空气绝缘的降低。

因为食盐的热容很大，在 300℃高温时可气化，爆炸瞬间食盐气化后可大量吸收热量，降低了爆炸点周围空气的温度，破坏了光热游离的产生条件。具体使用时，根据经验，食盐用量一般为炸药量的 5~7 倍，将食盐粉用塑料袋包装并加封，操作时均匀缠在药包外面。对于聚氨酯泡沫塑料的用量，约取 0.25~0.3kg 为宜。

三、带电爆炸压接安全注意事项

爆炸压接时，不仅使爆炸点周围空气绝缘骤然下降，而且爆炸产生的冲击波还可能伤害人体和瓷质绝缘。为了预防设备损坏和保证作业人员的人身安全，带电爆炸压接应注意下列事项：

（1）爆炸压接时，所有工作人员均应撤到离爆炸点 30m 以外且与雷管开口端反向的安全区。

为了保证作业人员顺利撤至安全区，不论采用何种引爆方式均应对导火索做燃索试验。根据导火索燃尽时间预备足够长度，保证作业人员安全撤至 30m 以外的安全区。这个距离是按照安全等级和最大用药量下的冲击波对人员的危害程度，通过计算和实践确定的。

（2）爆炸压接时，爆炸点距邻近物的距离应不小于表 7-11 的规定，否则应采取保护措施。

表 7-11　爆炸点距邻近物的最小距离

邻近物	金属承力工具及分流线	绝缘子	绝缘工具
距离/m	0.4	0.6	1.0

爆炸压接时，爆炸点与设备之间必须保持表 7-11 规定的最小距离，这是针对冲击波防护而言的。由于设备绝缘和它本身都具有一定的抗弯能力，且机械强度耐受力相对较高，当满足该最小距离时，设备可以不受影响。

（3）若两列导线间距小于 0.4m，应设法加大距离或采取保护措施。加大距离或加护管护线措施，以防止造成导线和绝缘结构、工具等硬性损伤。

（4）出现哑炮时，应按《电力安全工作规程》（热力和机械部分）的有关规定处理。爆炸压接使用的炸药、雷管、导火索、拉火管均为易燃、易爆物品，均应按有关规定加以管理。

爆炸压接中出现哑炮的原因可能是导火索、拉火管或雷管受潮，引爆系统连接松动，雷管失效等。由于药包和引爆系统处于强电场之中，处理哑炮时必须严格执行有关规程和专业工作制度，重点注意下述两点：

① 必须由经过专门培训并取得带电爆炸压接工作合格证的富有爆破工作实践经验的人员操作，或由他们亲自指导。药包该响未响，应耐心等待 20min 以上方可处理。处理时，应预先制定方案并按步骤实施。

② 等电位接触引爆系统前，应首先考虑电位转移而平稳过渡接触，避免产生扰动和冲击。在施行等电位处理的全过程中，应注意使引爆系统始终保持在良好的屏蔽状态。将其拆除时，应按照与装接相反的顺序进行，防止在任何一个拆离动作中产生火花。引爆

系统与药包分离后，应完整地将其带至地面后加以处理。

四、感应电压防护

当作业人员脚穿绝缘鞋在线路杆塔上进行间接带电作业时，人体会感应电荷，因而人体就有感应电压，在相同情况下，对地绝缘越好，感应电压就越高。故感应电压是由于电荷在绝缘状态下聚集而成的。当人体处于地电位塔身之上的各处时，测试人体的感应电流均在 1mA 以下，对人体不构成威胁。若作业人员与接地的塔身绝缘（或接触不良）而偶尔接触铁塔杆架时，突然的麻电可能使作业人员失去控制而发生高处摔伤事故。当线路电压等级为 220kV 及 220kV 以上时，感应电压已经不容忽视，登杆作业人员必须采取下列安全防护措施：

（1）在 220～500kV 电压等级的线路杆塔上及变电站架构上作业，必须采取防静电感应措施，如穿静电感应防护服、导电鞋等。

穿静电感应防护服和导电鞋在杆塔上作业时，可以保持人体与地良好接触，将人体感应的电荷泄漏入地。

（2）带电更换架空地线或架设耦合地线时，应通过放线滑车可靠接地。

架空地线是高压线路防雷的基本措施。为了提高线路的耐雷水平，防止反击，最有效的措施是降低杆塔的接地电阻。当降低杆塔的接地电阻有困难时，可在导线下面架设地线，用以增加避雷线与导线之间的耦合电容，降低绝缘子串上的电压，从而降低线路遭雷击跳闸的概率。这种提高防雷的效果是通过耦合来实现的，故将架设在导线下方的地线称为耦合地线。

架空地线或耦合地线虽与杆塔接触良好，但由于在进行带电作业时，某一侧或某一段在一定时间内可能与杆塔构架解开悬空，也会与地电位隔离而产生感应电压。带电更换架空地线或架设耦合地线时，为防止地线或耦合地线感应电压对作业人员的伤害，防止作业过程中地线或耦合地线触及带电导线而电击作业人员，作业前应通过放线滑车将地线或耦合地线可靠接地。

（3）绝缘架空地线应视为带电体。绝缘架空地线是经过一个小间隙对地隔开来的避雷线。它除了可以避雷外，还可在正常运行和检修时兼作通信线。将架空地线绝缘起来是为了降低电流流过时所引起的附加损耗。当有雷电过电压出现时，小间隙击穿，不影响避雷线接地泄放雷电流。

绝缘架空线不仅有通信信号工作电流，而且由于它对地具有一定的绝缘，将其沿全线绝缘架设后，产生的感应电压可达数千伏以上。因此，必须将绝缘架空线视为带电体，带电作业时，作业人员与绝缘架空地线之间的空间距离不得小于 0.4m，并采取其他预防措施。如需要在绝缘架空线上工作时，应将绝缘地线可靠接地。当实际条件允许时，也可以采用等电位作业方式。

（4）用绝缘绳索传递大件金属物品（包括工具、材料等）时，杆塔或地面上作业人员应将金属物品接地后再接触，以防电击。

第六节　高架绝缘斗臂车带电作业

一、高架绝缘斗臂车

高架绝缘斗臂车多数用汽车发动机和底盘改装而成。它安装有液压支腿，将液压斗臂安装在可以旋转 360°的车后活动底盘上，成为可以载人进行升降作业的专用汽车。绝缘斗臂用绝缘性能良好的材料制成，采用折叠伸缩结构，电力系统借助高架绝缘斗臂车带电作业，减轻了作业人员的劳动强度，改善了劳动条件，并且使一些因间隙距离小、用其他工具很难实施的项目作业得以实现。

二、高架绝缘斗臂车带电作业安全规定

用高架绝缘斗臂车进行带电作业时，应遵守下列安全规定：

（1）使用前应认真检查，并在预定位置空斗试操作一次，确认液压传动、回转、升降、伸缩系统工作正常，操作灵活，制动装置

可靠，方可使用。

（2）绝缘臂的有效绝缘长度（最小长度）应大于表 7-12 的规定，并应在其下端装设泄漏电流监视装置。

表 7-12　绝缘臂的最小长度

电压等级/kV	10	35～63(66)	110	220
长度/m	1.0	1.5	2.0	3.0

绝缘臂在荷重作业状态下处于动态过程中，绝缘臂铰接处结构容易损伤，出现不易被发现的细微裂纹，虽然对机械强度没有影响，但会引起耐电强度下降，其表现在带电作业时，绝缘斗臂的绝缘电阻下降，泄漏电流增加。因此，带电作业时，在绝缘臂下端装设泄漏电流监视装置是很有必要的。

（3）绝缘斗臂下节的金属部分，在仰起回转过程中，对带电体的距离应按表 7-1 的规定值增加 0.5m。工作中车体应良好接地。

表 7-1 规定的人身与带电体应保持的安全距离是一个最小的静态界限，且间隙空气绝缘是稳定的。一般作业时，只要按规章操作并严格监护，不会出现危险接近和失常的情况。而绝缘斗臂下节的金属部分，因外形几何尺寸与活动范围均较大，操纵时仰起回转角的控制难以准确掌握，存在状态失控的可能性，因此要特别小心。绝缘斗体积较大，介入高压电场导体附近时，下部机车喷出的烟雾会对空气产生扰动和性能影响，使间隙的气体放电电压下降，分散性变大。因而必须综合考虑绝缘斗臂下节的金属部分对带电体的安全距离。按《电力安全工作规程》规定，该安全距离应比表 7-1 规定的最小安全距离大 0.5m。

（4）绝缘斗用于 10～35kV 带电作业时，其壁厚及层间绝缘水平应满足表 7-13 耐电压的规定。要将强电场与接地的机械金属部分隔开，绝缘斗及斗臂绝缘应有足够的耐电强度，要求与高压带电作业的绝缘工具一样，对斗臂和层间绝缘分别按周期进行耐压试验，试验项目及标准满足表 7-13 的规定。

表 7-13 绝缘工具的试验项目及标准

额定电压 /kV	试验长度 /m	1min 工频耐压/kV		5min 工频耐压 /kV		15 次操作冲击 耐压/kV	
		出厂及 形式试验	预防性 试验	出厂及 形式试验	预防性 试验	出厂及 形式试验	预防性 试验
10	0.4	100	45				
35	0.6	150	95				
63	0.7	175	175				
110	1.0	250	220				
220	1.8	450	440				
330	2.8			420	380	900	800
500	3.7			640	580	1175	1050

三、操作绝缘斗臂车注意事项

操作绝缘斗臂车进行专业工作属于带电作业范畴，应与带电作业同样严格要求。故要求操作绝缘斗臂车的人员应掌握带电作业的有关规定及绝缘斗臂车的操作技术。由于绝缘斗臂车的操作直接关系到高处作业人员的安全，所以操作人员应经过专门培训，在操作过程中不得离开操作台，且绝缘斗臂车的发动机不得熄火，以便意外情况发生时能及时升降斗臂，以免造成压力不足、机械臂自然下降而引发作业事故。

第七节　带电气吹清扫安全技术

带电气吹清扫系指对未停电设备的瓷质绝缘表面，用压缩气体和干燥的锯末进行气体清扫，清除瓷质绝缘表面的脏污，使瓷质保持清洁。

一、带电气吹清扫用具的性能试验

带电气吹清扫用具应做以下性能试验：

（1）用于气吹的操作杆和出气软管，应按表 7-13 相应电压等级要求耐压试验合格。

气吹清扫所用的操作杆和出气软管，作业时要接触和接近高压设备，处于强电场之中。为了握杆人员的安全和电气设备的正常运行，必须按表 7-13 规定项目进行耐压试验，并试验合格。

（2）对气吹清扫用的储气风包、出气软管及辅助罐等压力容器应做水压试验。

气吹清扫使用的是高压力的气流和具有一定质量的绝缘颗粒（干燥锯末）。所有与该压力连通承压的部分（如储存空气的风包、辅料罐输送软管等）都应进行水压试验，完整地检验各部件的密封程度和制作材料的强度。《电力安全工作规程》规定的水压试验压力为 1.08MPa。

二、带电气吹清扫喷嘴的基本要求

对带电气吹清扫所用喷嘴的要求是：喷嘴宜用硬质绝缘材料制成。

对于电压等级较低的设备，如使用金属喷嘴，所引起的电场强度分布的变化较为突出。故《电力安全工作规程》规定了金属喷嘴的最大长度，要求不超过 100mm，且喷嘴内径以 3.5～6mm 为宜。喷嘴内径过大，不但增加辅料用量，造成不必要的浪费，而且作用在电瓷表面的冲力过大还会损伤瓷釉；而喷嘴内径过小，出气管容易阻塞，喷出的流体太少，影响带电气吹清扫效果。

三、对带电气吹清扫用锯末辅料的要求

采用锯末辅料进行气吹清扫时，在高压气流的推动下，锯末从地电位处向设备绝缘喷出，与带电水冲洗相似，也存在着绝缘能力泄漏的问题。所以在干燥过的锯末装罐之前，必须用 2500V 兆欧

表测量其绝缘电阻，其值不得小于 9000MΩ。用 16～30 目网筛筛去锯末中的大颗粒木屑，以防止气冲清扫过程中堵塞软管，而且试验证明，采用 16～30 目的锯末清扫，其带电气吹清扫效果也较好。为确保绝缘电阻合格，筛选后的锯末应立即进行干燥处理，蒸发掉锯末中的水分，这是提高锯末辅料绝缘电阻值的基本手段。

四、空气压缩机的检查和调试

带电气吹清扫用的空气压缩机在清扫工作开始之前，应认真进行检查和调试，检查和调试的主要内容如下：

① 空气压缩机启动后按步骤调试，保证在作业过程中空气压缩机各部位运转正常。

② 按压力标准试验空气压缩机所装安全阀门，当超过 1.08MPa 压力强度时，安全阀门应能可靠动作，以防止机械失控或出气管、喷嘴堵塞时爆破风包和软管。

③ 使用前应检查并将风包内余水放尽，保证清扫用锯末辅料的绝缘不下降。

④ 调试并保持空气压缩机正常排气压力在 0.59～0.98MPa。

五、带电气吹清扫操作人员安全防护

带电气吹清扫操作人员在清扫时应注意下列安全防护：

① 根据被清扫设备的电压等级，确定出与被清扫设备带电部分的安全距离，且应符合表 7-1 的规定。

② 操作人员应具备空气压缩机运行操作方面的知识，掌握喷嘴堵塞时进行处理的一般技能。

③ 按照防尘作业条件着装。操作人员应戴护目镜、口罩和防尘帽，穿工作服并扣紧袖口和领口。根据天气风向，操作人员应在上风侧合适位置进行操作。

六、带电气吹清扫安全注意事项

带电气吹清扫时利用干燥的锯末辅料自高压力喷嘴喷射的冲量

冲洗瓷质绝缘表面，适于清扫渗漏的油污。为保证最佳带电气吹清扫效果，应注意以下两点：

① 在带电气吹清扫作业时，作业人员应注意喷嘴不得垂直电瓷表面及定点吹气，应选择合适的角度。当角度过大或接近垂直时，不但带电气吹清扫效果不佳，而且如果电瓷绝缘存在缺陷，所有冲量几乎全部作用在釉质层上，可能损坏电瓷和釉质表面层。同理，定点气吹也应该避免。

② 带电气吹清扫时，如遇锯末堵塞喷嘴，应先减压，再清除障碍。锯末阻塞喷嘴会造成风包内储压增高，此时，若立即处理喷嘴堵塞的障碍，不仅不易清除，时间过长安全阀即会动作。而故障一旦消除后因储压偏高，又容易出现冲击现象。因此应先减压，再处理喷嘴堵塞。

第八节　带电检测和保护间隙

所谓保护间隙，是由两个金属电极构成的一种简单的防雷保护装置。其中一个电极固定在绝缘子上，与带电导线相接，另一个电极通过辅助间隙与接地装置相接，两个电极之间保持规定的间隙距离。保护间隙构造简单，维护方便，但其自行灭弧能力较差。其间隙的结构有棒形、球形和角形三种。棒形间隙的伏秒特性较陡，不易与设备的绝缘特性配合；球形间隙虽然伏秒特性最平坦，保护性能也很好，但它与棒形间隙一样，都存在着间隙端头易烧伤的缺点，烧伤后间隙距离增大，不能保证动作的准确性；角形间隙放电时，电弧会沿羊角迅速向上移动而被拉长，因而容易自行灭弧，间隙不会严重烧伤，所以，近年来角形间隙被广泛用于配电线路和配电设备的防雷保护。由于保护间隙的距离较小（8～25mm），易为昆虫、鸟类或其他外物偶然碰触而引起短路，因此常在接地引下线上串接一个小角形辅助间隙。在正常情况下，保护间隙对地是绝缘的，并且绝缘强度低于所保护线路的绝缘水平，因此，当线路遭到雷击时，保护间隙首先因过电压而被击穿，将大量雷电流泄入大地，使过电压大幅度下降，从而起到保护线路和电气设备的作用。

一、带电检测绝缘子

带电检测就是带电检查绝缘子的绝缘状况。在等电位作业时，作业人员沿绝缘子串进入强电场，若组合间隙不满足表 7-4 的规定时，应加装保护间隙。

使用火花间隙检测绝缘子时，应遵守下列规定：

（1）检测前应对检测器进行检测，保证操作灵活、测量准确。

（2）针式及少于 3 片的悬式绝缘子不得使用火花间隙检测器进行检测。

火花间隙检测器是一种在带电条件下测试线路悬式绝缘子状况的简便测试器具。它是由绝缘杆和装在其顶端的叉形金属火花间隙组成的。常用火花间隙检测器有两种：一种是固定间隙式；另一种是可调间隙式。由于良好绝缘子两端按绝缘子串电压分布规律均有数千伏的分布电压，当把叉形金属火花间隙的两端与某片绝缘子两端的金属部分接触时，良好绝缘子上的电压差使间隙击穿发生火花现象或听到"嘶嘶"放电声响。若绝缘子已击穿（零值绝缘子）或绝缘电阻很低，则绝缘子不存在电位差或电位差很小，因而不会有火花和放电声响。由此可知，火花间隙检测法，实际是用试短接 1 片绝缘子的方法来判断绝缘子的绝缘性能。少于 3 片的绝缘子串，如果有 1 片已成为零值，则进行检测时将直接引起接地断路，并烧坏器具，造成设备事故。

（3）当检测 35kV 及以上电压等级的绝缘子串时，发现同一串中的零值绝缘子片数达到表 7-14 的规定时，应立即停止检测。如果绝缘子串的总片数超过表 7-14 规定时，零值绝缘子片数可相应增加。

表 7-14　绝缘子串中允许零值绝缘子片数

电压等级/kV	35	63(66)	110	220	330	500
绝缘子串总片数	3	5	7	13	19	28
零值绝缘子片数	1	2	3	5	4	6

各电压级的绝缘子串，都按其安全经济设计技术条件，规定有相应的片数，各电压级类型的绝缘子也都有其能够耐受的最高工作电压的限制。当运行中出现内、外过电压时，会使一串绝缘子中的某几片被击穿，剩余完好绝缘子上的电压将重新分布，有的可能已经接近它的极限耐压值，因此，为保证安全，对各电压级良好绝缘子最少片数进行了规定。当测试中发现该串绝缘子零值片数已达到表7-14规定的片数时，其他完好绝缘子上的电压分布已经很高，未被检测的绝缘子中仍然可能还有零值绝缘子。如若继续短接测试，就可能发生绝缘子被相继击穿的事故。所以，当遇一串绝缘子中的零值绝缘子片数已达到规定极限时，应立即停止检测工作。

（4）带电检测绝缘子应在干燥天气进行。火花间隙检测器检测绝缘子，是靠叉形金属间隙处空气被电离产生的火花或声响来判断的，这与绝缘子的干湿状况关系较大。如果阴雨天气湿度大，绝缘子泄漏电流必然也较大。若此时检测绝缘子，即使火花间隙调小，由于火花和声响微弱，是不易做出准确判断的。阴雨天气线路发生闪络事故的机会较多，所以，带电检测绝缘子应选择晴朗干燥天气进行。

二、保护间隙

1. 保护间隙及其作用

在220kV及以上系统中，由于作业人员沿绝缘子串进入强电场作业，人体与导线和人体与大地间必然形成组合间隙。该组合间隙的放电特性低于剩余完好绝缘子串的工频放电特性，绝缘远低于带电作业时相应电压等级安全距离的绝缘水平。220kV及以上超高压线路设备的安全距离主要取决于内部过电压。为了防止带电作业中出现超过组合间隙放电电压的内部过电压放电，采用了保护间隙，以防止发生人身及设备事故。其方法是在作业地点附近的设备或杆塔上与线路并联一个保护间隙，使它的放电电压低于组合间隙的放电电压，并且两间隙的伏秒特性曲线上下限合理配合，在过电压到来的任何情况下能保证保护间隙先行放电，达到带电作业安全防护的目的。

2. 保护间隙的容量要求

为了保证过电压到来时可靠先行放电，保护间隙的接地线应用多股软铜线。其截面积应能满足接地短路容量的要求，在保护间隙放电的情况下，间隙放电电流不会烧断接地线。接地线的最小截面积不得小于 $25mm^2$。

3. 保护间隙定值的整定

采用圆弧形保护间隙，其间隙距离按表 7-15 的规定进行整定。

表 7-15　圆弧形保护间隙定值

电压等级/kV	220	330
间隙定值/m	0.7～0.8	1.0～1.1

整定圆弧形保护间隙定值时，应以保证带电作业人员的人身安全并兼顾运行设备安全为原则。对保护间隙定值的整定，首先要确保作业人员的人身安全，当系统出现危险过电压时，保护间隙既能可靠动作，又必须保证系统的安全运行。加装保护间隙后，在线路工频电压作用下，线路或设备保护不误动作，即使是正确动作，也不应过多地增加线路断路器跳闸的次数。

4. 使用保护间隙的规定

使用保护间隙时，应遵守下列规定：

（1）悬挂保护间隙前，应与调度联系停用重合闸。凡是与系统相关的作业都必须与系统调度联系，并得到调度的同意，万一在作业中发生异常的情况，也可使调度预先做出安排。根据带电作业的一般规定，作业过程中突然停电不得强送电，故作业前应与调度联系，停用重合闸。

（2）悬挂保护间隙前，要进行全面检查，包括：圆弧间隙形状及限位、定位装置应良好；调整应灵活；间隙挂钩压紧弹簧卡子弹力合适；接线完好，其截面积符合规定。将间隙按定值进行试调整，无问题后再调到该挡范围最大值处。

（3）悬挂保护间隙应先将其与接地网可靠接地，再将保护间隙挂在导线上，并使其接触良好。拆除顺序相反。

悬挂保护间隙的方法与悬挂接地地线的方法相似。为保证悬挂时的人身安全，应先将保护间隙的接地端与接地网可靠连接，然后再挂导线端，并与导线接触良好。拆除顺序相反。

将保护间隙悬挂在导线上时，最好先并拢双脚立定位置，再将它挂在导线上，待作业人员即将进入绝缘子串工作时，才将间隙调整至整定距离定位限制。

（4）保护间隙应挂在相邻杆塔的导线上，悬挂后，应派专人看守，在有人畜通过的地区，还应增设围栏。

（5）装拆保护间隙的人员应穿全套屏蔽服。

第九节　低压带电作业安全技术

低压系统电压在 250V 及以下。低压带电作业是指在不停电的低压设备或低压线路上的工作。

对于一些可以不停电的工作，或作业人员使用绝缘辅助安全用具直接接触带电体及在带电设备外壳上的工作，均称为低压带电作业。虽然低压带电作业的对地电压不超过 250V，但不能把此电压视为安全电压，实际上交流 220V 电源的触电对人身的危害是严重的。为防止低压带电作业对人身的触电伤害，作业人员应严格遵守低压带电作业有关规定和注意事项。

一、低压设备带电作业安全规定

在低压设备上带电作业，应遵守下列规定：

（1）在带电的低压设备上工作，应使用有绝缘柄的工具，工作时应站在干燥的绝缘垫、绝缘站台或其他绝缘物上进行，严禁使用锉刀、金属尺和带有金属物的毛刷、毛掸等工具。使用有绝缘柄的工具，可以防止人体直接接触带电体。站在绝缘垫上工作，人体即使触及带电体，也不会造成触电伤害。低压带电作业使用金属工具时，金属工具可能引起相间短路或对地短路事故。

（2）在带电的低压设备上工作时，作业人员应穿长袖工作服，并戴手套和安全帽，戴手套可以防止作业时手触及带电体；戴安全帽可以防止作业过程中头部同时触及带电体及接地的金属盘架，造成头部接近短路或头部碰伤；穿长袖工作服可防止手臂同时触及带电和接地体引发短路和烧伤事故。

（3）在带电的低压盘上工作时，应采取防止相间短路和单相接地短路的绝缘隔离措施。在带电的低压盘上工作时，为防止人体或作业工具同时触及两相带电体或一相带电体与接地体，在作业前将相与相间或相与地（盘架构）间用绝缘板隔离，以免作业过程中发生短路事故。

（4）严禁雷、雨、雪天气及6级以上大风天气在户外进行带电作业，也不应在雷电天气进行室内带电作业。

雷电天气，容易引起系统雷电过电压，危及作业人员的安全，不应进行室内、外带电作业；雨雪天气下空气潮湿，不宜进行带电作业。

（5）在潮湿和潮气过大的室内，禁止进行带电作业；工作位置过于狭窄时禁止进行带电作业。

（6）低压带电作业时，必须有专人监护。带电作业时由于作业场地、空间狭小，带电体之间、带电体与地之间绝缘距离小，或由于作业时的错误动作均可能引起触电事故。因此，带电作业时，必须有专人监护；监护人应始终在工作现场并对作业人员进行认真监护，随时纠正不正确的动作。

二、低压线路带电作业安全规定

在400V三相四线制的线路上带电作业时，应遵守下列规定：

（1）在登杆前，应在地面上先分清火、地线。只有这样才能选好杆上的作业位置和角度。在地面辨别火、地线时，一般根据一些标志和排列方向、照明设备接线等进行。初步确定火、地线后，可在登杆后用验电器或低压试电笔进行测试，必要时可用电压表进行测量。

（2）断开低压线路导线时，应先断开火线，后断开零线。搭接导线时，顺序应相反。三相四线制低压线路在正常情况下接有动力、照明及家电负荷，当带电断开低压线路时，如果先断开零线，则因各相负荷不平衡而使该电源系统中性点出现较大偏移电压，造成零线带电，断开时会产生电弧。故应按《电力安全工作规程》规定，先断火线，后断零线。接通时，先接零线，后接火线。

（3）人体不得同时接触两根线头。带电作业时，若人体同时接触两根线头，则人体串入电路造成人体触电伤害。

（4）高低压同杆架设，在低压带电线路上工作时，应先检查与高压线的距离，采取防止误碰带电高压线或高压设备的措施。在低压带电导线未采取绝缘措施时（裸导线），工作人员不得穿越。

高、低压同杆架设，在低压带电线路上工作时，作业人员与高压带电体的距离应不小于有关规定。还应注意以下几点。

① 采取防止误碰、误接近高压导线的措施。

② 登杆后在低压线路上工作，采取防止低压接地短路及混线的作业措施。

③ 采取工作中在低压导线（裸导线）上穿越的绝缘隔离措施。

（5）严禁雷、雨、雪天气及 6 级以上大风天气在户外低压线路上带电作业。

（6）低压线路带电作业，必须设专人监护，必要时杆上设专人监护。

三、低压带电作业注意事项

① 带电作业人员必须经过培训并考试合格，工作时不少于2人。

② 严禁穿背心、短裤、拖鞋带电作业。

③ 带电作业使用的工具应合格，绝缘工具应试验合格。

④ 低压带电作业时，人体对地必须保持可靠的绝缘。

⑤ 在低压配电盘上工作，必须装设防止短路事故发生的隔离

措施。

⑥ 只能在作业人员的一侧带电，若其他侧还有带电部分而又无法采取安全措施时，则必须将其他侧电源切断。

⑦ 带电作业时，若已接触一相火线，要特别注意不要再接触其他火线或地线（或接地部分）。

⑧ 带电作业时间不宜过长。

第八章

电工维修作业安全技术

第一节　电气安全作业一般安全要求

在全部停电或部分停电的电气设备上工作，必须完成停电、验电、装设接地线、悬挂标示牌和装设遮栏后，方能开始工作。上述安全措施由值班员实施，无值班人员的电气设备，由断开电源人执行，并应有监护人在场。

一、停电

工作地点必须停电的设备及工作安全要求。

（1）待检修的设备　检查待修设备的供电情况，供电回路是否已经断开、连接线是否已经撤离等，设备的供电控制端（控制柜等）是否已经悬挂"禁止合闸，有人工作！"等警示牌，设备的保护性接地线路是否已经连接；常规性检查，使用相应验电设备或器件，检查设备是否带电，检修前的保护性措施是否符合要求。在均符合安全规范并且已经确认待检修设备已可靠脱离电源的情况下，方可按检修要求开展工作。另外，在检修非小型便携式设备时，每个工作点除配有检修人员外，还应该配有专门监护人员。

（2）工作人员进行工作　正常活动与带电设备的距离小于表 8-1 的规定。

（3）如果是 44kV 以下的设备，安全距离应大于表 8-1 的规定。如果距离小于表 8-1 的规定，同时又无安全遮栏设备，必须按照表 8-2 的规定设置安全距离。

表 8-1　工作人员工作中正常活动与带电设备的安全距离

电压等级/kV	安全距离/m
10 及以下(13.8)	0.35
20～25	0.60
44	0.90
60～110	1.50
154	2.00
220	3.00
330	1.00

表 8-2　设备不停电时的安全距离

电压等级/kV	安全距离/m
10 及以下(13.8)	0.70
20～35	1.00
44	1.20
60～110	1.50
154	2.00
220	3.00
330	4.00

（4）带电部分在工作人员后面或两侧无可靠安全措施的设备，将检修设备停电，必须把各方面的电源完全断开（任何运行中的星形接线设备的中性点，必须视为带电设备）。必须拉开电闸，使各方面至少有一个明显的断开点，与停电设备有关的变压器和电压互感器，必须从高、低压两侧断开，防止向停电检修设备反送电。禁止在只经开关断开电源的设备上工作，断开开关和刀闸的操作电源，刀闸操作把手必须锁住。

二、验电

验电时，必须用电压等级合适而且合格的验电器。在检修设备的进出线两侧分别验电。验电前，应先在有电设备上进行试验，以确认验电器良好。如果在木杆、木梯或木架上验电，不接地线不能指示者，可在验电器上接地线，但必须经值班负责人许可。

高压验电必须戴绝缘手套。35kV以上的电气设备，在没有专用验电器的特殊情况下，可以使用绝缘棒代替验电器，根据绝缘棒端有无火花和放电声来判断有无电压。

三、装设接地线

当验明确无电压后，应立即将检修设备接地并三相短路。这是保证工作人员在工作地点防止突然来电的安全措施，同时设备断开部分的剩余电荷，亦可因接地而放尽。

对于可能送电至停电设备的各部位或可能产生感应电压的停电设备都要装设接地线，所装接地线与带电部分应符合规定的安全距离。

装设接地线必须两人进行。若为单人值班，只允许使用接地刀闸接地，或使用绝缘棒合接地刀闸。装设接地线必须先接接地端，后接导体端，并应接触良好。拆接地线的顺序与此相反。装、拆接地线均应使用绝缘棒或戴绝缘手套。

接地线应用多股软裸铜线，其截面积应符合短路电流的要求，但不得小于 $25mm^2$。接地线在每次装设以前应经过详细检查，损坏的接地线应及时修理或更换。禁止使用不符合规定的导线作接地或短路用。接地线必须用专用线夹固定在导体上，严禁用缠绕的方法进行接地或短路。

需要拆除全部或一部分接地线后才能进行的高压回路上的工作（如测量母线和电缆的绝缘电阻，检查开关触头是否同时接触等）需经特别许可。拆除一相接地线、拆除接地线而保留短路线、将接地线全部拆除或拉开接地刀闸等工作必须征得值班员的许可（根据调度命令装设的接地线，必须征得调度员的许可）。工作完毕后立即恢复。

四、悬挂标示牌和装设遮栏

在工作地点、施工设备和一经合闸即可送电到工作地点或施工设备的开关和刀闸的操作把手上，均应悬挂"禁止合闸，有人工作！"的标示牌。如果线路上有人工作，应在线路开关和刀闸操作把手上悬挂"禁止合闸，线路有人工作！"的标示牌。标示牌的悬挂和拆除，应按调度员的命令执行。

部分停电的工作，安全距离小于表 8-2 规定数值的未停电设备，应装设临时遮栏，临时遮栏与带电部分的距离，不得小于表 8-1 规定的数值。临时遮栏可用干燥木材、橡胶或其他坚韧绝缘材料制成，装设应牢固，并悬挂"止步，高压危险！"的标示牌。35kV 及以下设备的临时遮栏，如因特殊工作需要，可用绝缘挡板与带电部分直接接触。但此种挡板必须具有高度的绝缘性能，符合耐压试验要求。

在室内高压设备上工作，应在工作地点两旁间隔和对面间隔的遮栏上和禁止通行的过道上悬挂"止步，高压危险！"的标示牌。

在室外地面高压设备上工作，应在工作地点四周用绳子做好围栏，围栏上悬挂适当数量的"止步，高压危险！"的标示牌，标示牌必须朝向围栏外面。在工作地点悬挂"在此工作！"的标示牌。

在室外架构上工作，应在工作地点邻近带电部分的横梁上，悬挂"止步，高压危险！"的标示牌，此项标示牌在值班人员监护下，由工作人员悬挂。在工作人员上下用的铁架和梯子上，应悬挂"从此上下！"的标示牌；在邻近其他可能误登带电的架构上，应悬挂"禁止攀登，高压危险！"的标示牌。

严禁工作人员在工作中移动或拆除遮栏、接地线和标示牌。

五、一般综合性安全要求

（1）加强安全教育　安全生产，人人有责。企业各级领导要以身作则，充分发动职工群众，依靠职工群众，搞好安全生产。人人树立"安全第一"的理念，个个都做安全教育工作，大力宣传《电力设施保护条例》，力争使供电、用电系统安全、稳定、长周期运行，彻底消灭人身触电事故，保障人们生命财产安全。

（2）执行安全工作规程　必须建立和健全规章制度，特别是贯彻执行《电力安全工作规程》。按照《电力安全工作规程》的规定，电气工作人员对规程"每年考试一次"，合格后才能上岗工作；电气工作人员因故间断电气工作连续三个月以上者，必须重新温习规程，并经考试合格后，方能恢复工作。

（3）确保设计安装质量　电气工程的设计、安装质量，对供电系统的安全运行关系极人。设计必须遵循设计规范，安装必须遵循有关安装工程施工及验收规范。如果设计不合理或者安装不合要求，将使供电、用电的安全运行失去保障，增加了事故发生的可能性。

（4）加强运行维护工作　加强日常的运行维护工作和定期的检修实验工作，对于保证供电、用电设备和系统安全运行，具有非常重要的作用。所有的设备在使用的过程中都存在老化现象，都有一个劣化的过程。这一点在机械设备上表现得比较明显，但是在电气设备中却很难观察到。对于电机、变压器、电抗器等设备上可以通过温度、电气特性（如线圈本身的电阻、对地的绝缘电阻、电流的变化）等来观测，但电子设备的劣化程度却很难监测到。因此电气设备需要注重日常的保养，减少甚至杜绝突发事故的发生。设备的保养分为在线保养和线下保养。一些大型设备需要在线保养。有条件的话中小型设备最好是更换后线下保养。在对电气设备使用过程中，温度和粉尘对电气设备是致命危害。

（5）选用安全电压和合适类型电器　安全电压是指不使人直接致死或致残的电压，一般环境条件下允许持续接触的"安全特低电压"是 36V。行业规定安全电压不高于 36V，持续接触安全电压为 24V，安全电流为 10mA，电击对人体的危害程度，主要取决于通过人体电流大小和通电时间长短。

电流强度越大，致命危险越大；持续时间越长，死亡的可能性越大。人能感觉到的最小电流值称为感知电流，交流为 1mA，直流为 5mA；人触电后能自己摆脱的最大电流称为摆脱电流，交流为 10mA，直流为 50mA；在较短的时间内危及生命的电流称为致命电流，如 100mA 的电流通过人体 1s，可足以使人致命，致命电流为 50mA。在有防止触电保护装置的情况下，人体允许通过的电流一般可按 30mA 考虑。

电器品种繁多，选择时应遵循以下两个基本原则：

① 安全性　所选设备必须保证电路及用电设备的安全可靠运行，保证人身安全。

② 经济性　在满足安全要求和使用需要的前提下，尽可能采用合理、经济的方案和电器设备。

为了满足上述两个原则，选用时应注意以下事项：

a. 了解控制对象（如电动机或其他用电设备）的负荷性质、操作频率、工作制等要求和使用环境。如根据操作频率和工作方式，可选定低压电器的工作制式。

b. 了解电器的正常工作条件，如环境空气温度、相对湿度、海拔高度、允许安装方位角度和抗冲击振动、有害气体、导电粉尘、雨雪侵袭的能力，以正确选择低压电器的种类、外壳防护以及防污染等级。了解电器的主要技术性能，如额定电压、额定电流、额定操作频率、通电持续率、短路通断能力、通断能力、机械寿命和电器寿命等。

操作频率是指每小时内可能实现的最多操作循环次数；通电持续率是指电器采用断续周期工作制时，有载时间与工作周期之比，通常以百分数表示，符号为 TD。

通断能力是指开关电器在规定条件下能在给定电压下接通和分断的预期电流值；短路通断能力是指开关电器在短路时的接通和分断能力。

机械寿命是指开关电器需要修理或更换机械零部件以前所能承受的无载操作循环次数；电器寿命是指开关电器在正常工作条件下

无修理或更换零部件以前的负载操作循环次数。

（6）采用电气安全用具　电气安全用具分为绝缘安全用具和一般防护用具。绝缘安全用具包括绝缘棒（令克棒）、验电器、绝缘夹钳、绝缘手套、绝缘靴、绝缘垫和绝缘台；一般防护用具包括携带型接地线、隔离板和临时遮栏、安全腰带。从事电气工作时，应按要求使用电气安全用具。

（7）宣传安全用电知识　安全用电知识的宣传教育能有效地避免意外触电的发生，能普及安全用电知识，让电更好地为人类服务，能避免不懂用电知识而出现人员伤亡事故。随着经济的发展，家庭用电的地方越来越多，对于电视、电脑、冰箱、洗衣机、电磁炉、微波炉等都需要普及安全用电知识。安全用电知识的宣传教育能预防火灾，保证人的生命和财产的安全，具有重大意义。

第二节　变电所电气作业安全技术

一、变电所安全作业的组织措施

1. 工作票制度

① 在电气设备上工作，应填用工作票或按命令执行，其方式有下列三种：

a. 填用第一种工作票。

b. 填用第二种工作票。

c. 口头或电话命令。

② 填用第一种工作票的工作为：

a. 高压设备上工作需要全部停电或部分停电者。

b. 高压室内的二次接线和照明等回路上的工作，需要将高压设备停电或采取安全措施者。

③ 填用第二种工作票的工作为：

a. 带电作业和在带电设备外壳上的工作。

b. 控制盘和低压配电盘、配电箱、电源干线上的工作。

c. 二次接线回路上的工作，无须将高压设备停电者。

d. 转动中的发电机、同期调相机的励磁回路或高压电动机转子电阻回路上的工作。

e. 非当值人员用绝缘棒和电压互感器定相或用钳形电流表测量高压回路的电流。

④ 其他工作用口头或电话命令。口头或电话命令，必须清楚正确。值班员应将发令人、负责人及工作任务详细记入操作记录簿中，并向发令人复诵核对一遍。

⑤ 工作票要用钢笔或圆珠笔填写一式两份，应正确清楚，不得任意涂改。如有个别错、漏字需要修改时，字迹应清楚。

两份工作票中的一份必须经常保存在工作地点，由工作负责人收执；另一份由值班员收执，按职移交。值班员应将工作票号码、工作任务、许可工作时间及完工时间记入操作记录簿中。

在无人值班的设备上工作时，第二份工作票由工作许可人收执。

⑥ 一个工作负责人只能发给一张工作票。工作票上所列的工作地点，以一个电气连接部分为限。

如施工设备属于同一电压、位于同一楼层、同时停送电且不会触及带电导体时，则允许在几个电气连接部分共用一张工作票。开工前，工作票内的全部安全措施应一次做完。建筑工、油漆工等非电气人员进行工作时，工作票发给监护人。

⑦ 在几个电气连接部分上依次进行不停电的同一类型的工作，可以发给一张第二种工作票。

⑧ 若一个电气连接部分或一个配电装置全部停电，则所有不同地点的工作，可以发给一张工作票，但要详细填明主要工作内容。几个班同时进行工作时，工作票可发给一个点的负责人，在工作班成员栏内只填明各班的负责人，不必填写全部工作人员名单。

若至预定时间，一部分工作尚未完成，仍需继续工作而不妨碍送电者，在送电前，应按照送电后现场设备带电情况，办理新的工作票，布置好安全措施后，方可继续工作。

⑨ 事故抢修工作可不用工作票，但应记入操作记录簿内，在开始工作前必须按国家电网公司颁布的《电力安全工作规程》（变电站和发电厂电气部分）的规定，做好安全措施，并应指定专人负责监护。

⑩ 线路、用户检修班或基建施工单位在发电厂或变电所进行工作时，必须由所在单位（发电厂、变电所或工区）签发工作票并履行工作许可手续。

⑪ 第一种工作票应在工作前一日交给值班员。临时工作可在工作开始以前直接交给值班员。第二种工作票应在进行工作的当天预先交给值班员。

⑫ 若变电所距离工区较远或因故更换新工作票不能在工作前一日将工作票送到，工作票签发人可根据自己签好的工作票用电话全文传达给变电所值班员，传达必须清楚，值班员应根据传达做好记录，并复诵核对。若电话联系有困难，也可在进行工作的当天预先将工作票交给值班员。

⑬ 第一、二种工作票的有效时间以批准的检修期为限。第一种工作票至规定时间，工作尚未完成，应由工作负责人办理延期手续。延期手续应由工作负责人向值班负责人申请办理，主要设备检修延期要通过值长办理。工作票有破损不能继续使用时，应补填新的工作票。

⑭ 需要变更工作班中的成员时，须经工作负责人同意。需要变更工作负责人时，应由工作票签发人将变更情况记录在工作票上。若扩大工作任务，必须由工作负责人通过工作许可人，并在工作票上增填工作项目。若需变更或增设安全措施，必须填用新的工作票，并重新履行工作许可手续。

⑮ 工作票签发人不得兼任该项工作的负责人。工作负责人可以填写工作票。工作许可人不得签写工作票。

⑯ 工作票签发人应由分场、工区（所）熟悉人员技术水平、熟悉设备情况、熟悉国家电网公司颁布的《电力安全工作规程》

（变电站和发电厂电气部分）的生产领导人、技术人员或经厂、公司主管生产领导批准的人员担任。工作票签发人员名单应书面公布。

⑰ 工作票中所列人员的安全责任如下：

a. 工作票签发人：工作必要性；工作是否安全；工作票上所填安全措施是否正确完备；所派工作负责人和工作班组人员是否适当和足够，精神状况是否良好。

b. 工作负责人（监护人）：正确安全地组织工作；结合实际进行安全思想教育；督促、监护工作人员遵守国家电网公司颁布的《电力安全工作规程》（变电站和发电厂电气部分）；负责检查工作票所载安全措施是否正确完备和值班员所做的安全措施是否符合现场实际条件；工作前对工作人员交代安全事项；工作班组人员变动是否合适。

c. 工作许可人：负责审查工作票所列安全措施是否正确完备，是否符合现场条件；工作现场布置的安全措施是否完善；负责检查停电设备有无突然来电的危险；对工作票中所列内容即使产生很小疑问，也必须向工作票签发人询问清楚，必要时应要求做详细补充。

d. 值长：负责审查工作的必要性，检查工期是否与批准期限相符以及工作票所列安全措施是否正确完善。

e. 工作班组成员：认真执行国家电网公司颁布的《电力安全工作规程》（变电站和发电厂电气部分）和现场安全措施，互相关心施工安全，并监督规程和现场安全措施的实施。

2. 工作许可制度

① 工作许可人（值班员）在完成施工现场的安全措施后还有如下工作：

a. 会同工作负责人到现场再次检查所做的安全措施，以手触试，证明检修设备确无电压。

b. 对工作负责人指明带电设备的位置和注意事项。

c. 与工作负责人在工作票上分别签名。

② 工作负责人、工作许可人任何一方不得擅自变更安全措施，值班员不得变更有关检修设备的运行接线方式。工作中如有特殊情况需要变更时，应事先取得运行方的同意。

3. 工作监护制度

① 完成工作许可手续后，工作负责人（监护人）应向工作班组人员交代现场安全措施、带电部位和其他注意事项。工作负责人（监护人）必须始终在工作现场，对工作班组人员的安全认真监护，及时纠正违反安全规定的动作。

② 所有工作人员（包括工作负责人），不得单独留在高压室内和室外变电所高压设备区内。

若工作需要（如测量极性、回路导通试验等），且现场设备具体情况允许时，可以准许工作班中有实际经验的一人或几人同时在一室进行工作，但工作负责人应在事前将有关安全注意事项予以详尽指示。

③ 工作负责人（监护人）在全部停电时，可以参加工作班工作。在部分停电时，只有在安全措施可靠，人员集中在一个工作地点，不会误碰带电设备的情况下，方能参加工作。

工作票签发人或工作负责人应根据现场的安全条件、施工范围、工作需要等具体情况，增设专人监护和批准被监护的人数。

专职监护人不得兼做其他工作。

④ 工作期间，工作负责人若因故必须离开工作地点时，应指定能胜任的人员临时代替，离开前应将工作现场交代清楚，并告知工作班组人员。原工作负责人返回工作地点时，也应履行同样的交接手续。

若工作负责人需要长时间离开现场，应由原工作票签发人变更新工作负责人，两工作负责人应做好必要的交接。

⑤ 值班员如发现工作人员违反安全规程或有任何危及工作人员安全的情况，应向工作负责人提出改正意见，必要时可暂时停止工作，并立即报告上级。

二、变电所安全作业的技术措施

1. 技术措施项目及其实施

在全部停电或部分停电的电气设备上工作，必须完成下列措施：

① 停电。

② 验电。

③ 装设接地线。

④ 悬挂标示牌和装设遮栏。

上述措施由值班员执行。对于无经常值班人员的电气设备，由断开电源人执行，并应有监护人在场。

2. 停电

① 工作地点必须停电的设备如下：

a. 检修的设备。

b. 与工作人员在进行工作中正常活动范围的距离小于表 8-3 规定的设备。

表 8-3　电气工作人员工作中正常活动范围与带电设备的安全距离

电压等级/kV	10 及以下(13.8)	20～35	44	60～110	154	220	330	500
安全距离/m	0.35	0.60	0.90	1.50	2.00	3.00	4.00	5.00

c. 在 44kV 以下的设备上进行工作，安全距离虽大于表 8-1 的规定但小于表 8-4 的规定，同时又无遮栏措施的设备。

表 8-4　设备不停电时的安全距离

电压等级/kV	10 及以下(13.8)	20～35	44	60～110	154	220	330	500
安全距离/m	0.70	1.00	1.20	1.50	2.00	3.00	4.00	5.00

d. 带电部分在工作人员后面或两侧无可靠安全措施的设备。

② 将检修设备停电，必须把各方面的电源完全断开（任何运用中的星形接线设备的中性点，必须视为带电设备）。禁止在只经

断路器（开关）断开电源的设备上工作。必须拉开隔离开关（刀闸），使各方面至少有一个明显的断开点。与停电设备有关的变压器和电压互感器，必须从高、低压两侧断开，防止向停电检修设备反送电。

③ 断开断路器（开关）和隔离开关（刀闸）。隔离开关（刀闸）操作把手必须锁住。

3. 验电

① 验电时，必须用电压等级合适而且合格的验电器，在检修设备进出线两侧各相分别验电。验电前，应先在有电设备上进行试验，确认验电器良好。如果在木杆、木梯或木架构上验电，不接地线，没有显示有电者，可在验电器上接地线，但必须经值班负责人许可。

② 高压验电必须戴绝缘手套。验电时应使用相应电压等级的专用验电器。330kV 及以上的电气设备，在没有相应电压等级的专用验电器的情况下，可使用绝缘棒代替验电器，根据绝缘棒端有无火花和放电"噼啪"声来判断有无电压。

③ 表示设备断开和允许进入间隔的信号、经常接入的电压表等，不得作为设备无电压的根据。但如果指示有电，则禁止在该设备上工作。

4. 工作间断、转移和终结制度

① 工作间断时，工作班组人员应从工作现场撤出，所有安全措施保持不动，工作票仍由工作负责人执存。间断后继续工作，无须通过工作许可人。每日收工，应清扫工作地点，开放已经封闭的通路并将工作票交回值班员。次日复工时，应得到值班员许可，取回工作票。工作负责人必须事前重新认真检查安全措施是否符合工作票的要求后方可工作，若无工作负责人或监护人带领，工作人员不得进入工作地点。

② 在未办理工作票终结手续之前，值班员不准将设备合闸送电。

在工作间断期间，若有紧急需要，值班员可在工作票未交回的情况下合闸送电，但应先将全体工作班组人员已经离开工作地点的确切根据通知工作负责人或电气分场负责人，在得到可以送电的答复后方可执行，并应采取下列措施：

a. 拆除临时遮栏、接地线和标示牌，恢复常设遮栏，换挂"止步、高压危险！"的标示牌。

b. 必须在所有通路派专人守候，以便告诉工作班组人员"设备已经合闸送电，不得继续工作"。守候人员在工作票未交回以前不得离开守候地点。

③ 检修工作结束以前，若需将设备试加工作电压，可按下列条件进行：

a. 全体工作人员撤离工作地点。

b. 将该系统的所有工作票收回，拆除临时遮栏、接地线和标示牌，恢复常设遮栏。

c. 应经工作负责人和值班员全面检查无误后，由值班员进行加压试验。

工作班组若需继续工作时，应重新履行工作许可手续。

④ 在同一电气连接部分用同一工作票依次在几个工作地点转移工作时，全部安全措施由值班员在开工前一次做完，不需再办理转移手续。但工作负责人在转移工作地点时，应向工作人员交代带电范围、安全措施和注意事项。

⑤ 全部工作完毕后，工作班组应清扫、整理现场。工作负责人应先周密检查，待全体工作人员撤离工作地点后，再向值班人员讲清所修项目、发现的问题、试验结果和存在问题等，并与值班人员共同检查设备状况、有无遗留物件、是否清洁等，然后在工作票上填明工作终结时间，经双方签名后，工作票方告终结。

⑥ 只有在同一停电系统的所有工作票结束，拆除所有接地线、临时遮栏和标示牌，恢复常设遮栏，并得到值班调度员或值班负责人的许可命令后，方可合闸送电。

⑦ 已经结束的工作票，保存三个月。

5. 装设接地线

① 当验明设备确已无电压后，应立即将检修设备接地并三相短路。这是保护工作人员在工作地点防止突然来电的可靠安全措施，同时设备断开部分的剩余电荷，亦可因接地而放尽。

② 对于可能送电至停电设备的各方面或停电设备可能产生感应电压的都要装设接地线，所装接地线与带电部分应符合安全距离的规定。

③ 检修母线时，应根据母线的长短和有无感应电压等实际情况确定地线数量。检修 10m 及以下的母线，可以只装设一组接地线。在门形架构的线路侧进行停电检修，如工作地点与所装接地线的距离小于 10m，工作地点虽在接地线外侧，也可不另装接地线。

④ 检修部分若分为几个在电气上不相连接的部分（如分段母线以隔离开关或断路器隔开分成几段），则各段应分别验电并接地短路。接地线与检修部分之间不得连有断路器或熔断器。降压变电所全部停电时，应将各个可能来电侧的部分接地短路，其余部分不必每段都装设接地线。

⑤ 在室内配电装置上，接地线应装在该装置导电部分的规定地点，这些地点的油漆应刮去，并做黑色记号。

所有配电装置的适当地点，均应设有接地网的接头。接地电阻必须合格。

⑥ 装设接地线必须由两个人进行。若为单人值班，只允许使用接地刀闸接地，或使用绝缘棒合接地刀闸。

⑦ 装设接地线必须先接接地端，后接导体端，且必须接触良好。拆除接地线的顺序与此相反。装、拆接地线均应使用绝缘棒和戴绝缘手套。

⑧ 接地线应用多股软裸铜线，其截面积应符合短路电流的要求，但不得小于 $25mm^2$。接地线在每次装设以前应经过详细检查，

损坏的接地线应及时修理或更换。禁止使用不符合规定的导线作接地或短路之用。

接地线必须使用专用的线夹固定在导体上。严禁用缠绕的方法进行接地或短路。

⑨ 每组接地线均应编号，并存放在固定地点。存放位置亦应编号，接地线号码与存放位置号码必须一致。

⑩ 装、拆接地线，应做好记录，交接班时应交代清楚。

6. 悬挂标示牌和装设遮栏

① 在一经合闸即可送电到工作地点的断路器（开关）和隔离开关（刀闸）的操作把手上均应悬挂"禁止合闸、有人工作！"的标示牌。

如果线路上有人工作，应在线路断路器和隔离开关操作把手上悬挂"禁止合闸、线路有人工作！"的标示牌。标示牌的悬挂和拆除应按调度员的命令执行。

② 部分停电的工作，安全距离小于表 8-2 规定距离的未停电设备应装设临时遮栏。临时遮栏与带电部分的距离不得小于表 8-1 中的规定数值。临时遮栏可用干燥木材、橡胶或其他坚韧绝缘材料支撑；装设应牢固，并悬挂"止步，高压危险！"的标示牌。

35kV 及以下设备的临时遮栏，如因工作特殊需要，可用绝缘挡板与带电部分直接接触。但此种挡板必须具有高度的绝缘性能。

③ 在室内高压设备上工作，应在工作地点两旁间隔和对面间隔的遮栏上和禁止通行的过道上悬挂"止步，高压危险！"的标示牌。

④ 在室外地面高压设备上工作，应在工作地点四周用绳子做好围栏，围栏上悬挂适当数量的"止步，高压危险！"的标示牌，标示牌必须朝向围栏外面。

⑤ 在工作地点悬挂"在此工作"的标示牌。

⑥ 在室外架构上工作，则应在工作地点附近带电部分的横梁

上悬挂"止步，高压危险！"的标示牌。此项标示牌在值班人员的监护下，由工作人员悬挂。在工作人员上下铁架和梯子上应悬挂"从此上下"的标示牌。在邻近其他可能误登的带电架构上，应悬挂"禁止攀登，高压危险！"的标示牌。

⑦ 严禁工作人员在工作中移动或拆除遮栏、接地线和标示牌。

第三节　内线安装作业安全技术

一、照明灯安装作业要点

1. 器具检查

所有吊灯、日光灯、新型光源、诱蛾黑光灯、开关、插座等（包括附件）都必须完整无损。

2. 照明灯安全位置选择

存在的安全隐患有：砸伤人、触电、火灾。

① 车间日常照明灯一般采用线吊式、管吊式。采用线吊式的每盏灯应有一只挂线盒（多管日光灯和特殊灯具除外）。吊灯线绝缘必须良好，不得有接头，在挂线盒内和灯头内应打结，以免接线点承受灯具质量。质量大于1kg的灯具应采用铁链，软线应编插在铁链内，导线不应受力。当灯具质量超过3kg时，必须固定在预埋的吊钩或螺钉上。采用管吊式时，螺纹连接要求牢固可靠，至少旋入5～7牙。吊装灯具应用直径大于10mm的薄壁管或钢管支撑，灯架和吊管内的导线不得有接头。

② 变、配电所内的高、低压配电盘及母线正上方不得安装灯具。

③ 安装在户外的照明灯具，其高度低于3m者，应予光源保护，装于户外墙壁上时可减至2.5m，潮湿危险场所不低于2.5m，一般生产车间、办公室、商店、住房的灯头应不低于2m。

④ 电灯灯头过低又无安全措施的车间照明、行灯和机床的局

部照明，应采用 36V 及以下电压的电灯，这种低电压还可以用于锅炉、金属容器、架构等内部的行灯及危险场所中，以及不便于工作的狭窄地点、潮湿的场所（如井下作业）。

⑤ 行灯变压器应采用双绕组隔离变压器，外壳、铁芯和低压绕组应可靠接地，不允许用自耦变压器或在附加电阻上抽取电压作为行灯电源。在行灯变压器一、二次回路中应装设熔断器保护，熔丝的额定电流应不大于变压器的额定电流。

⑥ 采用螺口灯头时，相线必须接在灯头的中心弹簧上，零线接在灯头螺纹上，灯泡拧好后，金属部分不应外露。

⑦ 拉线开关的离地距离不得低于 1.8m，一般为 2.2～2.8m，距门框 150～200mm。墙边扳把开关离地不得低于 1.3m，距门框 150～200mm。

⑧ 直流或交流不同电压的插座安装在同一场所时，应有明显标志以示区别，其选用的插头和插座不可互换插入。

⑨ 生产车间的单相电源应采用三眼插座，三相电源用四眼插座。

⑩ 插座容量应能满足用电负荷要求，不允许过载。当分路总熔丝额定电流小于 5A 时，插座的相线上可不装熔断器，否则应在相线上串接熔断器保护。

⑪ 明装插座离地高度一般不低于 1.3m；暗装插座离地不应低于 0.15m；居民住宅及幼儿园、托儿所等儿童活动场所插座高度均不得低于 1.8m；明、暗装插座在车间、实验室等场所离地面高度不得低于 0.3m，特殊场所暗装插座不得低于 0.15m。

⑫ 明装的开关、插座和吊线盒均应装牢在合适的圆木或方木等绝缘板上，其间隙不得小于 5mm。

⑬ 暗装的开关及插座应装牢在开关盒内，金属壳的开关盒应接地，开关盒、出线盒应有完整的盖板。

⑭ 相邻的开关及插座应采用同一种形式，开关扳手的通断位置应一致。

二、隔离开关、负荷开关、高压断路器安装安全作业要点

此项作业存在的安全隐患有：设备损坏、作业人员摔伤。

① 隔离开关点，开关及高压熔断器运到现场后，所有部件、附件、备件应齐全，无损伤变形及锈蚀。

② 瓷件应无裂纹及破损，设备及瓷件应安置稳定，不得倾倒破坏，触头及操作机构的金属传动部件应有防锈措施。

③ 开箱板、朝天钉要及时从施工现场清除，以防伤人。

④ 进入施工现场，施工人员必须正确佩戴安全帽，穿好工作服，登高时要系好安全带。

⑤ 吊装中出专人指挥，工作人员不得站在吊臂和重物的卜面及重物移动的前方。

⑥ 钢丝绳荷重，需保证其安全系数，根据吊车吊臂角度确定荷载，不得超载使用。

⑦ 起吊作业必须得到指挥人的许可，并确保与带电体的安全距离。

三、配电盘、开关柜安装安全作业要点

配电盘又名配电柜，是集中、切换、分配电能的设备。配电盘一般由柜体、开关（断路器）、保护装置、监视装置、电能计量表以及其他二次元器件组成，安装在发电站、变电站以及用电量较大的电力客户处。

配电柜属于电气设备，而电气设备主要包括一次设备和二次设备。一次设备主要是发电、变电、输电、配电、用电等直接产生、传送、消耗电能的设备，比如说发电机、变压器、架空线、配电箱、配电柜、开关柜等。二次设备就是起控制、保护、计量等作用的设备。配电柜安装前，控制间内环境应具备条件，所有的内装饰施工已完成，室内洁净安全。配电柜安装流程见图8-1。

1. 配电柜安装固定

① 配电柜运到现场后，组织开箱检查，检查有无变形、掉漆

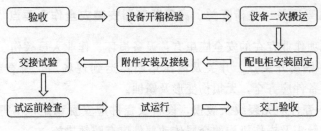

图 8-1　配电柜安装流程图

现象，仪表部件是否齐全，备品备件、说明书等有无缺损，并做好开箱记录。

　　② 根据施工图的布置，按顺序将配电柜放在基础型钢上。成列柜就位后，先找正两端的柜，再在柜下至上 2/3 高的位置绷上小线，逐台找正，以柜面为标准。找正时采用 0.5mm 垫片进行调整，每处垫片最多不能超过三片。

　　③ 就位找正后，按柜固定螺孔尺寸进行固定，柜体与柜体、柜体与侧挡板均用镀锌螺栓连接。高、低压配电柜与预留角钢进行牢固焊接，电缆夹层上空明露部分用花纹钢板满铺，柜前、柜后均用 1200mm×10mm（宽×厚）绝缘板满铺。

　　④ 配电柜其相邻两柜顶部水平偏差不大于 2mm，全部柜顶部水平偏差不大于 5mm，其相邻两柜边不平度不大于 1mm，全部柜面不平度不大于 5mm，柜间接缝不大于 2mm。

　　⑤ 设备定位后，对内部紧固件再次紧固及检查，尤其是导体连接端头处。柜内接线完毕，用吸尘器清除柜内杂物，保持设备内外清洁，准确标识设备位号、回路号。

2. 配电柜安装完成后，安装柜上方的桥架

　　配电柜进出电缆开孔位置由供货方按尺寸预留，电缆敷设完成后封闭。桥架与柜内接地母排用专用接地线可靠接地。桥架与配电柜（箱）连接处采用橡胶板连接，以保护导线和电缆。桥架与配电柜连接见图 8-2。

　　二次回路接线配电柜在出厂前应完成柜内二次回路接线及相关

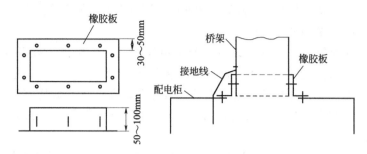

图 8-2　桥架与配电柜连接图

检测试验。配电柜设备到现场后，要在甲方现场工程师和监理的监督指导下及时组织验收，相关技术文件要齐全，配电柜包装及密封良好，各元件齐全完好，接线可靠。配电柜安装固定后，要逐台对配电柜的二次接线回路进行绝缘测试，测试使用 500V 等级绝缘测试仪表，测试结果要求大于 1MΩ。所有二次回路控制线或电缆均采用多股软铜线，规格合适的接线端子在烫锡后使用专用压接钳压接，烫锡时应采用中性焊剂。

3. 抽屉式配电柜安全要求

① 抽屉式配电柜安装要符合下列要求：

a. 抽屉推拉灵活轻便，无卡阻、碰撞现象；

b. 动触头与静触头的中心线一致，触头接触紧密；

c. 抽屉的机械联锁或电气联锁装置动作正确可靠，保证断路器分闸后，隔离触头才能分开；

d. 抽屉与柜体间的接地触头接触紧密，当抽屉推入时，抽屉的接地触头比主触头先接触，拉出时程序相反。

② 配电柜二次回路绝缘检测前，仔细核对设计图纸，柜内的易损元件应事先拆除。

③ 配电柜在安装过程中应保证漆层完整，无损伤，柜内照明齐全。

④ 变电室内设备外壳均需良好接地。

虽然安装要求看起来烦琐，但是每一个要求都是不可或缺的，只有按照以上要求一一做好，才能确保配电柜的完好安装。

4. 开关柜的安装安全要求

开关柜是一种电气设备，开关柜外线先进入柜内主控开关，然后进入分控开关，各分路按其需要设置，如仪表、自控、电动机磁力开关、各种交流接触器等；有的还设高压室与低压室开关柜，设有高压母线（发电厂等）；有的还设有为保护主要设备的减载器。

开关柜的主要作用是在电力系统进行发电、输电、配电和电能转换的过程中，进行开合、控制和保护用电设备。开关柜内的部件主要有断路器、隔离开关、负荷开关、操作机构、互感器以及各种保护装置等。开关柜的分类方法很多，如通过断路器安装方式可以分为移开式开关柜和固定式开关柜；按照柜体结构的不同，可分为敞开式开关柜、金属封闭开关柜和金属封闭铠装式开关柜；根据电压等级不同又可分为高压开关柜、低压开关柜等。开关柜主要适用于发电厂、变电站、石油化工、冶金轧钢、轻工纺织、厂矿企业、住宅小区、高层建筑等各种不同场合。

（1）柜体不应受碰撞，以免骨架变形，或者薄面板碰凹，表面涂层撞伤，影响外观。

（2）并排柜体的安装基础槽钢要求水平（每米允许误差≤1mm）。

（3）手推车柜基础高度要考虑手推车进出方便，地坪上不得形成台阶。

（4）运输、安装过程要切实保护真空灭弧室，特别是装设柜顶的主母线时，须用硬板盖住真空开关顶部，防止工具、螺栓掉下砸伤灭弧室。

（5）自配主母线时须做到：

① 与电器元件相连的母线，接头处应连接可靠，以免影响通流能力。

② 电流较大时，接头须烫锡。

③ 裸铜与裸铜的导电接触面须涂敷防护剂（导电膏、凡士林

等），以达防氧化、防潮的目的。

（6）柜体二次引线电缆须按指定路径敷设，不得阻碍运动件的活动，防止日后维护检测时被踩伤。

（7）柜体的接地主母线应与安装基础的预埋接地网可靠连接，确保接地的连续可靠性。柜体安装工程完成后，按照有关规程进行交接试验。

四、电气二次线路安装作业安全要点

二次设备是指对一次设备的工作进行监测、控制、调节、保护，以及为运行、维护人员提供运行工况或生产指挥信号所需的低压电气设备，如熔断器、控制开关、继电器、控制电缆等。由二次设备相互连接，构成对一次设备进行监测、控制、调节和保护的电气回路称为二次线路或二次接线系统。

（1）按照施工图纸核对好电缆的型号、规格及安装接线位置。

（2）接线位置及周围的空洞应先堵塞，防止踏空掉入。

（3）先按顺序排好电缆，量好接线位置高度，再开始割剥电缆。

（4）割剥电缆时要放平、垫实，线下放置木板，注意防止刀锯伤手；割剥电缆时应注意不得损伤绝缘及芯线。

（5）严禁用手、腿托住电缆进行割剥。

（6）割剥下来的电缆护层、麻丝、绝缘纸、线芯应及时清理，保持现场清洁，文明施工，随时注意防火。

（7）在部分带电盘上工作时，必须遵守下列规定：

① 先接不带电端，后接带电端。

② 应穿工作服、戴绝缘手套、穿绝缘鞋、戴工作帽，严禁穿背心、短裤工作。

③ 使用的电动工具均应有绝缘手柄，电动工具必须接地。

④ 应在工作中设置监护人，专门负责安全工作。

（8）盘内工作要集中精力，防止盘架和设备碰头及刮伤脸部。

五、电能表的现场校验工作安全作业要点

1. 高压电能表校验

主要安全隐患有：工人校验时走错计量盘柜，误触运行设备造成人身触电；电流互感器二次开路产生高压电危及工作人员生命安全；电压回路接地或短路引起人体伤害；高处计量箱接线不慎跌落等。

① 应将校验设备与运行设备前后以明显的标志隔开（如盘后用红布帘，盘前用"在此工作"标示牌等）。

② 附近有带电盘和带电部位时，必须设专人监护。

③ 不得将回路的永久接地点断开。

④ 短路电流互感器二次绕组，必须使用短路片或短路线，短路应妥善可靠。

⑤ 严禁在电流互感器与短路端子之间的回路和导线上进行任何工作。

⑥ 工作时必须有专人监护，使用绝缘工具，并站在绝缘垫上。

⑦ 在带电电压互感器二次回路上工作时，应使用绝缘工具，戴绝缘手套。

⑧ 梯子与地面的角度为60°左右，工作人员必须在距梯顶不小于1m的踏板上工作。

⑨ 应对梯子采取可靠防滑措施，并有人扶持。

2. 低压电能表校验

存在的主要安全隐患有：计量表盘读数错误，误触运行设备造成人身触电；低压短路，触电造成人身伤害。

① 应将检验设备与运行设备前后以明显的标志隔开（如盘后用红布帘，盘前用"在此工作"标示牌等）。

② 附近有带电盘和带电部位时，必须设专人监护。

③ 严格执行低压计量作业程序票制度。

④ 严禁无监护人操作和作业。

⑤ 严禁电压回路短路接地，电流回路开路。

⑥ 严格执行低压作业着装，使用专用工具，戴绝缘手套、护目镜。

⑦ 需要停电工作时应可靠断开各方面电源，在刀闸把手上挂"禁止合闸，有人工作！"的标示牌。

⑧ 工作前必须验电。

六、验电、装设地线工作安全作业要点

此项工作存在的安全隐患有：高、低压感应触电，高处摔跌，物体打击等。

① 验电工作应由两人进行，一人验电，一人监护。

② 验电前，必须确定该设备为停电设备。

③ 验电工作要使用合格的相应电压等级的验电工具，验电人员应戴绝缘手套。

④ 在同杆塔具有多回路高、低压线路上验电，必须先验低压后验高压、先验下层后验上层。当验明最下层确无电压后必须装设好地线后再验上层，不得碰触或穿越无电的导线。

⑤ 电缆头上必须逐相验电，放电装设地线后，方可进行上层验电，并再装设其他设备的地线。

⑥ 装设地线工作时，先接接地端，后接导线端，拆时与此相反。工作人员必须使用合格的绝缘棒，人体不得碰触导线和地线。

⑦ 作业人员必须戴好安全帽。

⑧ 上杆前检查登杆工具是否良好可靠并注意防滑，攀登杆塔时要检查脚扣是否可靠。

⑨ 到达验电、装设地线位置时，必须先系好安全带，然后进行验电、装设地线工作。

⑩ 应用绳索传递验电器、地线。

七、电气测量工作安全作业要点

1. 变压器测量负荷工作

存在的安全隐患有：高低压感电、高处摔跌。

① 测量工作至少应由两人进行，一人操作，一人监护。夜间作业必须有足够的照明。

② 测量人员应了解测试仪表性能、测试方法及正确接线。

③ 安装仪表及测量时不得触及其他带电设备，并应防止相间短路。

④ 上变压器台时应从变压器低压侧攀登。地面测量时应认明低压侧。工作中应时刻注意与高压端子的距离。

⑤ 在配变电站内测量时，应在低压室内进行，不得进入高压室。

⑥ 变压器台上测量工作应使用安全带。上变压器台时应检查变压器台脚扣和爬梯安装是否牢固。

⑦ 使用移动梯子应有专人扶持。

2. 高压线路测量负荷工作

存在的安全隐患有：高低压感电、高处摔跌等。

① 测量工作至少应由两人进行，一人操作，一人监护。夜间作业必须有足够的照明。

② 测量人员应了解测试仪表性能、测试方法及正确接线。

③ 登杆测量高压电流时必须使用合格的绝缘杆，绝缘杆有效长度不小于 0.7m(10kV)。工作中对高压带电部分保持安全距离：0.7m(10kV)。测量人员不得穿越高低压线、电缆头、开关、刀闸等（包括路灯线）。

④ 测量工作不得穿越虽停电但未装设地线的导线。

⑤ 登杆测量工作必须系好安全带、戴安全帽。

3. 测量接地电阻工作

主要安全隐患是：高低压感电。

① 测量接地电阻工作至少应由两人进行，一人操作，一人监护。

② 测量人员应了解测试仪表性能、测试方法及正确接线。

③ 解开或恢复接地线时，应戴绝缘手套，测量时严禁接触与地断开的接地线。

4. 测量绝缘电阻工作

主要安全隐患是：高低压感电。

① 测量工作至少应由两人进行，一人操作，一人监护。夜间作业，必须有足够的照明。

② 测量人员应了解测试仪表性能、测试方法及正确接线。

③ 测量电缆绝缘电阻工作，测量完一相放电后才可进行另一相测量工作。

④ 工作中保证与带电设备有可靠的安全距离。

5. 导线距交叉跨越距离的测量

存在的安全隐患是：触电、物体打击。

① 测量工作至少应由两人进行，一人操作，一人监护，监护人不得做其他工作。

② 在线路带电情况下，用抛挂绝缘绳的方法测量导线线距时，绝缘绳必须清洁、干燥、试验合格。抛挂绝缘绳时必须与带电体保持安全距离，并有专人监护。

③ 禁止在阴雨天进行抛挂绝缘绳的测量作业。

④ 严禁使用皮尺、线尺（夹有金属线）等测量带电线路各种距离。

⑤ 利用仪器测量时，塔尺与带电体必须保持安全距离。

⑥ 利用绝缘绳地面抛挂测量线距时，应检查重锤是否绑好。

⑦ 抛重锤时应有专人监护，防止重锤打坏设备或落下打伤工作人员。

八、配变电站（箱式配电站）工作安全作业要点

1. 停电工作

主要安全隐患有：高低压感电、高处摔跌、在吊运移动变压器过程中伤人。

（1）配变电站的停电工作必须严格执行配变电站作业票。

（2）作业前必须将配变电站检修设备高低压全部停电，并在指定位置验电和装设地线后方可工作。工作中与带电体保持安全距

离：0.7m(10kV)。

（3）高压电缆预防性试验和更换高压开关工作必须从电源引入端停电，柱上开关（无刀闸）应设专人看守，跌开式开关摘下熔丝管。

（4）触碰电缆头（包括联络电缆）前必须先逐相放电和装设地线。

（5）更换一次开关的工作必须将开关电源侧的电源拉开（包括联络电缆的电源）。

（6）在高压室内作业使用梯子应有人扶持，站在变压器大盖上作业时应防止滑倒。

（7）作业人员应戴好安全帽，高处作业系好安全带。

（8）吊放变压器工作应设专人指挥和监护。

（9）吊放变压器前应先对钢丝绳套进行外观检查，应无断股、烧伤、挤压等明显缺陷，确保其强度满足起重设备荷重要求（安全系数5～6倍）。

（10）吊放变压器前应对各受力点进行检查。

（11）拉出或送入变压器时要防止变压器移动挤、压伤人。

2. 部分停电工作

主要安全隐患有：高低压感电、电弧光伤人。

① 配变电站工作应由两人以上进行并设专人监护。

② 更换低压开关或低压熔丝管工作时，必须断开该开关的电源，并在该开关两侧验电，确认无电压后装设好地线方可工作。

③ 低压部分停电作业应在工作盘上挂"在此工作"标示牌，并设安全围栏。

④ 开关跳闸，送电前必须查明原因，排除故障。对电缆应进行绝缘测试，严禁盲目试送开关。

⑤ 电容器检修工作前必须先逐相放电和装设地线后方可工作。

3. 巡视检查工作

主要安全隐患是：高低压感电。

① 配变电站巡视工作必须由两人进行，一人巡视，一人监护。

② 高压室内巡视，进入室内前，必须辨清高低压侧，一般不应从高压侧通过，如必须通过时应与带电部位保持安全距离：0.7m(10kV)，监护人认真监护。

③ 巡视过程中，在任何情况下都不得触及带电设备。

④ 高压室内高压设备发生接地时，人员不得进入故障点 4m 以内。

⑤ 每次巡视应记录漏雨、进水、小动物等处理情况。未处理的及时上报，安排处理。

4. 配变电站绿化

主要安全隐患是：触电、短路。

① 进入现场施工人员必须戴安全帽。

② 搬运长物时，不准单人独拿、肩扛，防止误碰设备，必须两人平抬，高度不准超过头顶。施工用电时，电源接头必须按变电站值班人员指定的位置接入，进行拆除时对暴露的部分应采取可靠的绝缘措施。

③ 施工时，采取防止跑水的措施，严禁向上冲水，加强监护。当水管发生破损时，必须立即采取绑扎、更换的措施。

九、开关设备检修安全工作要点

1. 电磁机构检修

主要安全隐患是：弹簧伤人、人身触电、火灾。

① 分解前，将弹簧能量释放，做好防止弹簧突然弹出的措施。

② 两人抬铁芯时，互相呼应，不得将手放在合闸铁芯的底部。

③ 紧固控制回路螺钉时，必须确认无电压后方可开始工作。

④ 无油禁止快速分、合闸，必须充油后才能进行快速分、合闸操作。在快速分、合闸前，必须进行慢分、合的操作；在慢分、合的过程中动作应缓慢、平稳，不得有卡阻、滞留现象。

⑤ 在调整、检修开关设备及传动装置时，必须有防止开关意外脱扣伤人的可靠措施，工作人员必须避开开关可动部分的动作空间。

2. 液压机构检修

主要安全隐患是：零件伤人、火灾、中毒。

（1）作业人员不得面对喷口；充气前须检查确认充气管路密封良好，无损伤和缺陷。

（2）拆装储压筒、电机等时，作业人员应互相呼应，均匀用力，不得直接用手搬抬。

（3）用油清洗时，工作现场严禁吸烟、动火。

（4）将液压机构油压泄到零值。

（5）严禁用嘴吸液压油。

（6）设专人看管滤油机；低压交流电源应装有触电保安器；滤油机的外壳需可靠接地；滤油机电源开关的操作把手应绝缘良好。

（7）检查二次回路是否断开。

（8）随时清理工作现场的油迹，防止人员滑跌。

（9）为防止液压机构箱盖失控伤人，作业时应将液压机构箱门拆开或采取可靠的止动措施。

（10）在调整、检修开关设备及传动装置时，必须有防止开关意外脱扣伤人的可靠措施，工作人员必须避开开关可动部分的动作空间。

（11）装储压筒完毕后，应注入一定量的液压油，并不得倒置，须立放。

3. 隔离开关检修

主要安全隐患是：触电、伤人、设备损坏。

（1）在高压设备上工作，必须遵守下列各项规定：

a. 填用工作票。来不及填用工作票时，用口头、电话命令。

b. 至少应由两人在一起工作。

c. 完成保证工作人员安全的组织措施和技术等措施。

（2）完成工作许可手续后，工作负责人（监护人）应向工作班组人员交代现场安全措施、带电部位和其他注意事项。工作负责人（监护人）必须始终在工作现场，对工作班组人员的安全认真监护，及时纠正违反安全规定的动作。

（3）严禁工作人员在工作中移动或拆除遮栏、接地线和标示牌。

（4）清擦检查时应注意工具伤及瓷件。

（5）需使用安全带时，安全带的一端需系在牢固的部位，其长度能起到保护作用。

（6）使用梯子作业，应符合《电力安全工作规程》的具体规定，梯子不得靠在支持瓷瓶上。

（7）严禁攀登隔离开关瓷柱。

（8）将操作机构闭锁。

（9）如需隔离开关分、合闸时，作业人员应配合好，由检查人发令。

（10）如需拆下水平拉杆时，需采取防止隔离开关自由分闸的措施。

（11）确认无电后方可开始工作。

（12）检查人和操作人配合好，由检查人发令。

（13）手脚不得放在接触触头和转动部位上。

（14）检查和试验时，作业人员应暂停其他工作并不得触及被试部位。

4. SF₆开关检修

主要安全隐患是：触电、坠物伤人、人员窒息。

（1）做好施工前的准备工作，包括：设备、工器具、备品、备件运抵现场。

（2）应在无风沙、无风雪的天气下进行，空气相对湿度应小于80％，并采取防尘、防潮措施。

（3）SF_6气瓶应存放在防晒、防潮、通风良好的场所，不得靠近热源、油污的地方，搬运时应轻装、轻放，严禁抛掷、溜放。

（4）SF_6气瓶不得与其他气瓶混放。

（5）工作班组成员进入 SF_6 配电装置室，必须先通风 15min，并用含氧量仪检测 O_2 含量。严禁一人进入 SF_6 配电装置室从事检修工作。

（6）工作人员进入现场应戴安全帽，登高应系安全带。

（7）开工前，工作负责人应组织全班组人员学习施工措施，检查接地线、遮栏、标示牌是否设置正确、清楚，并向工作班组成员指明工作范围及周围带电设备。检查二次回路是否断开。

（8）上下传递物件时严禁抛掷，以防砸伤设备及人员。

（9）在工作地点及设备区搬运工器具、材料时，与带电设备应保持足够的安全距离。

（10）起吊工作应有专人指挥，起吊工器具应齐全合格，起吊设备时应轻吊轻放，防止损伤设备，并应认准位置，注意带电距离。

（11）对 SF_6 断路器、组合电气进行充气时，其容器及管道必须干燥，工作人员必须戴手套和口罩。人员应在上风侧。

（12）做好施工后的验收工作。

十、交流维修电工安全作业要点

主要安全隐患是：电气设备及触电事故。

（1）线路上禁止带负荷接电或断电，电气设备检修、安装时，不准带电操作。遇特殊情况需要带电作业时，必须划出禁区，采取严格绝缘措施，在有经验的电工监护下进行。

（2）施工现场用电线路、电气设备必须遵照有关电气安全技术规程要求安装与架设。

（3）各线路不得超过额定容量运行，不可使用超过规定容量的熔丝、熔片。

（4）维修电气设备时，必须首先切断电源，取下熔丝，挂上警示牌，经验电确认无电才能作业。通电试验外壳要接地，禁止他人靠近。

（5）在调试检修设备时，协同其他有关人员一起试车，严防电气、机械事故的发生。

（6）定期检查变压器、配电间、发电机的运转状况，并注意温度、油量、负荷的变化，及时排除各种故障、隐患，要保持配电间清洁，注意防潮、防热、防尘、防火。

（7）高空作业必须有人监护、系安全带，使用的竹木梯要牢固平稳、角度适当，不准上下抛掷工具、物品。

（8）凡带（荷）电的裸体架空配电线路，在通过各种容易发生危险的地段，均应挂有危险标示牌，引人注意。

（9）遇到异常雷雨时，特别要注意电气设备的用电安全，严防受潮漏电，必需时，应拉闸停电，确保安全。

（10）发生电气设备触电事故时，应首先切断电源，然后进行抢救、抢修。要熟悉触电救护知识。

（11）施工用电系统必须有可靠的两级及以上的保护措施；施工用电与生活用电线路必须分开架设。

（12）人工立杆或机械立杆均要在基坑夯实后，方准拆去叉木和拖拉绳。

（13）杆上架线应侧向操作，并将夹紧螺栓拧紧，紧有角度的导线，应在外侧作业。调整拉线时，杆上不得有人。

（14）紧线用的钢丝绳，应能承受全部拉力，与导线的连接必须牢固。紧线时导线下方不得有人，单方向紧线时反方向应设有临时拉线。

（15）外电架空线与脚手架等最小距离必须符合要求，如达不到要求必须进行封闭，并悬挂醒目警示牌。

（16）施工现场配电箱要有防雨措施，门锁齐全，有色标，统一编号。要做到开关箱一机一闸一保险，箱内无杂物。开关箱、配电箱内严禁动力、照明混用。

（17）认真做好施工现场线路的管理，确保施工安全。

十一、直流维修电工安全作业要点

存在的安全隐患有：伤人、设备损坏、触电、中毒、爆炸等。

1. 装配汽车电气线路

装配汽车电气线路必须正确牢固，并配置电源总开关，接通整车电流后，蓄电池接线应无火花。

2. 检查电气性能

① 变速箱放空挡。

② 注意汽车周围不许有人。

③ 严禁无证驾驶、发动汽车。

3. 蓄电池维修

① 在检修蓄电池、配制电解液、充电时，应穿工作服、绝缘鞋、硅橡胶围裙、戴耐酸橡胶手套等防护用品，防止电解液内硫酸烧伤皮肤。

② 配制电解液时，禁止用带有矿物质的水（如自来水、河水、井水等），应用蒸馏水。

③ 配制电解液时应注意顺序：先将蒸馏水倒入陶瓷缸或玻璃缸内，再将浓硫酸徐徐倒入缸内，边倒边用玻璃棒或铝棒搅拌均匀，直至达到所需要的浓度为止。避免因操作失误而烧伤皮肤。

④ 刚配制好的电解液温度较高，不可立即灌入蓄电池内，待冷却后，方能灌入。

⑤ 加入电解液后，应使蓄电池内部温度冷却到低于35℃以后，才可再按初次充电方式及普通充电方式进行充电。

⑥ 充电前应检查蓄电池是否良好，规格容量是否相等。检查透气孔有无堵塞，如遇堵塞，应将透气孔疏通再行充电，以防充电时气体膨胀而发生操作事故。

⑦ 仔细辨认充电设备输出的极性。接在蓄电池板上的充电架子应接触牢固，无松动。

⑧ 蓄电池间内严禁烟火，安装防爆电器。充电设备及容器，必须保持完好、整齐，现场四周环境保持宽敞清洁，空气流通，并做好交接班手续。

十二、电动机安全作业要点

1. 安装

主要安全隐患有：伤人、触电。

① 新安装的电动机，在试车前不得安装皮带。确认电动机转

向正确后，方可停电安装皮带。皮带运行中应不跑偏、不打滑、不磨边，皮带周围应有安全防护设施。

② 电动机外壳必须可靠接地。

2. 使用

主要安全隐患有：摔跌、伤人、触电。

① 在不能负重的顶棚、天花板上工作时，梁与梁之间应用厚长板条搭桥，必要时应系好安全带后方可进行工作。

② 工作地点应有足够照明。

③ 在墙壁上用钢针打孔工作，应戴防护眼镜，戴绝缘手套。

④ 田间、场院使用的电动机应安装剩余电流动作保护器。

3. 维修

主要安全隐患有：伤人、触电。

① 禁止对运行中的电动机进行维修工作。严禁使用无风扇护罩、联轴器无护罩及无轴端盖的电动机。

② 严禁带电移动电动机。停电移动时，应防止电源线被拉断。

十三、三相异步电动机故障诊断及处理方法

三相异步电动机故障诊断及处理方法见表8-5。

表8-5 三相异步电动机故障诊断及处理方法

序号	故障现象	故障诊断	处理方法
1	电动机不能启动	(1)电源未接通	(1)检查电源电压、开关、线路、触头、电动机引出线头,查出故障后修复
		(2)熔断器熔丝烧断	(2)先检查熔丝烧断的原因并排除故障,再按电动机容量重新安装熔丝
		(3)控制线路接线错误	(3)根据原理图、接线图核查线路是否符合图纸要求,查出错误并纠正
		(4)定子或转子绕组烧断	(4)用万用表、兆欧表或串灯法检查绕组,如属断路,应找出断开点,重新连接

序号	故障现象	故障诊断	处理方法
1	电动机不能启动	(5)定子绕组相间短路或接地	(5)检查电动机三相电流是否平衡,用兆欧表检查绕组有无接地,找出故障点并修复
		(6)负载过重或机械部分被卡住	(6)重新计算负载,选择容量合适的电动机或减轻负载,检查机械转动机构有无卡住现象,并排除故障
		(7)热继电器规格不符或调得太小,或过流继电器调得太小	(7)选择整定电流范围适当的热继电器,并根据电动机的额定电流重新调整
		(8)电动机△连接误接成Y连接,使电动机重载下不能启动	(8)根据电动机上的铭牌重新接线
		(9)绕线转子电动机启动误操作	(9)检查集电环短路装置及启动变阻器位置,启动时应分开短路装置,串接变阻器
		(10)定子绕组接线错误	(10)重新判断绕组头尾端,正确接线
2	电动机启动时熔丝被熔断	(1)单相启动	(1)检查电源线、电动机引出线、熔断器、开关、触头,找出断线或假接故障并排除
		(2)熔丝截面积过小	(2)重新计算,更换熔丝
		(3)一般绕组对地短路	(3)拆修电动机绕组
		(4)负载过大或机械卡住	(4)将负载调至额定值,并排除机械故障
		(5)电源到电动机之间连接线短路	(5)检查短路点后进行修复
		(6)绕线转子电动机所接的启动电阻太小或被短路	(6)消除短路故障或增大启动电阻

序号	故障现象	故障诊断	处理方法
3	通电后电动机嗡嗡响不能启动	(1)电源电压过低	(1)检查电源电压质量,与供电部门联系解决
		(2)电源缺相	(2)检查电源电压、熔断器、接触器、开关、某相断线处进行修复
		(3)电动机引出线头尾接错或绕组内部接反	(3)在定子绕组中通入直流电,检查绕组极性,判断绕组头尾是否正确,重新接线
		(4)△连接绕组误接成Y连接	(4)将Y连接改为△连接
		(5)定子转子绕组断路	(5)找出断路点进行修复,检查绕线转子电刷与集电环接触状态,检查启动电阻有无断路或电阻过大
		(6)负载过大或机械卡住	(6)减轻负载,排除机械故障或更换电动机
		(7)装配太紧或润滑脂硬	(7)重新装配,更换润滑脂
		(8)改极重新绕组时,槽配合选择不当	(8)选择合理绕组形式和节距,适当车小转子直径;重新计算绕组参数
4	电动机外壳带电	(1)电源线与地线接错,且电动机接地不好	(1)纠正接地错误,机壳应可靠地与保护地线连接
		(2)绕组受潮,绝缘老化	(2)对绕组进行干燥处理,绝缘老化的绕组应更换
		(3)引出线与接线盒相碰接地	(3)包扎或更换引出线
		(4)线圈端部顶端盒接地	(4)找出接地点,进行包扎绝缘和涂漆,并在端盖内壁垫绝缘纸
5	电动机空载或负载时电流表指针来回摆动	(1)笼形转子断条或开焊	(1)检查断条或开焊处并进行修理
		(2)绕线转子电动机有一相电刷接触不良	(2)调整电刷压力,改善电刷与集电环接触面
		(3)绕线转子电动机集电环短路装置接触不良	(3)检修或更换集电环短路装置
		(4)绕线转子一相断路	(4)找出断路处,排除故障

序号	故障现象	故障诊断	处理方法
6	电动机启动困难,加额定负载时转速低于额定值	(1)电源电压过低 (2)△连接绕组误接成Y连接 (3)绕组头尾接错 (4)笼形转子断条或开焊 (5)负载过重或机械部分转动不灵活 (6)绕线转子电动机启动变阻器接触不良 (7)电刷与集电环接触不良 (8)定、转子绕组部分接错或接反 (9)绕线转子一相断路 (10)重绕时匝数过多	(1)用电压表或万用表检查电源电压,且调整电压 (2)将Y连接改为△连接 (3)重新判断绕组头尾,正确接线 (4)找出断条或开焊处,进行修理 (5)减轻负载或更换电动机,改进机械传动机构 (6)检查启动变阻器的接触是否良好 (7)改善电刷与集电环的接触面积,调整电刷压力 (8)纠正接线错误 (9)找出断路处,排除故障 (10)按正确绕线匝数重绕
7	电动机运行时振动过大	(1)基础强度不够或地脚螺栓松动 (2)传动带轮、靠轮、齿轮安装不合适,配合键磨损 (3)轴承磨损、间隙过大 (4)气隙不均匀 (5)转子不平衡 (6)铁芯变形或松动 (7)转轴弯曲 (8)扇叶变形、不平衡 (9)笼形转子断条、开焊 (10)绕线转子绕组短路 (11)定子绕组短路、断路、接地连接错误等	(1)将基础加固或加弹簧垫,紧固螺栓 (2)重新安装,找正、更换配合键 (3)检查轴承间隙,更换轴承 (4)重新调整气隙 (5)清扫转子紧固螺钉,校正动平衡 (6)校正铁芯,重新装配 (7)校正转轴(找直) (8)校正扇叶,找动平衡 (9)进行补焊或更换笼条 (10)找出短路处,排除故障 (11)找出故障处,排除故障

序号	故障现象	故障诊断	处理方法
8	电动机运行时有杂音	(1)电源电压过高或不平衡 (2)定、转子铁芯松动 (3)轴承间隙过大 (4)轴承缺少润滑脂 (5)定、转子相擦 (6)风扇碰风扇罩或风道堵塞 (7)转子擦绝缘纸或槽楔 (8)各相绕组电阻不平衡,局部有短路 (9)定子绕组接错 (10)改极重绕时,槽配合不当 (11)重绕时每相匝数不相等 (12)电动机单相运行	(1)调整电压或与供电部门联系解决 (2)检查振动原因,重新压铁芯,进行处理 (3)检修或更换轴承 (4)清洗轴承,增加润滑脂 (5)正确装配,调整气隙 (6)修理风扇罩,清理风道 (7)剪修绝缘纸或修理槽楔 (8)找出短路处,进行局部修理或更换线圈 (9)重新判断头尾,正确接线 (10)校验定、转子槽配合 (11)重新绕线,改正匝数 (12)检查电源电压、熔断器、接触器、电动机接线
9	电动机轴承发热	(1)润滑脂过多或过少 (2)油质不好,含有杂质 (3)轴承磨损,有杂质 (4)油封过紧 (5)轴承与轴的配合过紧或过松 (6)电动机与传动机构连接偏心或传动带过紧 (7)轴承内盖偏心,与轴相摩擦	(1)清洗后填加润滑脂,充满轴承室容积的1/2~2/3 (2)检查油内有无杂质,更换符合要求的润滑脂 (3)更换轴承,对含有杂质的轴承要清洗、换油 (4)修理或更换油封 (5)检查轴的尺寸公差,过松时用树脂黏合或电镀,过紧时进行车削加工 (6)校正传动机构中心线,并调整传动带的张力 (7)修理轴承内盖,使与轴的间隙适合

序号	故障现象	故障诊断	处理方法
9	电动机轴承发热	(8)电动机两端盖与轴承盖安装不平 (9)轴承与端盖配合过紧或过松 (10)主轴弯曲	(8)安装时,使端盖或轴承盖止口平整装入,然后再旋紧螺栓 (9)过松时要镶套,过紧时要进行车削加工 (10)矫直弯轴
10	电动机过热或冒烟	(1)电源电压过高或过低 (2)电动机过载运行 (3)电动机单相运行 (4)频繁启动和制动及正反转 (5)风扇损坏、风道阻塞 (6)环境温度过高 (7)定子绕组匝间或相间短路,绕组接地 (8)绕组接线错误 (9)大修时曾烧灼铁芯,铁耗增加 (10)定、转子铁芯相擦 (11)笼形转子断条或绕线转子绕组接线松开 (12)进风温度过高 (13)重绕后绕组浸渍不良	(1)检查电源电压,与供电部门联系解决 (2)检查负载情况,减轻负载或增加电动机容量 (3)检查电源、熔丝、接触器,排除故障 (4)正确操作,减少启动次数和正反向转换次数,或更换合适的电动机 (5)清理或更换风扇,清除风道异物 (6)采取降温措施 (7)找出故障点,进行修复处理 (8)△连接电动机误接成丫,或丫连接电动机误接成△,纠正接线错误 (9)做铁芯检查试验,检修铁芯,排除故障 (10)正确装配,调整间隙 (11)找出断条或松脱处,重新补焊或旋紧固定螺栓 (12)检查冷却水装置及环境温度是否正常 (13)采用二次浸漆工艺或真空浸漆措施

序号	故障现象	故障诊断	处理方法
11	集电环发热或电刷火花太大	(1)集电环表面不平、不圆或偏心	(1)将集电环磨光或车光
		(2)电刷压力不均匀或太小	(2)调整电刷压力
		(3)电刷型号与尺寸不符	(3)采用同型号或相近型号,保证尺寸一致
		(4)电刷研磨不好,与集电环接触不良或电刷破碎	(4)重新研磨电刷或更换电刷
		(5)电刷在刷握中被卡住,使电刷与集电环接触不良	(5)修磨电刷,尺寸要合适,间隙符合要求
		(6)电刷数目不够或截面积过小	(6)增加电刷数目或增加电刷接触面积
		(7)集电环表面有污垢,表面粗糙度过大引起导电不良	(7)清理污物,用干净布蘸汽油擦净集电环表面
12	绝缘电阻低	(1)绕组绝缘受潮	(1)进行加热烘干处理
		(2)绕组绝缘沾满灰尘、油垢	(2)清理灰尘、油垢,并进行干燥、浸渍处理
		(3)绕组绝缘老化	(3)可清理干燥,涂漆处理或更换绝缘
		(4)电动机接线板损坏,引出线绝缘老化破裂	(4)重包引出线绝缘,修理或更换接线板
13	电动机空载电流不平衡且相差很大	(1)绕组头尾接错	(1)重新判断绕组头尾,改正接线
		(2)电源电压不平衡	(2)检查电源电压,找出原因并排除
		(3)绕组有匝间短路,某线圈组接反	(3)检查绕组极性,找出短路点,改正接线和排除故障
		(4)重绕时,三相线圈匝数不一样	(4)重新绕制线圈

序号	故障现象	故障诊断	处理方法
14	电动机三相空载电流增大	(1)电源电压过高 (2)Y连接电动机误接成△连接 (3)气隙不均匀或增大 (4)电动机装配不当 (5)大修时,铁芯过热灼损 (6)重绕时,线圈匝数不够	(1)检查电源电压,与供电部门联系解决 (2)将绕组改为Y连接 (3)调整气隙 (4)检查装配情况,重新装配 (5)检修铁芯或重新设计和绕制绕组 (6)增加绕组匝数

十四、家用电器安装使用安全作业要点

1. 家用电器安装

存在的安全隐患是:触电、损坏设备。

① 电源电压应与电器的额定电压一致,并按说明书要求安装。电源线应采用护套绝缘三芯软线,长度应适当,防止发生拖线绊人而触电。配用三孔插座和插头,保证机壳通过插头插座可靠接地,接地电阻值不得大于 4Ω,并应经常检查接地装置,防止接地失效。

② 应尽量将电器置于干燥通风的地方,绝缘电阻应大于 0.5MΩ。

③ 因使用条件限制而接地困难时,应采用加强人身绝缘的措施来确保安全,如站在干燥的木板上操作等。

④ 对家用电器的转动部分应检查温升,注意润滑,防止螺钉松动,检查防护罩是否装好,有无机械碰撞等。

⑤ 带有变压器的家用电器,应通过调换电源插头的插入方向,并经测电笔对金属外壳测试,确定金属外壳是否带电,以判定插头的插入位置是否正确。此方法不适用于不带变压器的家用电器,如电熨斗、电吹风、电冰箱、电风扇等。

2. 家用电器使用

主要安全隐患是：触电、设备损坏等。

① 自动调温电熨斗，在使用前应先将调温旋钮对准所熨织物标志；熨烫中途暂不用时，应将熨斗竖起搁置，切勿放平；用毕应把调温旋钮复位到"关"或"冷"处，结束后断开电源，待底板降至室温后才可放于干燥处。功率较大的电熨斗应配专用三孔插座、插头。

② 电视机应尽量避免在短时间内频繁开启，以免损坏机件；在雷雨时应停止使用，并拔掉电源插头和天线，将天线与地线可靠短接，以防雷电造成危害；电视机开机后，内部电压高达几千伏，严禁将手伸进试探温度等。

③ 使用洗衣机洗涤衣物时，必须保证缸内有足够的水。取出硬纸、别针、钥匙等金属物和硬件，以免阻碍波轮正常转动而致电动机过载烧毁。不能反拧定时器。

④ 电冰箱应安放在阴凉通风的地方，附近不应有火炉、暖气等热源。与墙壁距离不得小于10cm，以免冷凝器通风散热不好使电机负荷过大而烧坏。尽量减少开门次数和缩短开门时间，以节约电能。温度控制器（温控器）所标数字并不代表某一特定的温度，数大温低，应顺时针旋动温控旋钮，不可一次调得过低，每次调整后要待温控器自动开停多次后（2h左右）箱内温度才可稳定。箱内温度稳定后，一般每小时自动开停不应超过4次。应合理选择冷藏室温度，一般控制在5～7℃，冷冻室温度应根据食物储藏的时间加以合理控制。为节电，可提前几小时把要食用的冷冻食品从冷冻室取出放入冷藏室内解冻。电冰箱供电电压过高，会影响电机和压缩机的使用寿命，过低的电压也不利于冰箱运行，故在供电电压不稳定的地区应配备功率适当的交流稳压器。箱体内外胆壳可用软布蘸中性洗涤剂擦净，严禁使用热开水、汽油和有机溶剂擦洗。冷凝器和压缩机应经常扫去表面灰尘，及时清理门封上的油污杂物可防止门封变形。

3. 空调器安装

主要事故隐患是：高处跌落、触电。

① 高处作业时必须使用安全带，使用梯子必须有专人扶持。

② 打眼时钻头必须上紧，电钻电源线绝缘应良好，使用防漏电安全插座。

③ 捆绑室外机的绳子必须牢固可靠。

④ 固定室外机时，扳手必须用绳套与手脚处相连，防止工具落下伤人。

⑤ 接电源线时要连接牢靠，管路连接要严密。

⑥ 试机时要用肥皂水或洗衣粉水涂抹在管路连接处，检查是否有泄漏现象。

⑦ 按规定着装。

⑧ 工作完毕清理现场。

第九章

电气线路作业安全技术

第一节　线路电气安全作业措施

一、保证线路工作安全的组织措施

1. 工作票制度

① 在电力线路上应按下列方式进行工作：

a. 填用第一种工作票；

b. 填用第二种工作票；

c. 口头或电话命令。

② 填用第一种工作票的工作：

a. 在停电线路（或在双回线路的一回停电线路）上的工作。

b. 在全部或部分停电的配电变压器台架上或配电变压器室内的工作。所谓全部停电是指供给该配电变压器台架或配电变压器室内的所有电源线路均已全部断开。

③ 填用第二种工作票的工作：

a. 带电作业；

b. 带电线路杆塔上的工作；

c. 在运行中的配电变压器台架上或配电变压器室内的工作。

④ 测量接地电阻，涂写杆塔号，悬挂警告牌，修剪树枝，检查杆根地锚、打绑桩，杆塔基础上的工作，低压带电工作和单一电源低压分支线的停电工作等，按口头或电话命令执行。

⑤ 工作票签发人可由线路工区（所）熟悉人员技术水平、熟

悉设备情况、熟悉国家电网公司颁布的《电力安全工作规程》（变电站和发电厂电气部分）规定的《线路安全作业规程》的主管生产领导人、技术人员或经电网公司主管生产领导批准的人员来担任。工作票签发人不得兼任该项工作的工作负责人。

⑥ 工作票所列人员的安全责任：

a. 工作票签发人：说明工作必要性；工作是否安全；工作票上所填安全措施是否正确完备；所派工作负责人和工作班组人员是否适当和充足。

b. 工作负责人（监护人）：正确安全地组织工作；结合实际进行安全思想教育；工作前对工作班组人员交代安全措施和技术措施；严格执行工作票所列安全措施，必要时还应加以补充；督促、监护工作人员遵守国家电网公司颁布的《电力安全工作规程》（变电站和发电厂电气部分）的规定；确认工作班组人员变动是否合适。

c. 工作许可人（值班调度员、工区值班员或变电所值班员）：审查工作必要性；线路停、送电和许可工作的命令是否正确；发电厂或变电所线路的接地线等安全措施是否正确完备。

d. 工作班组人员：认真执行国家电网公司颁布的《电力安全工作规程》（变电站和发电厂电气部分）的规定和现场安全措施，互相关心施工安全，并监督《电力安全工作规程》（变电站和发电厂电气部分）和现场安全措施的实施。

⑦ 工作票应用钢笔或圆珠笔填写一式两份，应正确清楚，不得任意涂改。如有个别错、漏字要修改时，应字迹清楚。工作票一份交工作负责人，一份留存签发人或工作许可人处。

⑧ 一个工作负责人只能发给一张工作票。第一种工作票每张只能用于一条线路或同杆架设且停送电时间相同的几条线路。第二种工作票用于同一电压等级、同类型工作，可在数条线路上共用一张。

在工作期间，工作票应始终保留在工作负责人手中，工作结束后交签发人保存三个月。

⑨ 第一、二种工作票的有效时间，以批准的检修期为准。

⑩ 事故紧急处理不填工作票，但应履行许可手续，做好安全措施。

2. 工作许可制度

① 填用第一种工作票进行工作，工作负责人必须在得到值班调度员或工区值班员的许可后，方可开始工作。

② 线路停电检修，值班调度员必须在发电厂、变电所将线路可能受电的各方面都拉闸停电，并挂好接地线后，将工作班、组数目，工作负责人的姓名，工作地点和工作任务记入记录簿内，才能发出许可工作的命令。

③ 许可开始工作的命令，必须通知到工作负责人，其方法可采用：

a. 当面通知；

b. 电话传送；

c. 派人传达。

④ 对于许可开始工作的命令，在值班调度员或工区值班员不能与工作负责人用电话直接联系时，可经中间变电所用电话传达。中间变电所值班员应将命令全文记入操作记录簿，并向工作负责人直接传达。电话传达时，上述三方必须认真记录、清楚明确，并复诵核对无误。

⑤ 严禁多次反复停、送电。

⑥ 填用第二种工作票的工作，不需要履行工作许可手续。

3. 工作监护制度

① 完成工作许可手续后，工作负责人（监护人）应向工作班组人员交代现场安全措施、带电部位和其他注意事项。工作负责人（监护人）必须始终在工作现场，对工作班组人员的安全应认真监护，及时纠正不安全的动作。

分组工作时，每个小组应指定小组负责人（监护人）。在线路停电时进行工作，工作负责人（监护人）在班组成员确无触电危险的条件下可以参加工作班组工作。

② 工作票签发人和工作负责人应对有触电危险、施工复杂、容易发生事故的工作增设专人监护。专职监护人不得兼任其他工作。

③ 如工作负责人必须离开工作现场时，应临时指定负责人，并设法通知全体工作人员及工作许可人。

4. 工作间断制度

① 在工作中雷、雨、大风或其他任何情况威胁到工作人员的安全时，工作负责人或监护人可根据情况，临时停止工作。

② 白天工作间断时，工作地点的全部接地线仍保留不动。如果工作班组需暂时离开工作地点，则必须采取安全措施和派人看守，不让人、畜接近挖好的基坑或接近未竖立稳固的杆塔以及负载的起重和牵引机械装置等。恢复工作前，应检查接地线等各项安全措施的完整性。

③ 填用数日内工作有效的第一种工作票，每日收工时如果要将工作地点所装的接地线拆除，次日重新验电装接地线恢复工作，均需得到工作许可人许可后方可进行。

如果经调度允许的连续停电，夜间不送电的线路，工作地点的接地线可以不拆除，但次日恢复工作前应派人检查。

5. 工作终结和恢复送电制度

① 完工后，工作负责人（包括小组负责人）务必检查线路检修地段的状况以及在杆塔上、导线上及瓷瓶上有无遗留的工具、材料等，通知并查明全体工作人员确由杆塔上撤下后，再命令拆除接地线。接地线拆除后，应即认为线路带电，不准任何人再登杆进行任何工作。

② 工作终结后工作负责人应报告工作许可人，报告方法如下：

a. 从工作地点回来后，亲自报告。

b. 用电话报告并经复诵无误。电话报告又可分为直接电话报告或经中间变电所转达两种。对于许可开始工作的命令，在值班调度员或工区值班员不能与工作负责人用电话直接联系时，可经中间变电所用电话传达。中间变电所值班员应将命令全文记入操作记录簿，并向工作负责人直接传达。电话传达时，上述三方必须认真记录、清楚明确，并复诵核对无误。

③ 工作终结的报告应简明扼要，包括下列内容：工作负责人姓名；某线路上某处（说明其起始的杆塔编号、分支线名称等）；工作已经完工；设备改动情况；工作地点所挂的接地线已全部拆除；线路上已无本班组工作人员，可以送电。

④ 工作许可人在接到所有工作负责人（包括用户）的完工报告后，并确知工作已经完毕，所有工作人员已由线路上撤离，接地线已经拆除，并与记录簿核对无误后方可下令拆除发电厂、变电所线路侧的安全措施，向线路恢复送电。

二、线路安全作业的技术措施

1. 停电

① 进行线路作业前，应做好下列停电措施：

a. 断开发电厂、变电所（包括用户）线路断路器和隔离开关。

b. 断开需要工作班组操作的线路各端断路器、隔离开关和熔断器。

c. 断开危及该线路停电作业且不能采取安全措施的交叉跨越、平行和同杆线路的断路器和隔离开关。

d. 断开有可能返回低压电源的断路器和隔离开关。

② 应检查断开后的断路器、隔离开关是否在断开位置；断路器、隔离开关的操作机构应加锁；跌落熔断器的熔断管应摘下，并应在断路器或隔离开关操作机构上悬挂"线路有人工作，禁止合闸！"的标示牌。

2. 验电

① 在停电线路工作地段装接地线前，要先验电，验明线路确无电压。验电要用合格的相应电压等级的专用验电器。

② 线路的验电应逐相进行。检修联络用的断路器或隔离开关时，应在其两侧验电。

对同杆塔架设的多层电力线路进行验电时，先验低压，后验高压，先验下层，后验上层。

3. 挂接地线

① 线路经过验证确定无电压后，各工作班组应立即在工作地段两端挂接地线。凡有可能送电到停电线路的分支线也要挂接地线。

若有感应电压反映在停电线路上时，应加挂接地线。同时，要注意在拆除接地线时，防止感应电触电。

② 同杆塔架设的多层电力线路挂接地线时，应先挂低压，后挂高压，先挂下层，后挂上层。

③ 挂接地线时，应先接接地端，后接导线端。接地线连接要可靠，不准缠绕。拆接地线时的顺序与此相反。装、拆接地线时，工作人员应使用绝缘棒或戴绝缘手套，人体不得碰触接地线。

若杆塔无接地引下线时，可采用临时接地棒。接地棒在地面下深度不得小于 0.6m。

④ 应用接地线和短路导线构成的成套接地线。成套接地线必须由多股软铜线组成，其截面积不得小于 25mm²。如利用铁塔接地时，允许每相个别接地，但铁塔与接地线连接部分应清除油漆，保证接触良好。

严禁使用其他导线作接地线和短路线。两线一地制系统的线路经验电后，装接地线应按国家电网公司的有关规定执行。

第二节　线路施工作业安全技术

一、砍伐树木工作安全作业要点

存在的安全隐患有：人身感电、高处坠落、砸伤、割伤、马蜂蜇伤等。

① 砍伐靠近带电线路的树木时，工作负责人必须在工作开始前向全体人员说明电力线路有电，不得攀登杆塔。拖拉树木的绳索不得接触导线。

② 树枝接触高压带电导线时，严禁用手直接触碰。人和绳索应与导线保持足够的安全距离。

③ 上树砍剪树木时，不应攀抓脆弱和枯死的树枝。

④ 不应攀登已经锯过或砍过的未断树木，不应攀登较细且高的树木。

⑤ 应使用安全带，安全带要系在砍伐口的下方，防止被割、锯、砍断。

⑥ 使用梯子角度要适当，并应有专人扶持或绑牢。

⑦ 为防止树木（树枝）倒落在导线上，应设法用绳索将树木拉向与导线相反方向，绳索应有足够的长度，以免拉绳人员被倒落的树木砸伤。

⑧ 砍剪的树木下面和倒落树木范围内应有专人监护，不得有人停留，防止砸伤行人。

⑨ 上树作业时，手、脚要放在适当的位置，防止被斧、锯划伤。

⑩ 上树前应检查是否有马蜂窝，如有时应采取可靠的安全措施。

二、杆塔基础施工安全作业要点

1. 挖掘基坑

存在的安全隐患有：砸伤、工器具伤人、触电、地下气体窒息。

① 在超过 1.5m 深的坑内工作时，坑边的余土要清除，抛土要注意防止土回落坑内，砸伤挖坑人员。

② 在软松土质挖坑时，应有防止塌方的措施，如加挡板、撑木等。禁止由下部掏挖土层。

③ 在居民区或交通道路附近挖基坑时，应设盖板或可靠围栏，夜间挂红灯，防止行人掉进坑内。

④ 防止挖坑过程中使用的锹、镐磕手、刨脚。坑内外传递工具时不许乱扔，防止误伤人。

⑤ 采用的挡土板、撑木等强度要足够，防止造成倒塌挤伤作业人员。

⑥ 在泥水坑、流沙坑施工所用的抽水电气设备必须合格，防止漏电伤人。

⑦ 在市内或居民区内挖坑，应与有关单位取得联系，查明地下设施，防止刨坏电缆伤人。

⑧ 挖掘深坑时，可能出现地下管道漏气、沼气等伤害坑内作业人员。施工中应备有通风排气设备，并有安全可靠的抢救措施。

2. 水泥杆底、拉盘施工

存在的主要安全隐患是：砸伤。

① 下底、拉盘时，应先将坑边的土清理干净，留有站人和放盘的位置。

② 下底、拉盘时，坑内不得有人，将底、拉盘移至坑边，采取好控制措施后放入坑中，防止人随底、拉盘落入坑内，调整底、拉盘时应采取措施防止碰伤手脚。

③ 采用吊杆、吊车等方法下底、拉盘时，坑内不得有人。

④ 吊车在起吊转位时防止碰伤其他工作人员，吊车臂下、重物下严禁站人。

⑤ 下拉线盘时，防止拉线棒反弹，拉盘的对面不得有人停留和观看，防止拉线棒伤人。

三、埋设及拆除水泥杆工作安全作业要点

利用抱杆、吊车和利用旧杆立、拆水泥杆，存在的主要安全隐患是：倒杆、砸伤等。

（1）立、撤杆等重大施工项目应制定安全技术组织措施、计划，并经厂、公司主管生产领导批准。

（2）工作负责人在开工前必须熟悉施工现场，认真组织工作班组人员学习批准的施工安全技术组织措施、计划，做到人人明白施工任务、方法、安全技术措施。

（3）立、撤杆工作要设专人统一指挥，开工前讲明施工方法及

信号。工作人员应明确分工、密切配合、服从指挥，在居民区和交通道路附近进行施工应设专人看守。

（4）要使用合格的起重设备，严禁超载使用。

（5）使用抱杆立杆时，主牵引绳杆顶中心及抱杆顶应在一条直线上，抱杆应受力均匀，两侧拉线应拉好，不得左右倾斜。固定临时拉线时，不得固定在可能移动的物体上或其他不可靠的物体上。

（6）电杆起吊离开地面后，应对各部受力点做一次全面检查，确无问题再继续起立，起吊 60°后应减缓速度，注意各侧拉绳，特别控制好后侧头部拉绳，防止过牵引。

（7）利用旧杆起吊时，应先检查所用杆的杆根并打好临时拉线，使用合格的起重设备，严禁超载使用。

（8）在撤杆工作中，拆除杆上导线前应检查杆根，做好防倒杆措施，在挖杆坑前应先绑好牵引绳并使其受力。

（9）吊车起吊钢丝绳套应吊绑在杆的适当位置，防止电杆突然倾倒。

（10）吊车的吊臂下方严禁有人逗留。除指挥人及指定人员外，其他人员必须位于杆下 1.2 倍杆高的距离以外。

（11）立杆及修理杆坑时，应有防止杆身滚动、倾斜的措施，如使用叉杆和拉绳控制等。

（12）已经立起的电杆只有在杆基回填土全部夯实后，方可撤去叉杆和拉绳，工作人员应戴安全帽。

（13）利用钢钎作地锚时，应检查锤把、锤头及钢钎，打锤人应站在扶钎人的侧面，严禁站立在对面，并不准戴手套；扶钎人应戴安全帽。钎头有开花现象时应更换修理。

第三节　线路巡视、维护作业安全技术

一、线路巡视安全作业安全要点

线路巡视作业存在的安全隐患较多，如：走路扎脚、狗咬、蛇咬、摔伤、马蜂蜇、高处坠落、交通事故、溺水、迷路、触电等。

（1）巡视时，严禁穿凉鞋，防止扎脚。

（2）进村屯可能有狗的地方先喊叫。

（3）可备用棍棒，防备狗突然蹿出。

（4）巡线时带一树棍，边走边打草，打草惊蛇，避免被蛇咬伤。

（5）巡线时如路滑，慢慢行走，过沟、崖、墙时防止摔倒。

（6）发现马蜂窝不要靠近，更不要碰它。

（7）单人巡视时，禁止攀登电杆和铁塔。

（8）巡视时应遵守交通法规。

（9）巡视工作中不得穿过不明深浅的水域和薄冰。

（10）偏僻山区夜间巡视必须由两人进行。

（11）应有照明工具。

（12）暑天和大雪天巡视必要时由两人进行。

（13）事故巡线应始终认为线路有电，即使明知该线路已停电，亦认为线路随时有恢复送电的可能。

（14）发现导线断落地面或悬吊空中，应设法防止行人靠近断线点 8m 以内，并迅速报告领导，等候处理。

（15）巡线时沿线路外侧行走，大风时沿上风侧行走。

二、带电杆塔上作业安全要点

带电杆塔上作业包括：铁塔及水泥杆刷油，涂标志，挂相位牌，补塔材、螺钉等；登杆塔检查绝缘子、架空地线等作业。存在的安全隐患有：高处坠落、触电。

① 攀登杆塔前应认真检查脚钉、脚扣、升降板、爬梯等是否牢固，无问题后方可攀登。

② 杆塔上工作必须系好安全带，安全带必须绑在牢固物件上，转移作业位置时不得失去安全带保护。

③ 应有专人监护。

④ 杆塔上工作人员和所携带的工具、材料与带电体应保持足够的安全距离：10kV 及以下，0.7m；35kV，1m。

⑤ 上下传递工器具、材料必须使用绝缘绳索，风力不应大于 5 级，并应有专人监护。

⑥ 杆塔上有静电感应时，工作人员应穿防静电服。

⑦ 高处作业必须使用工具袋，防止掉东西。

⑧ 所用的工器具、材料等不得乱扔。杆下不得有行人逗留。

⑨ 作业人员应戴安全帽。

三、停电清扫绝缘子、更换绝缘子作业安全要点

此项工作存在的安全隐患有：误登邻近带电设备；工器具失灵、导线脱落；绝缘子串脱落；二连板变位挤伤人等。

① 工作开始前，工作负责人要指明停电作业范围及交代邻近有电设备和线路。

② 登杆塔前，要认清停电线路名称、标塔号，核对所带标记颜色与停电线路色标是否相同。

③ 杆塔上作业时，首先要挂好接地线。

④ 作业由两人以上进行，做好互相监护。

⑤ 所用工器具要定期检查，使用前必须经专人检查，保证合格、配套、灵活好用。

⑥ 在交叉跨越的各种线路、公路、铁路作业时，必须采取防止落线的保护措施，并应有足够强度。对被跨越的电力线，必要时可联系停电再进行作业。

⑦ 为防止绝缘子串收紧后，缺少弹簧销子和金属具连接不牢发生突然脱落伤人，必须认真检查连接情况。

⑧ 认真检查绝缘子连接情况，防止瓶串突然脱开或翻动，二连板变位挤伤人。

⑨ 瓶串收紧前，检查工器具连接情况是否牢固可靠，并打好保护套。

四、放线、紧线和撤线工作安全作业安全要点

放线、紧线和撤线工作存在的安全隐患有：抽伤、触电。

① 放线、紧线工作，应制定安全技术组织措施、计划，并经厂、公司有关部门和领导批准。

② 放线、紧线和撤线工作均应有专人统一指挥，执行统一信号。

③ 所使用的工器具必须合格，使用前必须有专人检查，无问题方可使用。开门滑车应将门钩扣牢或用绑线绑牢，防止绳索滑脱。

④ 交叉跨越各种线路、铁路、公路、河流时，放、撤线应先取得主管部门同意，做好安全措施，如搭好可靠的跨越架，在路口设专人手持信号旗看守。

⑤ 紧线前，应检查导地线有无障碍物挂住。紧线时，应检查接线管或接线头以及过滑轮、横担等有无卡住现象；如有，应用绳索或木棍处理。工作人员不得跨在导线上或站在导线内侧，防止意外跑线时被抽伤。

⑥ 紧线、撤线前应检查拉线、拉桩及杆根，如不能使用时应以临时拉绳加固，主牵引绳与杆塔夹角应不小于 60°。滑车必须绑牢，不准直接挂在横担上。

⑦ 严禁采取突然剪断导地线的做法松线。

⑧ 紧、撤线时，塔上摘、挂线人员的安全带必须绑在杆塔牢固构件上。

⑨ 放线、撤线工作中，下方有被跨越的电力线路，必须搭好跨越架，架子一定要搭牢，搭架工作必须有专人指挥、检查，防止搭的架子倾倒，造成人身触电和摔伤。

⑩ 放线、紧线过程中，跨越架始终要有专人看守，防止线被架子挂住或掉到架子外边，滑到带电线路上。

⑪ 导地线通过跨越架时，必须用绝缘绳，严禁用人带线头或

抛扔钢丝绳的办法。

五、外线测量工作安全要点

主要包括导地线弛度测量、交叉跨越测量、杆塔接地电阻测量。存在的主要安全隐患有：走路扎脚、触电、物体打击。

① 从事测量工作应穿胶底高腰劳保用鞋，走路时不光要看着线路，同时还要观察周围的情况，防止被绊倒摔伤。

② 翻越障碍物时，确认下方无危险时方可跳下。

③ 电气测量工作至少由两人进行，一人操作，一人监护。监护人不得做其他工作。

④ 在线路带电情况下，测量导线垂直距离、线距、交叉距离等工作，用抛绝缘绳的方法进行时，绝缘绳必须试验合格。上塔抛挂绝缘绳时，人体与带电体应保持安全距离，要系好安全带，并有专人监护。

⑤ 绝缘绳必须保持清洁干燥，禁止在阴雨天气进行测量。

⑥ 严禁使用皮尺、线尺（夹有金属线）等器具测量带电线路各种距离。

⑦ 雷雨天严禁测量杆塔接地电阻，解开和恢复杆塔接地引线时，应戴绝缘手套，严禁接触与地断开的接地线。

⑧ 利用仪器测量时，塔尺与带电体必须保持安全距离。

⑨ 利用绝缘绳地面抛挂测量时，应检查重锤是否绑好。

⑩ 抛重锤时应有专人监护，防止重锤打碎绝缘子或落下打伤工作人员。

六、室内线路安装安全要点

1. 室内线路设计

存在的主要安全隐患是：火灾、触电。

① 户内布线装置中，导线的最小截面积和敷设间距应符合要求。选择导线截面积时，除应考虑安全载流量外还应考虑线路允许

的电压损失和机械强度。

② 车间照明和电力线路应分开设置，不同电压等级的线路应十分明显地分开敷设，以方便维修和检查。

③ 线路装置严禁利用大地作相线或零线。单相或二相三线供电时，零线与相线截面积不同；三相四线供电的零线截面积应符合规定。

④ 除花灯及壁灯等线路外，一般照明每一支路的最大负荷电流不应超过 15A，插座数一般不超过 15 只。用电热设备时，每一支路的最大负荷电流不应超过 30A，装接插座数一般不超过 5 只。

2. 室内线路安装

存在的主要安全隐患是：火灾、触电。

① 导线不得直接贴在木头、墙壁或其他建筑物上，导线不得裸露。

② 布线过程中，应尽量减少导线间的连接；接头应采用压接或焊接工艺；铜、铝线之间的连接应用铜铝过渡接头或铜线上镀锡的方式，以防电化学腐蚀；所有接头与分支处应尽量使其不受大的机械拉力。

③ 管内、木槽板内的导线不得有接头和分支处，以免使用日久会接触不良引起过热甚至起火，必要时可把接头做在接线盒内。

④ 所有明布线的接头均应放在便于检查和检修的位置上；导线与电器端子的连接应压实，使其牢固可靠。

⑤ 导线绝缘必须良好，其接头处应用绝缘胶带包扎，绝缘强度不应小于导线的原有绝缘强度。腐蚀性场所使用的导线应采用塑料绝缘线或铅包线。

3. 线路施工后的测试

主要安全隐患是：漏电。

布线完工后，通电前应测试其绝缘电阻，其值不小于下列数值：相对地，0.22MΩ；相对相，0.38MΩ；对于 36V 低压线路为 0.22MΩ；潮湿、有腐蚀性蒸气和气体的场所，绝缘电阻值标准可降低一半。

4. 彩灯安装

存在的安全隐患有：触电、火灾。

① 彩灯应采用绝缘电线。干线和支线的最小截面积除了满足安全电流外，不应小于 $2.5mm^2$，灯头线不应小于 $1.0mm^2$。每个支路负荷电流不应超过 10A。导线不能直接承力，导线支撑物应安装牢固，彩灯应采用防水灯头。

② 彩灯的电源，除总保护控制外，每个支路应有单独过流保护装置，并加装剩余电流动作保护器。

③ 彩灯的导线在人能接触的场所，应有"电气危险"的警示牌。

④ 彩灯对地面距离小于 2.5m 时，应采用特低电压。

七、电缆线路施工安全要点

1. 人力敷设电缆工作

存在的安全隐患有：人员绊伤、摔伤、传动挤伤。

① 电缆沟边应有供人工牵引电缆的平整通道。

② 电缆需要穿入过道管时，过道管应预敷牵引绳。

③ 电缆盘及放线架应固定在硬质平整的地面，电缆应从电缆盘上方牵引，放线轴杠两端应打好临时拉线。

④ 电缆盘设专人看守，电缆盘滚动时禁止用手制动。

⑤ 肩扛电缆的人应在电缆同一侧，合理地分配肩扛点距离，禁止把电缆放在地面上拖拉。

⑥ 电缆穿入保护管时，送电缆人的手与管口应保持一定距离。

⑦ 敷设电缆保护盖板时，运板人员与接板人员注意轻接轻放。

2. 电缆头制作

存在的安全隐患是：抬运物件时挤压；施工过程物体打击；熬胶及使用喷灯时烫伤。

① 抬运物件时，人员应相互配合。

② 制作中间接头时，接头坑边应留有通道，坑边不得放置工具、材料，传递物件注意递接递放。

③ 用刀或其他工具时，不准对着人体。

④ 熬胶工作应有专人看管，熬胶人员应戴帆布手套和鞋盖。

⑤ 搅拌或拿取热胶时，必须使用预先加热的工具。

⑥ 沟内外传递，注意轻接轻放。

⑦ 灌胶过程中，周围不能站人，灌胶人尽量远离灌胶点缓慢注入。

⑧ 使用喷灯应先检查喷灯本体是否漏气或堵塞。喷灯加油不得超过桶容积的 3/4。禁止在明火附近进行放气或加油，点火时先将喷嘴预热。使用喷灯时，喷嘴不准对着人体及设备，打气不得超压。

⑨ 喷灯使用完毕，应立即放气，放置在安全地点，冷却后再装运。

3. 电缆的运输和装卸

存在的安全隐患有：挤压、砸伤人，损坏电缆盘和电缆，吊装工器具不完整。

① 电缆盘禁止平放运输，吊车装卸电缆时，起重工作应由一人统一指挥。

② 电缆盘挂吊钩，人员撤离后方可起吊。

③ 与工作无关人员禁止在起重区域内行走或停留。正在吊物时，任何人员不准在吊车和吊物下停留或行走。

④ 重物放稳后，方可摘钩，运输过程中电缆盘必须捆绑牢固，严禁客货混装。

⑤ 卸电缆应使用吊车或将其沿着坚固的铺板慢慢滚下，与电缆盘滚动方向相反的制动绳应满足牵引力要求，并固定在牢固地点，电缆盘下方禁止站人，不允许将电缆盘从车上直接推下。

⑥ 吊装电缆工作应设专人负责，明确分工。应对所用工具全面检查是否齐备，有无损伤。起吊用钢绳，必须满足安全拉力。工

作人员应戴保护手套。行车途中押车人员应随时观察电缆盘稳固情况，如有异常立即停车处理。

⑦ 电缆盘沿下坡滚动时，应防止电缆盘瞬时自己滚动，预防意外事故发生。

4. 电缆沟的挖掘工作

存在的安全隐患有：碰坏地下设施、碰伤伤人、有害气体中毒、交通事故。

① 挖掘电缆沟前必须与地下管道、电缆的主管部门联系，明确地下设施实际位置，做好防范措施，组织外来人员施工时应交代清楚并加强保护。

② 挖掘过程中碰到地下物体，不得擅自破坏，要验明情况后再进行。

③ 在电缆路径上挖掘，不得使用尖镐，要使用铁锹。挖到电缆时更应注意，防止碰坏电缆。

④ 挖掘电缆沟前，现场应做好明显标识或围栏，挖出的土堆起的斜坡上不得放置工具、材料等杂物，沟边应留有通道。

⑤ 在挖掘电缆沟深超过 1.5m 时，抛土要特别注意，防止土石回落。

⑥ 在松软土层挖沟应有防止塌方的措施，禁止由下部掏挖土层。

⑦ 在居民区及交通要道附近挖沟时应设沟盖或可靠围栏，夜间挂红灯，防止行人误入和发生交通事故。

⑧ 硬石、冻土层打眼时应检查锤把、锤头及钢钎，打锤人应站在扶钎人侧面，严禁站在对面，并不得戴手套。扶钎人应戴安全帽，钎头有开花现象时应更换修理。

⑨ 在煤气管道附近挖掘时，必须由两人进行，监护人必须注意挖土人，防止煤气中毒。在垃圾堆处挖掘时，必须由两人进行，一人作业，一人监护，防止垃圾堆中释放出的沼气使人中毒。

⑩ 夜间工作现场应有充足的照明。

5. 电缆线路、隧道故障巡视检查工作

存在的安全隐患有：有毒气体伤人、触电、碰伤。

① 配变电站巡视工作必须由两人进行，一人巡视，一人监护。

② 高压室内巡视，进入室内前，必须辨清高低压侧，一般不应从高压侧通过。

③ 巡视过程中，任何情况下都不得触及带电设备。

④ 高压室内，高压设备发生接地时，人员不得进入故障点 4m 以内。

⑤ 进入电缆隧道内巡视、测温，应由两人以上进行，不得单独巡视电缆隧道，进入电缆隧道应带好足够的照明设备。

⑥ 进入电缆隧道应做好防备有毒气体的准备，隧道内要通风良好，必要时戴上防毒面具或口罩。

⑦ 巡视时，注意力要集中，防止跌倒或碰伤。

⑧ 事故巡视检查应始终认为线路有电，即使明知该线路已停电，亦应认为线路随时有恢复送电的可能。

⑨ 电缆隧道的巡视、检查维护工作，必须由两人以上来完成。

⑩ 巡视隧道时，应注意突出的支架和障碍物，防止碰伤、刮伤。

八、在建工程与外电线路安全防护作业要点

存在的安全隐患有：火灾、触电。

① 在建工程不得在高、低压线路下方施工。高、低压线路下方不得搭设作业棚，建造生活设施，或堆放构件、材料及其他杂物等。

② 在建工程（含脚手架）的外侧边缘与外电架空线路的边线之间必须保持安全距离，最小安全操作距离应不小于：1kV 以下，4m；1～10kV，6m；35～110kV，8m；154～220kV，10m；330～500kV，15m。

③ 施工现场的机动车道与外电架空线路交叉时，架空线路的最低点与路面的垂直距离应不小于：1kV 以下，6m；1～10kV，

7m；35kV，7m。

④ 旋转臂架式起重机的任何部位或被吊物边缘与10kV以下的架空线路边线最小水平距离不得小于2m。

⑤ 在外电架空线路附近开挖沟槽时，必须防止外电架空线路的电杆倾斜、倾倒，必要时应会同有关部门采取加固措施。

⑥ 施工现场开挖非热力管道沟槽的边缘与埋地外电缆沟槽边缘之间的距离不得小于0.5m。

◆ 参考文献 ◆

[1] 国家电网公司. 电力安全工作规程（配电部分）（试行）. 北京：中国电力出版社，2014.

[2] 崔政斌，石跃武. 用电安全技术. 第2版. 北京：化学工业出版社，2009.

[3] 黄威，陈鹏飞，吉承伟. 防雷接地与电气安全技术问答. 北京：化学工业出版社，2014.

[4] 刘广源. 电工基本操作工艺. 北京：中国电力出版社，2013.

[5] 周武仲. 电气设备运行技术基础. 北京：中国电力出版社，2016.

[6] 杨岳. 电气安全. 第3版. 北京：机械工业出版社，2017.

[7] 陈晓平. 电气安全. 北京：机械工业出版社，2004.

[8] 潘龙德. 电业安全：发电厂和变电所电气部分. 北京：中国电力出版社，2002.

[9] 王玉元，王金波，肖爱民. 安全工程师手册. 成都：四川人民出版社，1995.

[10] 濮贤成，贾代球，罗新，等. 电气作业现场安全工作手册. 北京：中国电力出版社，2015.